Série « Économie » dirigée par Catherine Pivot,
professeur à l'université Jean-Moulin (Lyon 3)

MATHÉMATIQUES financières

2e édition

Thierry Rolando
Maître de conférences à l'université de Savoie

Jean-Claude Fink
Professeur certifié à l'IAE de Lyon - Université Lyon 3

vuibert

Thierry Rolando est maître de conférences en sciences de gestion à l'université de Savoie. Il enseigne la politique fincancière de l'entreprise, les mathématiques financières et la théorie des marchés financiers dans différents établissements d'enseignement supérieur en formation initiale (IUP sciences de gestion et Master économie-gestion d'Annecy, Master recherche de l'IAE et de l'EM Lyon) et en formation continue (HEC Genève). Il est également membre de l'institut de recherche en gestion des entreprises (IREGE) et associé au laboratoire de sciences financières et actuarielles (rattaché à l'Institut des sciences financières et d'assurances, université Lyon 1) ; ses thèmes portent plus particulièrement sur les fondements théoriques de la décision financière en entreprise.

Jean-Claude Fink est professeur certifié de mathématiques à l'IAE de Lyon. Il enseigne plus particulièrement les mathématiques financières dans les différents cycles de formation à la gestion (IUP sciences de gestion, préparation à l'expertise comptable, École supérieure du commerce extérieur - ESCE). Il intervient également dans le cadre de la formation continue dans le master d'administration des affaires.

Dans la même collection :

- *Macroéconomie*, Philippe Barthélémy
- *Monnaie et financement*, Bernard Courbis et Jean-Pierre Allegret
- *Fondements de la pensée économique*, Claude Schwob
- *Microéconomie*, Jean-Yves Lesueur
- *Histoire économique du capitalisme industriel*, Hélène Rey-Valette et Agnès d'Artigues
- *Monnaies, finances et mondialisation*, Jean-Pierre Allegret et Bernard Courbis
- *Politique économique*, Christian Aubin et Jacques Léonard
- *Économie internationale*, Anne Hanaut et El Mouhoub Mouhoud
- *La nouvelle comptabilité nationale*, Marie-Claire Diard et Claire Grelet
- *Théorie des jeux*, Gisèle Umbauheur
- *Construction européenne et politique économique*, Jérôme Creel et Étienne Farvaque (à paraître)

ISBN : 2-7117-7464-3

Collection Dyna'Sup économie

Pour acquérir les connaissances et les méthodes

Les ouvrages de la collection « Dyna'Sup économie » sont destinés aux **étudiants** suivant des enseignements en économie au sein de divers cursus (sciences économiques, économie-gestion, administration économique et sociale, écoles de commerce, etc.) qui souhaitent maîtriser les connaissances de base d'un domaine de l'analyse économique en articulant théorie et travaux appliqués.

Dans ce but, chaque ouvrage regroupe :

– les **connaissances de base** nécessaires à la compréhension d'un domaine de l'économie contemporaine ou de l'environnement économique de l'entreprise ;

– des méthodes d'acquisition des connaissances grâce à :

- des QCM pour permettre une première révision des connaissances et faciliter l'entraînement aux examens et aux concours ;
- parfois des **exercices** mathématiques favorisant l'assimilation des connaissances théoriques et l'acquisition des méthodes formalisées ;
- si nécessaire un entraînement à la **dissertation** à partir d'un choix de sujets et leurs corrigés.

Sommaire

Première partie – L'essentiel du cours

Deuxième partie – L'évaluation des connaissances

Première partie

L'essentiel du cours

Liste des sigles utilisés

ABSEANE	action à bon de souscription ou échange en actions nouvelles ou existantes
AMF	autorité des marchés financiers
BALO	bulletin des annonces légales obligatoires
BMTN	bon à moyen terme négociable
BOR	billet à ordre relevé
BT	billet de trésorerie
BTAN	bon du Trésor annuel normalisé
BTF	bon du Trésor à taux fixe
BTV	bon du Trésor à taux variable
BTN	bon du Trésor négociable
CD	certificat de dépôt
CDC	caisse des dépôts et consignations
CMPC	coût moyen pondéré du capital
CNO	comité de normalisation obligataire
COB	commission des opérations de Bourse
CPFD	commission de plus fort découvert
CRDS	contribution au remboursement de la dette sociale
CRH	caisse de refinancement de l'habitat
CSG	contribution sociale généralisée
FCP	fonds commun de placement
HT	hors taxes
INSEE	institut national de la statistique et des études économiques
IS	impôt sur les sociétés
ISIN	international securities identification numbers
LCR	lettre de change relevée
OAT	obligation assimilable du Trésor
OBSA	obligation à bons de souscription d'actions

OBSAR	obligation à bon de souscription d'actions remboursables
OC ou OCA	obligation convertible en actions
OCEANE	obligation à option de conversion ou d'échange en actions nouvelles ou existantes
OPCVM	organisme de placement collectif en valeurs mobilières
ORA	obligation remboursable en actions
ORANE	obligation remboursable en actions nouvelles ou existantes
OROC	obligation à réinvestissement optionnel des coupons
SA	société anonyme
SARL	société à responsabilité limitée
SICAV	société d'investissement à capital variable
STTI	structure par termes des taux d'intérêt
SVT	spécialiste en valeurs du Trésor
TAEG	taux annuel effectif global
TBB	taux de base bancaire
TCN	titre de créance négociable
TEC 10	taux de l'échéance constante 10 ans
TEG	taux effectif global
TRA	taux de rendement actuariel
TRABE	taux de rendement actuariel brut à l'émission
TRE	taux de rendement à l'échéance
TRI ou TIR	taux de rendement interne (ou taux interne de rentabilité)
TTC	toutes taxes comprises
TVA	taxe sur la valeur ajoutée
VAN	valeur actuelle nette

Chapitre 1

Le calcul financier en intérêt simple

(1) On définit l'***intérêt*** comme la rémunération qu'un emprunteur verse au prêteur en contrepartie de la mise à disposition d'une somme d'argent, appelée ***capital*** ou ***principal***. Il est calculé en appliquant de façon plus ou moins directe un ***taux d'intérêt*** (exprimé en pourcentage) au capital.

Le calcul en intérêt simple régit majoritairement les opérations de durée inférieure à un an (qualifiées d'opérations à court terme) pour lesquelles l'intérêt est versé en une seule fois en début ou en fin d'opération. On en trouve des applications dans le domaine bancaire et dans celui des marchés de capitaux. Ce chapitre est organisé en deux parties.

- La première expose les règles du calcul financier à court terme.
- La seconde est consacrée à la description des principaux instruments et opérations qui s'y rattachent.

1. Les mathématiques de l'intérêt simple

(2) Il existe deux grandes catégories d'opérations à intérêt simple.

- Lorsque l'intérêt est versé en fin d'opération, il est dit ***post-compté***, on parle également d'opération à terme échu ou d'opération à taux post-compté.
- Lorsque l'intérêt est versé en début d'opération, il est dit ***précompté***, on dit également opération à intérêt payé d'avance, opération à terme à échoir, ou opération à taux précompté.

1.1. Les calculs de base : la durée et l'intérêt

Que l'intérêt soit post-compté ou précompté, le calcul de la durée et celui de l'intérêt sont identiques.

La durée d'une opération à intérêt simple

(3) Considérons indifféremment un prêt ou un emprunt de durée notée T, en retenant l'année comme unité de temps. Pour les opérations de court terme, nous avons $T < 1$. Le plus souvent, on exprime cette durée en jours, rapportée à une année. La convention de calcul majoritairement adoptée consiste à retenir au numérateur un nombre de jours exact, que l'on divise par 360, durée en jours d'une année dite « commerciale ». On parle de calcul en base « exact/360 ». Par exemple, la durée d'une opération s'étalant sur 78 jours sera exprimée en années de la façon suivante :

$$T = \frac{78}{360} \simeq 0,217 \text{ année}$$

Le nombre exact de jours se calcule en excluant une des deux bornes.

Le montant de l'intérêt

Notons K le capital (montant de l'emprunt ou du prêt) d'une opération de durée T et I l'intérêt versé par l'emprunteur au prêteur. La formule fondamentale de l'intérêt simple est :

$$I = K \times i \times T \qquad (1.1)$$

L'intérêt I est une fonction linéaire de K, de i et de T. Précisons que, si la durée est exprimée en années, le taux doit être exprimé en ***base annuelle.***

Exemple 1.1 – Intérêt simple – Calcul de la durée et de l'intérêt

L'entreprise Gaslin emprunte la somme $K = 100\,000$ € (euros) entre le 22 mars et le 30 avril de l'année N. Le taux d'intérêt est $i = 5\,\% = 0,05$ (exprimé en base annuelle). La durée de l'opération est de 39 jours, soit 9 jours en mars (en ne comptant pas le 22 mars) et 30 jours en avril (en comptant le dernier jour du mois). L'intérêt est :

$$I = 100\,000 \times 0,05 \times \frac{39}{360} = 541,67 \text{ €}$$

I.2. Le calcul en intérêt simple post-compté

Valeur acquise et valeur actuelle d'un capital

(4) • On appelle ***valeur acquise*** (ou ***valeur future***) en date T (notée K_T) d'un capital noté K_0, au taux i, la valeur obtenue à l'issue d'un placement au taux i sur la durée T, soit :

$$K_T = K_0 + I = K_0 + K_0\, i T$$

On en déduit :

$$K_T = K_0\,(1 + iT) \qquad (1.2)$$

(5) • *A contrario*, K_0 s'appelle ***valeur actuelle*** (ou ***valeur actualisée***) de K_T au taux i. On a :

$$K_0 = \frac{K_T}{1 + iT} \qquad (1.3)$$

La valeur actuelle peut s'interpréter comme la somme qu'il faut placer en date 0 pour obtenir K_T en date T, ou, du point de vue de l'emprunteur, la somme que l'on peut emprunter en date 0 si l'on veut rembourser K_T en T. On peut également considérer que, pour un agent économique pouvant accéder au marché des prêts et des emprunts au taux i, il est équivalent de détenir K_0 en date 0 ou K_T en date T. La valeur actuelle peut donc s'interpréter comme le capital aujourd'hui équivalent à un capital K_T disponible en T. ***L'actualisation permet ainsi de comparer des montants monétaires dans le temps.***

Exemple 1.2 – Valeur acquise et valeur actuelle en intérêt simple

a – Monsieur Ratbert place pour neuf mois un montant de 2 500 euros au taux de 5 %. La valeur acquise de cette opération à l'échéance est :

$$2\,500\left(1 + 0{,}05\,\frac{9}{12}\right) = 2\,593{,}75 \text{ €}$$

b – La somme qu'il peut emprunter aujourd'hui au taux de 7 % s'il ne peut rembourser que 5 600 € dans onze mois est la valeur actuelle de 5 600 €, soit :

$$\frac{5\,600}{1 + 0{,}07\,\frac{11}{12}} = 5\,262{,}33 \text{ €}$$

Variations sur la formule de l'intérêt simple post-compté

(6) La formule (1.1) peut être exprimée différemment en fonction de la variable recherchée. Par exemple, si K_0, I et T sont connus, il est possible d'en déduire le taux d'intérêt :

$$i = \frac{I}{K_0} \times \frac{1}{T} \qquad (1.4)$$

Par ailleurs, en écrivant que l'intérêt est égal à la différence entre la valeur acquise et la valeur actuelle ($I = K_T - K_0$), on peut déduire de (1.4) :

$$i = \frac{K_T - K_0}{K_0} \times \frac{1}{T} \text{ ou encore : } i = \left(\frac{K_T}{K_0} - 1\right)\frac{1}{T} \qquad (1.5)$$

I.3. Le calcul en intérêt simple précompté

(7) Le taux d'intérêt précompté sera noté i_e. Rappelons que, dans une opération à intérêts payés d'avance, l'emprunteur paie l'intérêt au moment de la mise à disposition du capital K. Il reçoit donc en date 0 la somme :

$$K - K i_e T = K(1 - i_e T)$$

Il remboursera le capital K en T.

Valeur acquise et valeur actuelle d'un capital

(8) Notons plus précisément K_0 le capital effectivement disponible pour l'emprunteur en date 0 et K_T le montant remboursé au prêteur en fin d'opération. Remarquons que le principal de l'opération est maintenant K_T et non plus K_0 comme dans les opérations à taux post-compté. On obtient alors :

- pour la ***valeur actuelle*** :

$$K_0 = K_T - K_T i_e T \text{ ou encore : } K_0 = K_T(1 - i_e T) \quad (1.6)$$

- pour la ***valeur acquise*** :

$$K_T = \frac{K_0}{1 - i_e T} \quad (1.7)$$

Exemple 1.3 – Opération en intérêt précompté

Considérons une opération d'emprunt d'un montant de 100 000 €, au taux d'intérêt précompté de 6 %, débutant le 18.03.N pour se terminer le 25.11.N.

- En excluant une des deux bornes, le calcul de la durée de l'opération donne :

mars	13	juin	30	septembre	30
avril	30	juillet	31	octobre	31
mai	31	août	31	novembre	25

soit un total de 252 jours.

- Le calcul de l'intérêt se fait à l'aide de la formule (1.1) :

$$100\,000 \times 0{,}06 \times \frac{252}{360} = 4\,200 \text{ €}$$

- On en déduit la valeur actuelle de l'emprunt, soit :

$$100\,000 - 4\,200 = 95\,800 \text{ €}$$

Il décaisse le 25 novembre N le remboursement du capital, soit 100 000 €.

Variations sur la formule de l'intérêt simple précompté

(9) Connaissant le capital effectivement disponible en 0 (K_0), le capital remboursé en fin d'opération (K_T) et la durée T, on obtient le taux précompté à l'aide de la formule suivante :

$$i_e = \frac{K_T - K_0}{K_T} \times \frac{1}{T} \qquad (1.8)$$

Cette expression se déduit facilement de (1.6) ou (1.7).

Le calcul du taux connaissant le montant des intérêts est donné par :

$$i_e = \frac{I}{K_T} \times \frac{1}{T} \qquad (1.9)$$

1.4. Comparaison entre taux précompté et taux post-compté

(10) À taux égal, les opérations à intérêt précompté sont moins avantageuses pour l'emprunteur que celles à intérêt post-compté. Nous pouvons comprendre intuitivement qu'il est toujours préférable de retarder un décaissement. De manière formelle, comparons, ***pour un même taux i***, les valeurs acquises à la date T d'un capital disponible initial K.

- En intérêt post-compté, il vient : $K_T = K(1 + iT)$
- En intérêt précompté, il vient : $K_{eT} = \dfrac{K}{1 - iT}$

La différence donne :

$$K_{eT} - K_T = \frac{K}{1 - iT} - K(1 + iT) = K\left[\frac{1}{1 - iT} - (1 + iT)\right] = K\left[\frac{i^2 T^2}{1 - iT}\right]$$

Cette différence est positive pour $iT < 1$. L'ordre de grandeur des taux d'intérêt dans les pays industrialisés invite à conclure que $K_{eT} - K_T$ est positif. Donc, à taux égal, les opérations en intérêt post-compté sont plus avantageuses pour l'emprunteur (et moins avantageuses pour le prêteur) que les opérations en intérêt précompté.

Pour qu'un agent économique soit indifférent entre ces deux types d'opérations, il faut que soit respectée la relation ci-dessous, liant le taux post-compté et le taux précompté :

$$K_T = K_{eT} \Longleftrightarrow K(1 + iT) = \frac{K}{1 - i_e T}$$

soit, après calculs :

$$i = \frac{i_e}{1 - i_e T} \Longleftrightarrow i_e = \frac{i}{1 + iT} \qquad (1.10)$$

1.5. La notion de taux proportionnel

(11) L'expression du taux d'intérêt dépend de la durée de l'opération. Rappelons que, dans la formule (1.1), il est important d'exprimer le taux et la durée dans la même unité de temps. Bien qu'il soit de coutume d'exprimer le taux en base annuelle, rien ne nous empêche de retenir comme unité de temps le trimestre, le mois, la semaine... Dans ces cas, le taux doit être annoncé dans la même base de

temps. On parlera de taux trimestriel, taux mensuel, taux hebdomadaire, etc. On peut noter i_p la quantité $i \times T$. La formule (1.1) s'écrit alors :

$$I = K \times i_p \tag{1.11}$$

i_p est un taux d'intérêt, applicable sur la période de durée T. À la différence de i, il est exprimé en base T ; il est proportionnel à la durée et l'on parle de ***taux proportionnel.***

Ainsi, dans le calcul en intérêt simple, au taux annuel de 12 %, correspond un taux mensuel de 1 %, un taux trimestriel de 3 %, un taux hebdomadaire de 0,23 %, et ainsi de suite.

II. Les domaines d'application de l'intérêt simple

Nous proposons de détailler dans cette section l'application de l'intérêt simple au calcul des frais liés à un découvert sur un compte courant bancaire, aux calculs relatifs à l'utilisation d'effets de commerce, enfin, à la valorisation des titres de créance négociables.

II.1. Le découvert en compte courant – calcul des agios

(12) Le découvert en compte courant constitue un moyen de financement des entreprises et des particuliers auprès des banques. Le découvert correspond à un solde de compte bancaire débiteur (dans les livres de la banque). Il s'analyse comme un prêt que l'établissement de crédit consent à son client et donne lieu à rémunération, appelée ***agios***, généralement calculée et payée tous les trimestres. Celle-ci est composée d'intérêts proprement dits (post-comptés) et de commissions. Le montant du découvert variant chaque jour, le calcul des intérêts est facilité par l'établissement d'un document appelé ***échelle d'intérêts.***

Les éléments constituant le « ticket d'agios »

(13) Le montant de la rémunération de la banque sur une opération de découvert est constitué de trois grands types d'éléments :

- les intérêts débiteurs, calculés sur les soldes débiteurs, au prorata du nombre de jours de découvert, selon la technique de l'intérêt simple post-compté. Le taux d'intérêt applicable est négociable auprès des établissements de crédit comme la majorité des autres conditions proposées par les banques aux entreprises. Il dépend d'un taux de base bancaire (TBB)[1] ; il est de l'ordre de TBB+1,5 % à TBB+2,2 % ;
- la commission de plus fort découvert (CPFD) est calculée en appliquant un taux au plus fort découvert de chaque mois. Ce taux est d'environ 0,05 % ;

1. Il s'agit d'un taux de référence servant à une banque lorsqu'elle accorde certains crédits. Il est fixé librement par chaque établissement de crédit en fonction du coût de ses ressources.

• la commission de mouvement, qui s'applique au total des mouvements débiteurs[1] de la période. Le taux est de l'ordre de 0,025 %. Seule cette commission est assujettie à la TVA.

Le calcul de ces éléments est rendu complexe du fait de l'évolution du solde du compte dans le temps et rend nécessaire l'établissement d'une échelle d'intérêts.

L'échelle d'intérêts

(14) Pour une période donnée, on appelle ***échelle d'intérêts*** un tableau récapitulatif de l'ensemble des mouvements et soldes du compte courant. Les intérêts sont calculés à partir de ce document selon la ***méthode des nombres***, sur la base d'une année commerciale de 360 jours. Le calcul se fait en nombre exact de jours de découvert par solde. Ces soldes sont établis par la banque en date de valeur, dates qui sont différentes des dates d'opérations. Les banques ont pour pratique de retarder les dates des encaissements et d'avancer les dates des décaissements. Si, par exemple, une entreprise effectue une remise de chèques en date J (date d'opération), la banque enregistre l'opération le jour J, mais les fonds ne sont considérés comme disponibles sur le compte qu'en J+2 ouvrés, soit deux jours ouvrés après la date de remise des documents. On dit que l'établissement applique deux ***jours de banque.***

Notons n le nombre de jours durant lesquels le solde du compte est resté débiteur d'un montant M. Les intérêts à payer s'élèvent à :

$$I = M \times i \times \frac{n}{360}$$

Supposons que le solde ait été débiteur de M_1 pendant n_1 jours, puis de M_2 pendant n_2 jours. Les intérêts s'élèvent alors à :

$$I = M_1\, n_1 \frac{i}{360} + M_2\, n_2 \frac{i}{360} = \frac{i}{360}\left(M_1\, n_1 + M_2\, n_2\right)$$

Le terme $i/360$ est le taux journalier proportionnel au taux annuel i. De façon générale, pour N soldes débiteurs successifs, nous avons :

$$I = \frac{i}{360} \sum_{k=1}^{N} M_k\, n_k \qquad (1.12)$$

(15) On appelle ***nombre débiteur*** la quantité $M_k\, n_k$, c'est-à-dire le produit du solde débiteur par le nombre de jours de découvert à ce solde. Le calcul des intérêts s'obtient en appliquant un taux proportionnel journalier à la somme des nombres débiteurs. L'exemple suivant illustre la méthode d'établissement de l'échelle d'intérêts et détaille le calcul d'un ticket d'agios.

1. Il existe des mouvements exonérés tels que les agios, les rectifications d'écritures, les virements entre comptes bancaires d'une même entreprise...

EXEMPLE 1.4 – Échelle d'intérêt et ticket d'agios

Considérons l'entreprise Melchthal, dont le compte bancaire est tenu en euros. Les intérêts du découvert sont facturés au taux TBB+2 %. La CPFD est de 0,05 % et la commission de mouvement de 0,025 %. Le TBB est à 8 %.

Le tableau ci-après présente, dans ses cinq premières colonnes, l'évolution des mouvements de ce compte sur les trois premiers mois d'une année N. Les deux dernières colonnes sont réservées au calcul des nombres débiteurs.

	Mouvements		Soldes		Nombres	
Date de valeur	**Débit**	**Crédit**	**Débit**	**Crédit**	**Nb. Jours**	**Nb. Débiteurs**
1-janv.				65 000	6	0
7-janv.	130 000	18 000	47 000		11	517 000
18-janv.	45 000	105 000		13 000	9	0
27-janv.	96 000	15 000	* 68 000		14	952 000
10-fév.	25 000	17 000	76 000		11	836 000
21-fév.	250 000	166 000	*160 000		7	1 120 000
28-fév.	119 000	255 000	24 000		1	24 000
1-mars	34 000	77 000		19 000	15	0
16-mars	3 000	81 000		97 000	3	0
19-mars	368 000	173 000	* 98 000		9	882 000
28-mars	56 000	185 000		31 000	3	0
31-mars	27 000	79 000		83 000		
TOTAL	1 153 000					4 331 000

* Les montants repérés par un astérisque correspondent au plus fort découvert du mois.

a – *Explication du tableau :*

• Le solde était créditeur le 1er janvier de 65 000 €. Le compte passe en découvert le 7 janvier suite à 130 000 € de mouvements au débit et 18 000 € au crédit. Le solde est donc 65 000 € – 130 000 € + 18 000 €, soit – 47 000 €. Les autres soldes sont calculés de façon identique.

• La colonne « nombre de jours » est calculée en incluant le premier jour et en excluant le dernier. Le produit du nombre de jours par le solde débiteur donne le nombre débiteur pour la période de découvert considérée. Le total s'établit à 4 331 000 €.

b – *Calcul du ticket d'agios :*

• Conformément à la formule (1.12), les intérêts s'établissent à :

$$4\,331\,000 \times (8\,\% + 2\,\%)\,\frac{1}{360} = 1\,203{,}06\ €$$

• La CPFD porte sur le plus fort découvert de chaque mois. Elle se calcule simplement par application du taux à chacun de ces plus forts découverts :

$$(68\,000 + 160\,000 + 98\,000) \times 0{,}05\,\% = 163\ €$$

• En l'absence de mouvements exonérés, la commission de mouvement est :

$$1\,153\,000 \times 0{,}025\,\% = 288{,}25\ €$$

Cette commission est assujettie à la TVA, soit :

$$288{,}25 \times 19{,}6\,\% = 56{,}50\ €$$

• Le montant TTC du ticket d'agios s'élève donc à :

$$1\,203{,}06 + 163 + 288{,}25 + 56{,}50 = 1\,710{,}81\ €$$

II.2. Les opérations sur effets de commerce

Les opérations commerciales entre entreprises font généralement l'objet de règlements différés. On parle de ***crédit interentreprises*** pour désigner le délai de paiement accordé par les fournisseurs à leurs clients, délai dont la durée moyenne en France est d'environ deux mois. Pour formaliser le paiement à l'échéance, le vendeur peut exiger que sa créance soit matérialisée par un document appelé ***« effet de commerce »***.

Les effets de commerce

(16) Il existe deux grands types d'effets de commerce.

• La ***lettre de change*** (ou traite) est un document émis par une personne appelée ***tireur*** (le créancier, c'est-à-dire le fournisseur) qui donne mandat à une autre personne appelée ***tiré*** (le débiteur, c'est-à-dire le client) de payer, à une date donnée, une somme d'argent à une troisième personne, appelée ***bénéficiaire*** (généralement le tireur ou une tierce personne). Le tiré reconnaît sa dette vis-à-vis du tireur en acceptant la lettre de change. L'***acceptation*** se traduit par l'apposition d'une signature au recto du document.

• Le ***billet à ordre*** est un document émis par une personne appelée ***souscripteur*** (le débiteur) qui s'engage à payer, à une date donnée, une somme d'argent à une autre personne, appelée le ***bénéficiaire*** (le créancier).

Deux possibilités s'offrent au bénéficiaire d'un effet de commerce.

• Il peut le conserver jusqu'à l'échéance, puis le remettre à sa banque pour encaissement. Dans ce cas, l'effet n'est qu'un simple moyen de paiement.

• Il peut également le remettre à sa banque avant l'échéance et en demander l'***escompte***. Si l'établissement de crédit accepte, il paie au bénéficiaire le montant de l'effet diminué des intérêts et commissions constituant la rémunération de la banque. L'escompte ne comporte pas le transfert du risque de défaillance du tiré ou du souscripteur, car, en cas d'incident de paiement, la banque débitera le compte du bénéficiaire du montant refusé.

La gestion des effets de commerce entraîne pour les établissements de crédit des coûts de manipulation qui sont répercutés sur les comptes des bénéficiaires. Pour réduire ces coûts, un système de traitement informatisé a été mis en place, supprimant depuis 1994 les échanges sous forme de papiers entre banques. On parle maintenant de ***lettre de change relevée*** (LCR) ou de ***billet à ordre relevé*** (BOR). Les entreprises peuvent remettre des effets sous forme papier que la banque informatisera ensuite, ou remettre directement des supports magnétiques[1]. Les coûts transférés sur les bénéficiaires pour des supports magnétiques sont de l'ordre de 0,5 € par effet, auxquels il faut ajouter des frais forfaitaires de l'ordre de 7 € par remise.

(17) Les effets de commerce sont donc plus que des instruments de paiement car ils sont représentatifs d'une créance d'argent. La lettre de change est le support normal de la vente avec délai de paiement. Le billet à ordre peut être également utilisé dans ce cas. Le plus souvent, il sert de support au prêt à court terme : lorsqu'une entreprise souhaite disposer d'une somme d'argent sur une durée connue, elle peut s'adresser à une banque qui lui prêtera la somme (on parle d'***avance à terme fixe***) en contrepartie de l'émission d'un billet à ordre du montant et de l'échéance du prêt. Mais les effets de commerce constituent surtout un moyen privilégié de financement du crédit interentreprises par le biais de la technique de l'escompte.

L'escompte des effets de commerce

(18) Une ***opération d'escompte*** consiste, pour une entreprise, à apporter, avant l'échéance, un ou plusieurs effets de commerce à sa banque, qui les lui rachète. Le succès que connaît l'escompte, par rapport à d'autres techniques concurrentes de financement de créances professionnelles[2], est lié à ses caractéristiques juridiques. Le banquier bénéficie dans ce cas de la sécurité des droits cambiaires[3].

L'escompte est généralement une opération à intérêt précompté, puisque, en contrepartie de l'apport de la créance, le banquier paie immédiatement le montant de l'effet (noté M) appelé ***valeur nominale***, diminué des intérêts et des commissions. Les ***agios*** notés A correspondent à la somme des intérêts et des commissions.

---

1. On parle de LCR papier dans le premier cas et de LCR magnétique (il n'y a plus aucun support papier) dans le second.

2. Par exemple, la cession de créances par bordereau Dailly. Il s'agit d'un mode simplifié de cession de créances commerciales non matérialisées par des effets de commerce. Un bordereau récapitulatif permet le transfert de propriété à la banque qui, en contrepartie, octroie un crédit selon des modalités similaires à l'escompte (escompte Dailly). Les créances apportées jouent le rôle de garantie.

3. La sécurité liée aux droits cambiaires est assurée par la transmission de la créance, la solidarité des signataires de l'effet (soit au minimum le tireur et le tiré pour une lettre de change, le souscripteur et le bénéficiaire pour un billet à ordre) et l'inopposabilité des exceptions, c'est-à-dire le fait que le débiteur ne peut pas faire valoir un quelconque litige relatif à la transaction commerciale sous-jacente pour s'opposer au paiement. Il est à noter que les droits cambiaires sont attachés aux effets de commerce papier (y compris LCR et BOR) ; ils disparaissent dans le cas de la LCR magnétique.

a. Le calcul des agios d'une opération d'escompte

(19) Les agios sont composés de l'intérêt, proportionnel à la valeur nominale de l'effet et à la durée de l'opération, d'une commission, également proportionnelle à la valeur nominale et à la durée (dite commission d'endos), d'environ 0,60 % et de commissions fixes. On appelle ***valeur actuelle***, notée V, la valeur nominale de l'effet diminuée des agios :

$$V = M - A$$

Au-delà de l'intérêt et des commissions, la rémunération de la banque (et donc le coût pour l'entreprise) dépend largement de la façon dont est calculée la durée de l'opération. Il est d'usage de décompter un certain nombre de ***jours de banque***, qui viennent s'ajouter à la durée exacte de l'opération, correspondant à la durée comprise entre la date de remise de l'effet ***(date de négociation)*** et la date d'échéance de celui-ci. Par ailleurs, pour les effets proches de l'échéance (effets brûlants), la plupart des établissements de crédit décomptent un nombre minimal de jours (dix jours en général).

EXEMPLE 1.5 – Calcul des agios d'une opération d'escompte

L'entreprise Ganelon remet le 12.11.N à sa banque deux effets d'échéances respectives 19.11.N et 15.12.N et de montants respectifs : 21 500 € et 6 500 €. La banque applique un taux d'intérêt $i_e = 9\,\%$ et compte deux jours de banque. La commission d'endos est de 0,60 %. Le total hors taxes (HT) des commissions fixes se monte à 15 € par effet.

a – *Calcul des agios sur l'effet n° 1 :*

• Le nombre de jours de référence est sept plus deux jours de banque, soit neuf jours, porté à dix pour tenir compte de la durée minimale. Les intérêts sont donc :

$$21\,500 \times 9\,\% \times \frac{10}{360} = 53{,}75\text{ €}$$

• La commission d'endos se monte à :

$$21\,500 \times 0{,}6\,\% \times \frac{10}{360} = 3{,}58\text{ €}$$

• Le total des agios (hors taxes) relatifs à l'effet n° 1 est :

$$53{,}75 + 3{,}58 + 15 = 72{,}33\text{ €}$$

b – *Calcul des agios sur l'effet n° 2 :*

• Le nombre de jours de référence est trente-trois plus deux jours de banque, soit trente-cinq jours.

• Il vient :

Intérêts : $6\,500 \times 9\,\% \times \frac{35}{360} = 56{,}88\text{ €}$

Commission d'endos : $6\,500 \times 0{,}6\,\% \times \frac{35}{360} = 3{,}79\text{ €}$

Agios : $56{,}88 + 3{,}79 + 15 = 75{,}67\text{ €}$

Pour ces deux opérations, le total des agios se monte à 148 € hors taxes.

b. L'escompte commercial et l'escompte rationnel

(20) • Le calcul en intérêt précompté est parfois appelé ***escompte commercial***. En notant toujours i_e le taux de l'escompte (éventuellement taux de la commission d'endos compris) et en négligeant les commissions fixes, l'escompte commercial est défini comme la quantité E_C telle que :

$$E_C = M \times i_e \times T \tag{1.13}$$

On a donc, pour la valeur actuelle de l'effet :

$$V = M - E_C = M(1 - i_e T)$$

• L'***escompte rationnel*** est un montant d'intérêt calculé sur la valeur actuelle de l'effet et non sur sa valeur nominale. L'escompte rationnel au taux i d'un effet est la quantité E_R telle que :

$$E_R = V \times i \times T \tag{1.14}$$

Le rééchelonnement d'effets de commerce

(21) Il arrive fréquemment que, pour éviter un incident de paiement à l'échéance, un client demande à son fournisseur le report d'une échéance. Concrètement, s'il accepte la requête, le fournisseur va procéder de deux façons selon que l'effet est encore en sa possession ou non. Dans le premier cas, il détruit l'effet initial et établit un nouvel effet d'échéance postérieure. Dans le second cas, il avance les fonds au client afin qu'il puisse honorer le paiement du premier effet et matérialise cette dette par un nouvel effet. Du point de vue du fournisseur, il s'agit d'accorder un délai supplémentaire qui s'apparente à l'allongement d'un crédit. La valeur nominale du nouvel effet ne peut évidemment être égale à celle de l'ancien.

Le problème à résoudre consiste à rechercher, au jour du renouvellement, la nouvelle valeur nominale qui, compte tenu d'un taux d'intérêt donné, rende le nouvel effet équivalent à l'ancien. Pour cela, il suffit d'égaler les valeurs actuelles des deux effets. Soient M_1 et M_2 les valeurs nominales de l'ancien et du nouvel effet, n_1 et n_2 les durées respectives et i_e le taux précompté de référence pour le calcul de l'intérêt. La valeur actuelle de l'ancien effet est :

$$V = M_1 \left(1 - i_e \frac{n_1}{360}\right)$$

L'égalisation des valeurs actuelles des deux effets donne :

$$M_1 \left(1 - i_e \frac{n_1}{360}\right) = M_2 \left(1 - i_e \frac{n_2}{360}\right) \tag{1.15}$$

De (1.15) on déduit facilement M_2. Remarquons que l'on peut également fixer M_2 et chercher n_2, mais ce type de problème se rencontre peu en pratique.

Exemple 1.6 – Report d'échéance d'un effet de commerce

L'entreprise Phryné doit à l'entreprise Praxitèle une somme de 90 000 €, dette constatée par l'acceptation d'une traite à l'échéance du 30.09.N. Le 10.09.N, l'entreprise Phryné prévoit qu'elle ne pourra pas faire face au règlement de sa dette. Elle demande un report au 31.10.N. L'entreprise Praxitèle accepte de détruire la première traite et en tire une seconde. Elle doit calculer sa valeur nominale, sachant qu'elle retient un taux d'escompte de 10 %.

- Le calcul du nombre de jours donne :
  nombre de jours entre le 10 et le 30 septembre : 20
  nombre de jours entre le 10 septembre et le 31 octobre : 51
- D'après (1.15) il vient :

$$90\,000\left(1-0{,}1\frac{20}{360}\right)=M_2\left(1-0{,}1\frac{51}{360}\right)$$

soit :

$$M_2=\frac{90\,000\left(1-0{,}1\dfrac{20}{360}\right)}{1-0{,}1\dfrac{51}{360}}=90\,786{,}14\text{ €}$$

II.3. Les titres de créance négociables et les bons du Trésor

Ce paragraphe illustre le calcul en intérêt simple, appliqué cette fois à des titres négociés sur le marché financier[1].

Typologie des titres de créance négociables

(22) Les TCN sont des titres représentatifs d'une créance, émis par les entreprises, les établissements de crédit ou l'État et qui, en théorie, peuvent être souscrits par toute personne morale ou physique. Compte tenu des montants nominaux des titres (supérieurs ou égaux à un million de francs), les émetteurs et les souscripteurs sont principalement les banques, les institutions financières, les OPCVM[2], les compagnies d'assurances et les grandes entreprises. En janvier 1999, une nouvelle réglementation a libéralisé leur rémunération, qui peut donc être à taux fixe ou à taux variable, à intérêt précompté ou post-compté. Les TCN

1. Le marché des titres de créance négociables et le marché interbancaire constituent ensemble le marché monétaire. Seuls peuvent intervenir sur le marché interbancaire les établissements de crédit définis par la loi du 24 janvier 1984 et certaines institutions financières telles que la Banque de France, le Trésor public, la Caisse des dépôts et consignations. En revanche, les entreprises ont accès au marché des TCN, en tant qu'émetteurs ou en tant que souscripteurs.

2. Organismes de placements collectifs en valeurs mobilières, soit essentiellement les SICAV (sociétés d'investissement à capital variable) et les FCP (fonds communs de placement). Les premiers ont un statut de société anonyme, les seconds, un statut de copropriété. Les OPCVM ont pour objet de gérer des portefeuilles d'actifs pour le compte de leurs actionnaires (SICAV) ou de leurs copropriétaires (FCP). En achetant des actions de SICAV ou des parts de FCP, les agents économiques donnent mandat à une société pour la gestion de leur épargne, selon des objectifs annoncés (SICAV actions, SICAV obligataires, FCP diversifié international...). L'intérêt essentiel de ces organismes réside dans la possibilité de diversifier son investissement même avec de faibles mises de fonds.

peuvent être émis en une seule fois ou en continu. Dans ce second cas, on dit qu'ils sont émis au robinet.

Il existe quatre grands types de TCN. On les distingue principalement par le statut des émetteurs.

1 - Les ***certificats de dépôt*** (CD) sont émis par des établissements de crédit ; leur durée est comprise entre un jour et un an.

2 - Les ***billets de trésorerie*** (BT) sont émis par les entreprises industrielles et commerciales. Leur durée est également comprise entre un jour et un an. Les BT sont principalement émis par les grandes sociétés par actions, les sociétés financières et les entreprises du secteur public.

3 - Les ***bons à moyen terme négociables*** (BMTN) peuvent être émis par toute personne morale habilitée à émettre des TCN. Leur échéance doit être supérieure à un an, sans que soit précisée de durée maximale. Leur étude sort du cadre de ce chapitre consacré aux opérations à court terme.

4 - Les ***bons du Trésor négociables*** (BTN) sont émis par l'État. Ils ne sont pas expressément des TCN, mais présentent des caractéristiques similaires. Depuis le 1er janvier 1999, ils sont émis en euros. On distingue :

- les bons du Trésor à taux fixe (BTF) et intérêt précompté, dont la durée de vie est le plus souvent de 13, 26 ou 52 semaines ;
- les bons du Trésor annuels normalisés (BTAN) également à taux fixe et d'une durée à l'émission comprise entre deux et cinq ans. Les BTAN sortent également du cadre de ce chapitre.

Cet ensemble de titres constitue des moyens de financement pour les émetteurs et des instruments de placement pour tous les agents économiques.

La cotation des bons du Trésor à taux fixe

(23) L'intérêt sur les bons du Trésor à taux fixe est précompté, de sorte qu'à l'achat le souscripteur paie la valeur nominale du bon diminué de l'intérêt ; à l'échéance, il reçoit la valeur nominale. La cotation se fait néanmoins en termes de taux post-compté, appelé également ***taux in fine***. Ainsi, pour connaître le prix P d'un BTF, connaissant sa valeur nominale M, sa maturité (exprimée en nombre de jours) n, et son taux *in fine* noté i, il suffit d'appliquer la formule suivante :

$$P = \frac{M}{1 + i\dfrac{n}{360}} \tag{1.16}$$

Le prix du BTF est égal à la valeur nominale actualisée au taux du marché, selon une base de calcul des jours exact/360.

Les calculs financiers sur titres de créance négociables

(24) Les calculs financiers sur TCN respectent les règles précédemment énoncées à propos des intérêts précomptés ou post-comptés. Nous limitons notre présentation à deux exemples, portant l'un sur un bon du Trésor à taux fixe, l'autre sur un certificat de dépôt.

Exemple 1.7 – Calcul financier sur un bon du Trésor à taux fixe

Un bon du Trésor à 13 semaines (91 jours) de 1 million d'euros de nominal est émis au taux post-compté de 5,65 %.

a – *Calcul de son prix à l'émission et du taux précompté correspondant :*

- Le prix du bon est égal à la valeur actuelle de 1 million d'euros au taux de 5,65 % sur 91 jours, soit :

$$P = \frac{1\,000\,000}{1 + 0{,}0565\,\dfrac{91}{360}} = 985\,919{,}16\ €$$

- Les intérêts payés d'avance s'élèvent à :

$$1\,000\,000 - 985\,919{,}16 = 14\,080{,}84\ €$$

- Partant de la formule (1.9), on en déduit le taux d'intérêt précompté :

$$i_e = \frac{I_e}{M} \times \frac{1}{T} = \frac{14\,080{,}84}{1\,000\,000} \times \frac{360}{91} = 5{,}57\ \%$$

- On aurait pu obtenir directement ce taux à partir de la formule (1.10) :

$$i_e = \frac{i}{1 + iT} = \frac{0{,}0565}{1 + 0{,}0565\,\dfrac{91}{360}} = 5{,}57\ \%$$

b – *Prix du BTF 12 jours après l'émission, sachant que le taux* in fine *du marché est de 5,55 % :*

L'échéance du bon est dans 91 – 12 = 79 jours. Le prix est :

$$P = \frac{1\,000\,000}{1 + 0{,}0555\,\dfrac{79}{360}} = 987\,967{,}38\ €$$

c – *Valeur du bon 3 jours avant l'échéance si le taux du marché est 12 % :*

$$P = \frac{1\,000\,000}{1 + 0{,}12\,\dfrac{3}{360}} = 999\,001{,}00\ €$$

Exemple 1.8 – Calcul financier sur un certificat de dépôt

Un certificat de dépôt, d'une valeur nominale de 5 millions d'euros, de durée initiale 92 jours, est émis au taux post-compté de 5 %.

a – *Le souscripteur recevra à l'échéance la valeur acquise :*

$$5\,000\,000\left(1 + 0{,}05\,\frac{92}{360}\right) = 5\,063\,888{,}89\ €$$

b – *Soixante jours après l'émission, le taux du marché est 4,8 %. La nouvelle valeur du certificat est :*

$$\frac{5\,063\,888{,}89}{\left(1 + 0{,}048\,\dfrac{32}{360}\right)} = 5\,042\,374{,}76\ €$$

Chapitre 2

L'intérêt composé et la capitalisation mixte

(25) Dans les opérations à intérêt composé, à la différence de l'intérêt simple, la rémunération du prêteur est versée périodiquement. Elle peut être incorporée au capital et l'on parle de ***capitalisation des intérêts***. On dit qu'il y a capitalisation mixte lorsque le calcul combine les techniques de l'intérêt simple et de l'intérêt composé. Ce chapitre comporte deux parties.

- La première a pour objectif de démontrer les formules fondamentales dirigeant les opérations de prêts ou d'emprunts à intérêt composé, puis de généraliser ces résultats afin de les appliquer à l'analyse des rentes.
- La seconde présente le principe de la capitalisation mixte à travers l'analyse des livrets d'épargne.

I. Les mathématiques de l'intérêt composé

(26) Un premier paragraphe présente les principes de la capitalisation des intérêts. Les paragraphes qui suivent traitent des ***rentes***, définies comme un ensemble de capitaux, de revenus ou versements, échelonnés dans le temps.

I.1. La capitalisation des intérêts et les concepts attachés

(27) Le calcul à intérêt composé suppose que soit définie une ***période de capitalisation***, qui peut être l'année, le mois, la journée... Une fois cette durée définie, il est important que le taux d'intérêt soit exprimé dans la même base (taux en base annuelle sur des périodes d'un an, taux semestriel sur des périodes de six mois, etc.). À la fin de chaque période, l'intérêt acquis est additionné au capital pour produire à son tour des intérêts. Nous considérons d'abord le cas où le nombre de

périodes n est entier ($n \in \mathbb{N}$), puis nous généralisons les résultats obtenus dans le cas où n est un réel ($n \in \mathbb{R}$).

Capitalisation et actualisation en périodes entières

a. Première approche de la capitalisation

Raisonnons dans le cas simple de périodes annuelles. En date 0, un capital K_0 est placé sur un an au taux[1] annuel i. Il produit au bout d'un an un intérêt noté I_1, tel que :

$$I_1 = K_0 \times i$$

L'investisseur souhaite renouveler son placement pour une année encore. Il capitalise les intérêts et dispose maintenant d'un capital $K_1 = K_0 + I_1$ ou encore :

$$K_1 = K_0 + iK_0 = K_0\,(1+i)$$

K_1 produira en date 2 un intérêt I_2 :

$$I_2 = K_1 \times i$$

On en déduit que :

$$I_2 = K_0\,(1+i) \times i$$

Au bout de 2 ans, l'investisseur dispose donc de :

$$K_2 = K_1 + I_2 = K_0\,(1+i) + K_0\,(1+i) \times i$$

En mettant $K_0\,(1+i)$ en facteur, il vient :

$$K_2 = K_0\,(1+i)\,(1+i) = K_0\,(1+i)^2$$

Si le placement est poursuivi une année encore, l'investisseur disposera de :

$$K_3 = K_0\,(1+i)^3$$

b. Formules fondamentales et définitions

(28) De façon générale, au bout de n années et par le jeu de la capitalisation des intérêts, l'investisseur dispose d'un capital K_n donné par la formule fondamentale suivante :

$$K_n = K_0\,(1+i)^n \qquad (2.1)$$

• On appelle ***capital acquis*** ou ***valeur acquise*** (ou encore ***valeur future***) du capital K_0 au taux i et à la date n le montant K_n donné par la formule (2.1).

1. Nous continuons à noter i le taux d'intérêt, bien qu'il s'agisse maintenant d'un taux d'intérêt composé.

• On appelle ***valeur actuelle*** (ou ***valeur actualisée***) du capital K_n le montant K_0, qui se déduit facilement de (2.1) :

$$K_0 = \frac{K_n}{(1+i)^n} = K_n (1+i)^{-n} \qquad (2.2)$$

Les interprétations financières de ces notions sont identiques à celles proposées dans le cadre de l'intérêt simple.

• On appelle ***intérêts acquis*** la différence entre la valeur acquise et la valeur actuelle. En notant I_n ces intérêts acquis après n périodes, il vient :

$$I_n = K_n - K_0 = K_0 (1+i)^n - K_0 \Longleftrightarrow I_n = K_0 \left[(1+i)^n - 1\right] \qquad (2.3)$$

Les formules (2.2) et (2.3) montrent que, à la différence de ce qui se passe en intérêt simple, le capital acquis et les intérêts acquis en n ne sont plus proportionnels à la durée et au taux.

EXEMPLE 2.1 – Intérêt composé

M. Dreus de Montdidier décide d'investir son argent aux États-Unis où les intérêts sont capitalisés tous les semestres. Il dispose d'une somme de 20 000 dollars américains ($) qu'il place sur un horizon de cinq ans, au taux semestriel de 2,4 %.

a – *Calculer le capital et les intérêts acquis.*

Il suffit d'utiliser la formule (2.1) et la définition de l'intérêt. Avec $K_0 = 20\,000$, $i = 2{,}4\,\%$ et $n = 10$ semestres. Il vient :

$$K_n = 20\,000 \times 1{,}024^{10} = 25\,353{,}01 \text{ \$}$$

$$I_n = 25\,353{,}01 - 20\,000 = 5\,353{,}01 \text{ \$}$$

b – *M. Dreus de Montdidier aurait souhaité disposer de 27 000 $ dans cinq ans. Combien aurait-il dû investir aujourd'hui ?*

Il doit investir la valeur actuelle de 27 000 $ au taux semestriel de 2,4 %, soit :

$$\frac{27\,000}{1{,}024^{10}} = 21\,299{,}24 \text{ \$}$$

c. Variations sur la formule de l'intérêt composé

(29) • De (2.1) ou (2.2), on peut déduire :

$$\frac{K_n}{K_0} = (1+i)^n \Longrightarrow i = \left(\frac{K_n}{K_0}\right)^{\frac{1}{n}} - 1 \qquad (2.4)$$

(2.4) permet d'obtenir le taux de l'opération si l'on connaît la durée, la valeur actuelle et la valeur acquise du capital.

• La capitalisation sur $n + m$ périodes s'écrit :

$$K_{n+m} = K_0 (1+i)^{n+m} = K_0 (1+i)^n (1+i)^m \qquad (2.5)$$

L'analogue de (2.5) en matière d'actualisation est :

$$K_0 = \frac{K_{n+m}}{(1+i)^{n+m}} = K_{n+m}\left[\frac{1}{(1+i)^n} \times \frac{1}{(1+i)^m}\right] \tag{2.6}$$

Autrement dit, on peut toujours capitaliser (ou actualiser) en une fois sur la totalité de la période considérée, ou en plusieurs fois en divisant la période totale en deux ou plusieurs sous-périodes.

d. La notion de taux équivalent

Dans le cadre de l'intérêt composé, nous cherchons maintenant à établir une relation entre des taux exprimés dans des bases différentes.

d.1 - Première approche du problème

(30) Commençons par rechercher le taux exprimé en base mensuelle (noté i_m) qui, en capitalisant les intérêts chaque mois, permet d'obtenir le même capital acquis qu'une opération à taux annuel i, capitalisant les intérêts annuellement. Raisonnons sans perte de généralité sur une période d'un an. La valeur acquise d'une unité monétaire sur douze mois au taux i_m est :

$$(1+i_m)^{12}$$

L'opération sur un an, au taux annuel i, donne :

$$1+i$$

L'égalisation des valeurs acquises donne :

$$(1+i_m)^{12} = 1+i$$

On dit dans ce cas que le taux i_m est le ***taux mensuel équivalent*** au taux annuel i.

d.2 - Généralisation

Généralisons en notant i_A et i_B deux taux d'intérêt composé exprimés respectivement sur une base (période) A et une base (période) B. Notons T_A et T_B les durées correspondantes aux périodes A et B, exprimées chacune dans leur propre unité de temps. Ces deux taux sont équivalents sur une durée n, si :

$$(1+i_A)^{\frac{n}{T_A}} = (1+i_B)^{\frac{n}{T_B}} \tag{2.7}$$

Dans cette formule n/T_A, (resp. n/T_B) représente le nombre de périodes A (resp. B) sur la durée n. De (2.7), on tire, en élevant les deux membres à la puissance $1/n$:

$$(1+i_A)^{\frac{1}{T_A}} = (1+i_B)^{\frac{1}{T_B}} \tag{2.8}$$

Cette formule donne la relation entre deux taux équivalents exprimés dans des bases différentes. (2.8) permet d'exprimer un taux en fonction de l'autre. Il vient par exemple :

$$i_B = (1+i_A)^{\frac{T_B}{T_A}} - 1 \tag{2.9}$$

Exemple 2.2 – Calcul d'un taux équivalent

Recherchons quel est le taux équivalent journalier d'un taux bisannuel de 20 %. Nous avons $T_A = 2 \times 365 = 730$ jours et $T_B =$ une période de deux ans. L'expression (2.8) permet d'écrire :

$$(1 + 20\,\%)^{\frac{1}{730}} = 1 + i_B \text{ soit : } i_B = 1{,}2^{\frac{1}{730}} - 1 = 0{,}025\,\%$$

En partant d'un taux annuel i, nous avons les expressions suivantes pour les taux équivalents :

bisannuel :	$(1+i)^2 - 1$	mensuel :	$(1+i)^{1/12} - 1$
semestriel :	$(1+i)^{1/2} - 1$	hebdomadaire :	$(1+i)^{1/52} - 1$
trimestriel :	$(1+i)^{1/4} - 1$	journalier :	$(1+i)^{1/365} - 1$

d.3 – Comparaison entre taux équivalent et taux proportionnel

(31) Nous traitons cela au travers d'un exemple et renvoyons le lecteur, pour une analyse plus formelle, à l'exercice n° 2.4.

Exemple 2.3 – Taux équivalents et taux proportionnels

a – Considérons l'investissement d'une somme de 1 000 € placée sur un an au taux annuel de 10 %. Le capital acquis au bout d'un an est :

$$1\,000 \times 1,1 = 1\,100 \text{ €}$$

Placé sur un an au taux proportionnel semestriel de 5 % avec capitalisation des intérêts semestriellement, le capital acquis est :

$$1\,000 \times 1,05^2 = 1\,102,50 \text{ €}$$

Le calcul en taux proportionnel donne un capital acquis supérieur.
b – Notons i_S le taux qui, appliqué sur les deux semestres, permettrait d'obtenir le même capital acquis qu'un placement à 10 % sur un an. Ce taux est tel que :

$$1\,000 \times (1 + i_S)^2 = 1\,100 \text{ €}$$

On en tire :

$$(1 + i_S)^2 = \frac{1\,100}{1\,000} = 1{,}1 \Longrightarrow i_S = \sqrt{1{,}1} - 1 = 4{,}88\,\%$$

4,88 % est le taux semestriel équivalent au taux annuel de 10 %. Il est inférieur au taux proportionnel semestriel.

Capitalisation et actualisation sur une durée non entière

(32) La présentation précédente supposait que le nombre n de périodes était un entier naturel ($n \in \mathbb{N}$). On peut évidemment considérer n comme un entier relatif ($n \in \mathbb{Z}$) ; dans ce cas, la formule (2.2) est redondante, compte tenu de (2.1). Il y a capitalisation si n est positif et actualisation lorsque n est négatif. Nous envisageons le cas où n n'est pas un entier.

a. La durée est un nombre rationnel

Si n est un nombre rationnel ($n \in \mathbb{Q}$), il peut toujours être décomposé en la somme d'un nombre entier et d'un nombre rationnel positif inférieur à 1. Par exemple :

$$\frac{1\,061}{365} = 2 + \frac{331}{365}$$

Une capitalisation sur une durée rationnelle peut donc être analysée comme une capitalisation sur un nombre entier d'années, suivie d'une capitalisation sur une période résiduelle, de durée inférieure à un an (ou *vice versa*). Il y a deux façons de traiter la période résiduelle. On peut utiliser un taux proportionnel ou un taux équivalent. L'exemple suivant illustre ces deux démarches.

EXEMPLE 2.4 – Capitalisation sur une durée rationnelle

Une somme de 1 000 € est placée au taux de 5 % sur une durée de deux ans et 331 jours, soit 1 061/365 années. La capitalisation se fait d'abord sur deux ans, puis sur 331 jours. Au bout de deux ans, la valeur acquise est :

$$K_2 = 1000\,(1{,}05)^2 = 1\,102{,}5 \text{ €}$$

a – Considérons que, sur les 331 jours restants, la capitalisation se fait en taux proportionnel. Il vient pour la valeur acquise à l'échéance :

$$K_T = 1\,102{,}5\left(1 + 0{,}05\frac{331}{365}\right) = 1\,152{,}49 \text{ €}$$

Remarquons que l'on aurait pu commencer par capitaliser sur une première période de 331 jours en intérêt simple, puis sur deux ans en intérêt composé.

b – Si la capitalisation se fait en taux équivalent, nous aurons, d'après (2.8) :

$$1\,102{,}5\,(1 + 5\,\%)^{\frac{331}{365}} = 1\,152{,}38 \text{ €}$$

Ce résultat aurait pu être obtenu directement en calculant :

$$1000\,(1{,}05)^{\frac{1\,061}{365}} = 1\,152{,}38 \text{ €}$$

(33) Lorsque la capitalisation sur la période résiduelle se fait en intérêt simple (taux proportionnel), alors que la première période est traitée en intérêt composé, on parle de ***capitalisation mixte***. Le calcul se fait obligatoirement en deux fois. Nous verrons que ce procédé est assez fréquent puisqu'il gouverne le calcul des intérêts de plusieurs produits d'épargne.

L'utilisation de la formule (2.1), avec n rationnel, conduit à effectuer une capitalisation avec un taux équivalent sur la période résiduelle. Le calcul des valeurs actuelles se traite de façon symétrique à partir de (2.2).

b. La durée est un nombre réel

Il est possible de généraliser les formules de la valeur acquise et de la valeur actuelle pour tout nombre n réel. On peut par exemple calculer la valeur acquise de 1 000 € au taux de 10 % sur une durée irrationnelle de π années ($\pi = 3{,}141\,592\,65...$). Il vient :

$$1\,000 \times 1{,}1^{\pi} = 1\,349{,}083\,888\,09...$$

Pour comprendre cela, il faut introduire la notion de capitalisation en continu.

b.1 - La capitalisation et l'actualisation en continu

(34) Retenons un taux annuel j et divisons une durée d'un an en k sous-périodes d'iso-durée. Le taux proportionnel sur cette période est j/k. Un capital initial K_0 capitalisé au taux j/k sur les k périodes permet d'obtenir une valeur acquise K_1, telle que :

$$K_1 = K_0\left(1 + \frac{j}{k}\right)^k$$

Si l'on fait tendre k vers l'infini, la période de capitalisation tend vers zéro. On dit que ***la capitalisation est continue ou instantanée***. Nous obtenons pour la valeur acquise le résultat suivant[1] :

$$K_1 = \lim_{k \to +\infty} K_0\left(1 + \frac{j}{k}\right)^k = K_0\,e^j \qquad (2.10)$$

Le taux j est appelé ***taux continu annuel***. Il vient pour la valeur actuelle :

$$K_0 = \frac{K_1}{e^j} = K_1\,e^{-j} \qquad (2.11)$$

b.2 - Taux continu et taux discret

(35) Exprimons le taux continu annuel j en fonction du ***taux annuel discret***[2] i :

$$K_0\,e^j = K_0\,(1 + i)$$

En simplifiant par K_0 et en passant aux logarithmes, on obtient :

$$j = \ln(1 + i) \qquad (2.12)$$

Réciproquement, le taux discret en fonction du taux continu s'écrit :

$$i = e^j - 1 \qquad (2.13)$$

On dit que j est le ***taux annuel continu équivalent au taux annuel discret*** i. Il s'agit d'un taux équivalent qui présente les propriétés d'un taux proportionnel, comme nous allons le voir dans un instant.

b.3 - Actualisation et capitalisation à taux continu : généralisation

Étudions la capitalisation continue sur deux périodes. Il vient :

$$K_2 = (K_0\,e^j)\,e^j = K_0\,e^{2j}$$

1. Une définition de la fonction exponentielle de x est en effet :

$$e^x = \lim_{k \to +\infty}\left(1 + \frac{x}{k}\right)^k$$

2. Les taux d'intérêt notés i sont des taux discrets ; les taux continus sont notés j.

Plus généralement, la capitalisation sur une durée $T\,(T \in \mathbb{R})$, exprimée en années, s'écrit :

$$K_T = K_0\, e^{jT} \tag{2.14}$$

On en déduit la valeur actuelle en date 0 d'un capital K_T au taux continu j :

$$K_0 = \frac{K_T}{e^{jT}} = K_T\, e^{-jT} \tag{2.15}$$

Les formules (2.14) et (2.15) associées à la définition du taux continu (2.12) peuvent être utilisées en lieu et place des formules classiques de capitalisation et d'actualisation en intérêt composé.

I.2. L'analyse d'une suite de revenus quelconques

(36) Considérons en date 0 un nombre n (entier) de périodes annuelles et supposons que, à chaque date $t = 1, \ldots, n$, un agent économique encaisse un revenu F_t. On dit que ***les revenus sont datés***. Nous pouvons représenter cette rente en portant, sur l'axe du temps, les revenus symbolisés par des flèches (graphique 2.1). Ce type de schéma est appelé ***diagramme des flux***. Il est habituel de représenter les encaissements par des flèches ascendantes et les décaissements par des flèches descendantes.

Graphique 2.1 – Représentation d'une rente finie d'encaissements quelconques

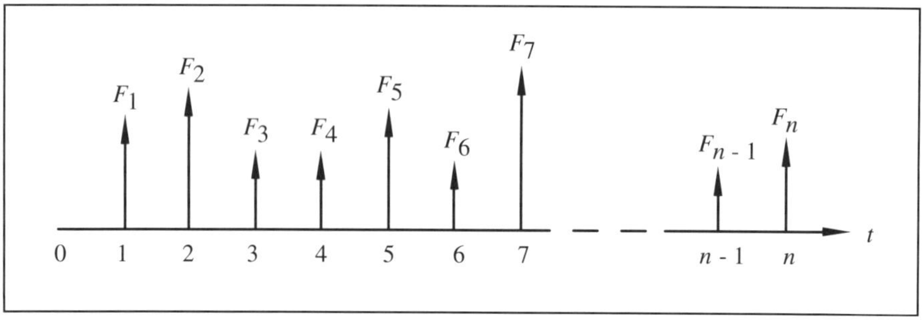

Valeur acquise d'une rente quelconque

(37) Calculons la valeur acquise au taux i du revenu F_1 en date 2. Il vient d'après (2.1) : $F_1\,(1+i)$. À la date 3, sa valeur capitalisée est : $F_1\,(1+i)^2$. On en déduit qu'à la date n la valeur acquise de F_1 est :

$$F_1\,(1+i)^{n-1}$$

Pour un revenu F_t quelconque, $(t = 1, \ldots, n)$, la valeur acquise en date n, est :

$$F_t\,(1+i)^{n-t}$$

Le propriétaire de la rente, qui déciderait de placer ses revenus au fur et à mesure de leur encaissement au taux i jusqu'en n, disposerait à cette date d'un capital K_n tel que :

$$K_n = F_1 (1+i)^{n-1} + F_2 (1+i)^{n-2} + \ldots + F_n = \sum_{t=1}^{n} F_t (1+i)^{n-t} \quad (2.16)$$

Nous pouvons envisager que le propriétaire de la rente place ses différents revenus jusqu'à une date postérieure à n, soit la date $T = n + m$. En appliquant la formule (2.16) sur une durée $n + m$, la valeur acquise au taux i en T est :

$$K_T = F_1 (1+i)^{n+m-1} + F_2 (1+i)^{n+m-2} + \ldots + F_n (1+i)^m = \sum_{t=1}^{n} F_t (1+i)^{n+m-t}$$

En mettant en facteur $(1+i)^m$, il vient :

$$K_T = (1+i)^m \left[F_1 (1+i)^{n-1} + F_2 (1+i)^{n-2} + \ldots + F_n\right] = (1+i)^m K_n \quad (2.17)$$

Cette formule (2.17) est une généralisation de (2.5) et signifie qu'il est équivalent de capitaliser chaque flux jusqu'en T (sur $n + m$ périodes), ou de capitaliser les flux jusqu'en n, puis de capitaliser la valeur ainsi acquise sur les m périodes suivantes.

Exemple 2.5 – Valeur acquise d'une rente quelconque de 3 ans

Considérons la rente suivante, de durée trois ans et à périodicité annuelle, composée des revenus $F_1 = 500$ €, $F_2 = 200$ € et $F_3 = 450$ €.

- La valeur acquise en $t = 3$ au taux de 6 % est :

$$K_3 = 500 \times 1{,}06^2 + 200 \times 1{,}06 + 450 = 1\,223{,}80 \text{ €}$$

- La valeur acquise en $t = 4$ au même taux de 6 % est :

$$K_4 = 500 \times 1{,}06^3 + 200 \times 1{,}06^2 + 450 \times 1{,}06 = 1\,297{,}23 \text{ €}$$

résultat que l'on aurait pu obtenir directement en capitalisant K_3 sur une période :

$$1\,223{,}8 \times 1{,}06 = 1\,297{,}23 \text{ €}$$

B. Valeur actuelle d'une rente quelconque

(38) Partant de l'expression (2.16), la valeur actuelle de la rente au taux i est :

$$K_0 = \frac{K_n}{(1+i)^n} = \frac{F_1}{(1+i)} + \frac{F_2}{(1+i)^2} + \ldots + \frac{F_n}{(1+i)^n} = \sum_{t=1}^{n} \frac{F_t}{(1+i)^t} \quad (2.18)$$

La valeur actuelle de la rente à une date $-m$, antérieure à 0 de m années, est :

$$K_{-m} = \frac{K_0}{(1+i)^m} = \frac{K_n}{(1+i)^n (1+i)^m} = \frac{F_1}{(1+i)^{m+1}} + \frac{F_2}{(1+i)^{m+2}} + \ldots + \frac{F_n}{(1+i)^{m+n}}$$

soit :

$$K_{-m} = \sum_{t=m+1}^{m+n} \frac{F_{t-m}}{(1+i)^t}$$

Il est donc équivalent d'actualiser chaque flux en date $-m$, ou de l'actualiser en date 0, puis actualiser une fois encore la valeur obtenue sur les m périodes qui précèdent.

I.3. L'étude de quelques rentes particulières

Nous étudions successivement les rentes dont les revenus sont constants quelle que soit la date, les rentes dont les revenus sont en progression arithmétique et les rentes dont les revenus forment une progression géométrique.

Une ***rente est dite infinie*** lorsque les versements de flux sont perpétuels ; dans ce cas, le nombre n tend vers l'infini. Dans le cas contraire, c'est-à-dire lorsque l'on peut dater le dernier flux, la ***rente est dite finie.***

Rente constante

Dans ce cas, les flux sont constants ; nous avons $F_t = F$, quel que soit $t = 1, \ldots, n$.

a. Étude générale

a.1 - Expression de la valeur acquise

(39) La valeur acquise en date n est dans ce cas :

$$K_n = F(1+i)^{n-1} + F(1+i)^{n-2} + \ldots + F = F \sum_{t=1}^{n} (1+i)^{n-t}$$

K_n est la somme des n termes d'une suite géométrique de raison $G = 1 + i$ et de premier terme F. On peut écrire en effet :

$$K_n = F + GF + G^2 F + \ldots + G^{n-1} F \tag{2.19}$$

soit[1], avec $G = 1 + i$:

$$K_n = F \frac{(1+i)^n - 1}{i} \tag{2.20}$$

Cette expression mérite deux remarques :

• Il est important de se rappeler les dates du premier et du dernier flux ; (2.20) donne la valeur ***en date n*** d'une série de n revenus constants, ***s'étalant de la date 1 à la date n***.

• La fonction :

$$i \longmapsto \frac{(1+i)^n - 1}{i}$$

est une fonction croissante de i, car il s'agit d'une somme de fonctions croissantes. K_n est donc une fonction croissante du taux d'intérêt, ce qui est conforme à la logique.

1. Rappelons que la somme des n premiers termes d'une suite géométrique de raison G et de premier terme F s'écrit :

$$F(1 + G + G^2 + \ldots + G^{n-1}) = F \frac{G^n - 1}{G - 1}$$

Exemple 2.6 – Calcul de la valeur acquise d'un loyer

Le propriétaire d'un immeuble de rapport touche un loyer mensuel de 3 500 euros qu'il place tous les mois au taux annuel de 4,5 %. Quelle sera la valeur de son capital dans cinq ans ?

Les loyers étant perçus chaque mois, nous allons utiliser (2.20) avec $n = 5 \times 12 = 60$ mois. Nous devons également utiliser un taux mensuel que nous supposons être équivalent au taux annuel de 4,5 %, soit :

$$(1 + 4{,}5\,\%)^{1/12} - 1 = 0{,}367\,481\,\%$$

La valeur acquise des loyers est :

$$K_{60} = 3\,500\,\frac{1{,}003\,674\,81^{60} - 1}{0{,}003\,674\,81} = 234\,471{,}15\ €$$

a.2 – Expression de la valeur actuelle

(40) La valeur actuelle au taux i d'une rente constante de durée n s'obtient aisément à partir de (2.20). Il suffit d'actualiser cette valeur acquise en date 0 :

$$K_0 = \frac{K_n}{(1+i)^n} = F\,\frac{(1+i)^n - 1}{i\,(1+i)^n}$$

Il vient :

$$K_0 = F\,\frac{1 - (1+i)^{-n}}{i} \qquad (2.21)$$

Il convient de se rappeler que :

- (2.21) donne la valeur actuelle en date 0 d'une série de n revenus constants, ***s'étalant de la date 1 à la date n.***
- La fonction :

$$i \longmapsto \frac{1 - (1+i)^{-n}}{i}$$

est une fonction décroissante de i, car il s'agit d'une somme de fonctions décroissantes. K_0 est donc une fonction décroissante du taux d'intérêt, ce qui est, là encore, conforme à la logique.

b. La valeur actuelle d'une rente perpétuelle

(41) Si l'on suppose que la rente constante est perpétuelle, la valeur actuelle de cette rente peut être obtenue à partir de la formule (2.21), en faisant tendre n vers l'infini. On a :

$$K_0 = \lim_{n \to +\infty} F\,\frac{1 - (1+i)^{-n}}{i} \text{ soit : } K_0 = \frac{F}{i} \qquad (2.22)$$

Rente en progression géométrique

Dans le cas d'une rente en progression géométrique, le revenu est multiplié par une constante G de période en période. Nous nous situons en date 0. Une rente de ce type verse F en date 1, GF en date 2, G^2F en date 3,..., $G^{n-1}F$ en date n.

a. Étude générale

a.1 – Expression de la valeur acquise

(42) L'expression générale de la valeur acquise en date n est dans ce cas :

$$K_n = F(1+i)^{n-1} + FG(1+i)^{n-2} + FG^2(1+i)^{n-3} + \ldots + FG^{n-2}(1+i) + FG^{n-1}$$

Nous distinguons deux cas, selon que la raison est, ou n'est pas, égale à $1+i$.

- Lorsque $G = 1+i$, les n termes de la valeur acquise sont égaux à :

$$F(1+i)^{n-1}$$

Nous avons dans ce cas :

$$K_n = nF(1+i)^{n-1} \tag{2.23}$$

- Lorsque $G \neq 1+i$, nous posons $Q = (1+i)/G$. En inversant la suite des termes, il vient :

$$K_n = FG^{n-1} + FG^{n-1}Q + FG^{n-1}Q^2 + \ldots + FG^{n-1}Q^{n-1}$$

K_n est la somme des n termes d'une suite géométrique de raison Q et de premier terme FG^{n-1}. La valeur acquise s'écrit[1] :

$$K_n = FG^{n-1}\frac{Q^n - 1}{Q-1}$$

En réintégrant l'expression de Q, il vient :

$$K_n = FG^{n-1}\frac{\left(\frac{1+i}{G}\right)^n - 1}{\frac{1+i}{G} - 1}$$

Soit encore :

$$K_n = F\left(\frac{(1+i)^n - G^n}{1+i-G}\right) \tag{2.23'}$$

Exemple 2.7 – Valeur acquise d'une pension indexée

Suite à un divorce, Mme Néère perçoit de son ex-mari une pension alimentaire mensuelle de 800 €, qui doit progresser chaque mois au taux mensuel de 0,2 %. Elle décide de placer 50 % de cette pension afin de constituer un capital pour ses enfants. Le taux de placement est le taux mensuel équivalent au taux annuel de 4 %. Quelle sera la valeur acquise de cette opération dans dix ans ?

Il s'agit d'appliquer la formule (2.23′) sur 120 périodes mensuelles. Si la pension progresse de 0,2 % par mois, la raison de la progression géométrique est $1 + 0,2\,\%$, soit $G = 1,002$.

1. En utilisant la propriété d'une somme de termes en progression géométrique déjà utilisée dans le sous-paragraphe précédent.

Le taux de placement à retenir est :

$$1,04^{1/12} - 1 = 0,327\,374\,\%$$

Nous avons $F = 400$ € (la moitié de la pension). Le capital acquis est :

$$K_n = 400\left(\frac{1,003\,273\,74^{120} - 1,002^{120}}{1 + 0,003\,273\,74 - 1,002}\right) = 65\,727,65 \text{ €}$$

a.2 - Expression de la valeur actuelle

(43) La valeur actuelle au taux i d'une rente en progression géométrique de durée n s'obtient à partir de (2.23) ou (2.23′) en actualisant la valeur acquise en date 0. On trouve :

- pour $G = 1 + i$:

$$K_0 = \frac{K_n}{(1+i)^n} = \frac{nF\,(1+i)^{n-1}}{(1+i)^n} = \frac{nF}{1+i} \tag{2.24}$$

- pour $G \neq 1 + i$:

$$K_0 = \frac{K_n}{(1+i)^n} = \frac{F}{(1+i)^n}\left(\frac{(1+i)^n - G^n}{1+i-G}\right)$$

qui devient :

$$K_0 = F\left[\frac{1 - \left(\frac{G}{1+i}\right)^n}{1+i-G}\right] \tag{2.24′}$$

b. La valeur actuelle d'une rente perpétuelle

(44) Lorsque n tend vers l'infini, seule l'expression (2.24′) admet une limite finie si G est strictement inférieur à $1 + i$. Dans ce cas, la valeur actualisée de la suite de revenus est égale à :

$$K_0 = \frac{F}{1+i-G} \qquad (\text{si } G < 1+i) \tag{2.25}$$

Rente en progression arithmétique

Nous notons A la raison de la progression arithmétique et étudions donc une suite de revenus versant F en date 1, $F + A$ en date 2, $F + 2A$ en date $3, \ldots, F + (n-1)\,A$ en date n.

a. Étude générale

a.1 - Expression de la valeur actuelle

(45) La valeur actuelle en date 0 de cette rente est :

$$K_0 = \frac{F}{1+i} + \frac{F+A}{(1+i)^2} + \ldots + \frac{F+(n-1)\,A}{(1+i)^n}$$

Pour simplifier cette expression, calculons $(1+i)K_0 - K_0$:

$$(1+i)K_0 - K_0 = F - \frac{F}{1+i} + \frac{F+A}{1+i} - \frac{F+A}{(1+i)^2} + \ldots + \frac{F+(n-1)A}{(1+i)^{n-1}} - \frac{F+(n-1)A}{(1+i)^n}$$

soit encore :

$$K_0 i = F + \frac{A}{1+i} + \frac{A}{(1+i)^2} + \ldots + \frac{A}{(1+i)^{n-1}} - \frac{F+(n-1)A}{(1+i)^n}$$

ou :

$$K_0 i = F + \frac{A}{1+i} + \frac{A}{(1+i)^2} + \ldots + \frac{A}{(1+i)^{n-1}} - \frac{F}{(1+i)^n} - \frac{nA}{(1+i)^n} + \frac{A}{(1+i)^n}$$

On reconnaît dans cet ensemble de termes une somme actualisée de revenus constants A s'étalant entre les dates 1 et n. Nous pouvons écrire, compte tenu de (2.21) :

$$K_0 i = F + A\frac{1-(1+i)^{-n}}{i} - \frac{F}{(1+i)^n} - \frac{nA}{(1+i)^n}$$

On peut encore simplifier cette expression en posant :

$$S_{-n} = \frac{1-(1+i)^{-n}}{i} \Longleftrightarrow (1+i)^{-n} = 1 - iS_{-n}$$

Il vient :

$$\begin{aligned} K_0 i &= F + AS_{-n} - F(1 - iS_{-n}) - nA(1 - iS_{-n}) \\ &= AS_{-n} + FiS_{-n} - nA + nAiS_{-n} \end{aligned}$$

Mettons S_{-n} en facteur et divisons les deux membres par i pour obtenir K_0 :

$$K_0 = S_{-n}\left(F + \frac{A}{i} + nA\right) - \frac{nA}{i}$$

soit :

$$K_0 = \frac{1-(1+i)^{-n}}{i}\left(F + \frac{A}{i} + nA\right) - \frac{nA}{i} \qquad (2.26)$$

(2.26) donne la valeur actualisée en date 0 d'une suite de revenus en progression arithmétique de raison A, de premier flux F en date 1 et de dernier flux $F+(n-1)A$ en date n.

a.2 – Expression de la valeur acquise

(46) La valeur acquise s'obtient à partir de (2.26), en capitalisant K_0 sur n périodes au taux i :

$$K_n = \left[S_{-n}\left(F + \frac{A}{i} + nA\right) - \frac{nA}{i}\right](1+i)^n$$

Nous pouvons remarquer que :

$$S_{-n}(1+i)^n = \frac{(1+i)^n - 1}{i} = S_n$$

En reprenant notre expression de la valeur acquise K_n, il vient :

$$K_n = S_n\left(F + \frac{A}{i} + nA\right) - \frac{nA\,(1+i)^n}{i} = S_n\left(F + \frac{A}{i}\right) + S_n nA - \frac{nA\,(1+i)^n}{i}$$

soit encore, en développant S_n dans le deuxième terme du membre de droite :

$$K_n = S_n\left(F + \frac{A}{i}\right) + \left(\frac{(1+i)^n - 1}{i}\right) nA - \frac{nA\,(1+i)^n}{i}$$

Après simplifications, il vient :

$$K_n = \frac{(1+i)^n - 1}{i}\left(F + \frac{A}{i}\right) - \frac{nA}{i} \qquad (2.27)$$

b. La valeur actuelle d'une rente perpétuelle

(47) Si la rente est perpétuelle (n tend vers l'infini), la limite de (2.26) est :

$$K_0 = \frac{F}{i} + \frac{A}{i^2}$$

Exemple 2.8 – Valeur acquise et valeur actuelle d'une rente en progression arithmétique

Considérons une rente versant $F_0 = 1\,000$ € en date 0, $F_1 = 1\,010$ € en date 1, $F_2 = 1\,020$ € en date 2,... et $F_{10} = 1\,100$ € en date 10. Il s'agit d'une rente en progression arithmétique de raison 10 et de premier terme 1 000. Il faut au préalable remarquer que le premier flux est situé en date 0, alors que nous avons travaillé jusqu'à présent sur des rentes s'étalant entre les dates 1 et n. Nous devons en tenir compte dans l'application des formules.

a – *Calcul de la valeur acquise en date 10 au taux de 5 %*

La formule (2.27) permet de calculer la valeur acquise en date 10 des flux 1 à 10, avec $F = 1\,010$ et $A = 10$. Il conviendra d'y ajouter la valeur acquise du flux encaissé en date 0. L'application de (2.27) donne :

$$S_n = \frac{(1+i)^n - 1}{i} = \frac{1{,}05^{10} - 1}{0{,}05} = 12{,}577\,89$$

$$S_n\left(F + \frac{A}{i}\right) - \frac{nA}{i} = 12{,}577\,89\left(1\,010 + \frac{10}{0{,}05}\right) - \frac{10 \times 10}{0{,}05} = 13\,219{,}25 \text{ €}$$

En prenant en compte la valeur capitalisée du flux F_0, la valeur acquise de la rente est :

$$K_T = 13\,219{,}25 + 1\,000\,(1{,}05)^{10} = 14\,848{,}14 \text{ €}$$

Une autre méthode consiste à utiliser directement (2.27), avec $n = 11$, $F = 1\,000$ et $A = 10$. Avec un taux de 5 %, il vient $S_n = 14{,}206\,787$ et $K_T = 14\,848{,}14$ €

b – *Calcul de la valeur actuelle en date 0 au taux de 5 %*

- La méthode la plus simple consiste à la calculer à partir de K_T :

$$K_0 = \frac{K_T}{(1+i)^{10}} = 14\,848{,}14 \times 1{,}05^{-10} = 9\,115{,}47 \text{ €}$$

- Nous pouvons également utiliser (2.26) avec $n = 10$, $F = 1\,010$, $A = 10$ et $i = 5\,\%$ pour obtenir la valeur actuelle de la suite de revenus entre $t = 1$ et

$t = 10$. Il conviendra d'y ajouter la valeur actuelle du flux F_0 en date 0, soit 1 000. Il vient :

$$\frac{1-(1+i)^{-n}}{i} = \frac{1-1{,}05^{-10}}{0{,}05} = 7{,}721735$$

$$K_0 = 7{,}721735\left(1010 + \frac{10}{0{,}05} + 10 \times 10\right) - \frac{10 \times 10}{0{,}05} + 1000 = 9\,115{,}47 \text{ €}$$

• Enfin, en utilisant (2.26) avec $n = 11$, $F = 1000$, $A = 10$ et $i = 5$ %, on obtient la valeur actuelle de la rente en date $t = -1$, qui, capitalisée sur une période, donne la valeur actuelle de la rente en date 0. On obtient ainsi :

$$\frac{1-(1+i)^{-n}}{i} = \frac{1-1,05^{-11}}{0,05} = 8,306\,414$$

$$K_0 = \left[8{,}306\,414\left(1\,000 + \frac{10}{0{,}05} + 11 \times 10\right) - \frac{11 \times 10}{0{,}05}\right] \times 1{,}05 = 9\,115{,}47 \text{ €}$$

c – *Calcul de la valeur actuelle de cette rente au taux de 5 % en supposant qu'elle est perpétuelle.*

$$F_0 + \frac{F_1}{i} + \frac{A}{i^2} = 1\,000 + \frac{1\,010}{0{,}05} + \frac{10}{0{,}05^2} = 25\,200 \text{ €}$$

II. La capitalisation mixte

Dans cette seconde section, nous analysons, à titre d'illustration, un produit financier très populaire dont le fonctionnement relève de la capitalisation mixte : les livrets d'épargne.

II.1. Les livrets d'épargne

(48) Un livret d'épargne est un compte ouvert par des personnes physiques (voire certaines personnes morales), permettant d'obtenir la rémunération de leur épargne liquide. Autrement dit, à la différence des comptes courants, l'argent déposé sur livret peut porter intérêt, sans pour autant être bloqué sur une certaine durée[1]. Tous les établissements de crédit sont autorisés à ouvrir des comptes sur livret. Cela étant, la Caisse d'épargne écureuil ainsi que la Caisse nationale d'épargne (organisme dépendant de La Poste) permettent de faire bénéficier les détenteurs de leurs livrets de la défiscalisation des intérêts[2]. Nous présentons successivement les caractéristiques des livrets de caisse d'épargne et les modalités de calcul des intérêts.

1. Il est également possible de placer son épargne sur des comptes à terme, les sommes versées sont rémunérées (souvent à un taux supérieur à celui des comptes sur livrets), mais elles sont bloquées jusqu'au terme fixé au moment du dépôt.

2. Le Crédit mutuel propose un Livret bleu qui présente des caractéristiques similaires au Livret A. Pour le titulaire du compte, les intérêts sont défiscalisés, mais il s'agit de l'application d'une réglementation spécifique au Crédit mutuel, l'autorisant à acquitter l'impôt à la place de ses déposants.

Caractéristiques des comptes sur livret des caisses d'épargne

Nous retenons l'intitulé « caisse d'épargne » pour désigner indifféremment les deux établissements précédemment cités et présentons les modalités de fonctionnement pour un particulier. Deux types de livret sont proposés, dénommés ***Livret A*** et ***Livret B***. Les dépôts sur le Livret A sont plafonnés, mais les intérêts produits sont exonérés d'impôt et de prélèvements sociaux : CSG (contribution sociale généralisée) et CRDS (contribution au remboursement de la dette sociale). *A contrario*, sur le Livret B, les dépôts ne sont pas limités, mais les intérêts sont imposables au régime de droit commun.

Les versements peuvent être effectués librement ; néanmoins, pour le Livret A, le montant total des dépôts ne peut dépasser un certain plafond, fixé actuellement à 15 300 €.

Les livrets portent intérêt à un taux réglementé par arrêté du ministre de l'Économie et des Finances. Il était de 2,25 % en juillet 2004 pour le Livret A. Pour le Livret B, le taux n'est pas plafonné. En pratique, les établissements alignent sa rémunération sur celle du Livret A.

Fonctionnement d'un livret d'épargne et calcul des intérêts

(49) Le calcul des intérêts respecte la ***règle des quinzaines*** : l'intérêt servi aux déposants ne peut commencer à courir que le 1er ou le 16 de chaque mois. Autrement dit, un dépôt effectué entre le 1er et le 15 commence à produire des intérêts le 16. Un dépôt réalisé entre le 16 et la fin du mois commence à produire des intérêts à partir du 1er du mois suivant. En ce qui concerne les retraits, les fonds retirés entre le 1er et le 15 cessent de produire des intérêts à la fin du mois précédent ; ceux retirés entre le 16 et la fin du mois cessent de produire des intérêts le 15 du mois du retrait. Il est utile de connaître ces règles, qui peuvent conduire à retarder un retrait ou à avancer un dépôt.

Le calcul des intérêts des livrets d'épargne s'analyse comme une capitalisation mixte : la capitalisation des intérêts est annuelle mais la fraction courue sur les périodes inférieures à l'année est calculée en intérêt simple. Précisons maintenant ces règles. Les intérêts sont calculés le 31 décembre de chaque année et portés au crédit du livret le 1er janvier de l'année suivante. Le taux de référence est un taux proportionnel au prorata du nombre de quinzaines. Lors d'un dépôt, l'établissement calcule un ***intérêt anticipé*** (*IA*) comme si la somme devait rester en compte jusqu'au 31 décembre. Un retrait donne lieu au calcul d'un ***intérêt rétrograde*** (*IR*), c'est-à-dire l'intérêt que ne touchera plus l'épargnant sur la somme qu'il vient de retirer. L'intérêt servi le 31 décembre est égal à la différence entre les intérêts anticipés et les intérêts rétrogrades. Si le compte est clôturé à une date autre que le 31 décembre, les intérêts sont calculés à la fin de la quinzaine précédant la date de clôture.

Exemple 2.9 – Calcul des intérêts sur un livret d'épargne

Considérons un Livret A sur lequel ont été effectués sur deux années, notées A et A + 1, un certain nombre de dépôts et de retraits, sachant que le solde au 1er janvier A était de 5 265,09 €, correspondant aux divers dépôts et retraits effectués les années précédentes et aux intérêts acquis. Durant l'année A, l'épargnant a effectué cinq opérations (trois dépôts et deux retraits). Les cinq premières colonnes du tableau ci-dessous détaillent ces mouvements.

Dates	Opéra-tions	Mon-tant	Solde	Date d'effet	* *N*	** *IA*	*** *IR*
1-janv. A			5 265,09	1-janv.	24	118,46	
7-janv. A	dépôt	2 000	7 265,09	16-janv.	23	43,13	
31-mars A	dépôt	1 500	8 765,09	1-avr.	18	25,31	
5-juill. A	retrait	550	8 215,09	30-juin	12		6,19
25-sept. A	retrait	1 500	6 715,09	15-sept.	7		9,84
16-déc. A	dépôt	2 500	9 215,09	1-janv.	0	0,00	
1-janv. A + 1	intérêts	170,87	9 385,96	1-janv.	24	211,18	
19-mai A + 1	retrait	5 000	4 385,96	15-mai	15		70,31
6-sept. A + 1	dépôt	1 200	5 585,96	16-sept.	7	7,88	
1-janv. A + 2	intérêts	148,75	5 734,71	1-janv.	24	129,03	

* *N* : nombre de quinzaines. ** *IA* : intérêts anticipés. *** *IR* : intérêts rétrogrades.

• L'intérêt est calculé proportionnellement au nombre de quinzaines (*N*). Par exemple, le dépôt du 7 janvier prend effet le 16 ; les intérêts anticipés sont calculés sur 23 quinzaines (du 16 janvier au 31 décembre), au taux proportionnel de 2,25 %, soit :

$$2\,000 \times 2{,}25\,\% \times \frac{23}{24} = 43{,}13\text{ €}$$

• Les intérêts rétrogrades sont obtenus de façon identique. Remarquons que le dépôt du 16 décembre ne porte pas intérêt sur l'année A, puisqu'il est intervenu un jour trop tard.

• Le montant des intérêts acquis sur l'année civile est obtenu en faisant la somme des intérêts anticipés sur les dépôts (colonne *IA*) diminuée de la somme des intérêts rétrogrades sur les retraits (colonne *IR*). Les intérêts crédités au 1er janvier A + 1 sont obtenus ainsi :

$$IA\,(\text{A}) - IR\,(\text{A}) = (118{,}46 + 43{,}13 + 25{,}31) - (6{,}19 + 9{,}84) = 170{,}87\text{ €}$$

Les intérêts anticipés comprennent ceux calculés sur le solde du livret au 1er janvier A. De même, les intérêts crédités au 1er janvier A + 2 sont :

$$IA\,(\text{A}+1) - IR\,(\text{A}+1) = 211{,}18 + 7{,}88 - 70{,}31 = 148{,}75\text{ €}$$

II.2. Quelques formules applicables aux comptes sur livrets

Nous évoquons successivement trois cas en fonction des dates de dépôt et de leur nombre.

Valeur acquise d'un dépôt unique à l'ouverture du livret

(50) Un épargnant ouvre un Livret A en déposant un capital K_0. Le taux du livret est noté i. L'ouverture se fait en date 0, située N_0 quinzaines $(N_0 < 24)$ avant le 31 décembre de la première année A ; la clôture se fait en date T, située N_T quinzaines $(N_T < 24)$ après le 31 décembre de l'année A + n. Il n'y a pas d'autres versements. Ces différentes dates sont récapitulées sur le graphique (2.2).

Graphique 2.2 – Dates d'ouverture et de clôture d'un livret d'épargne

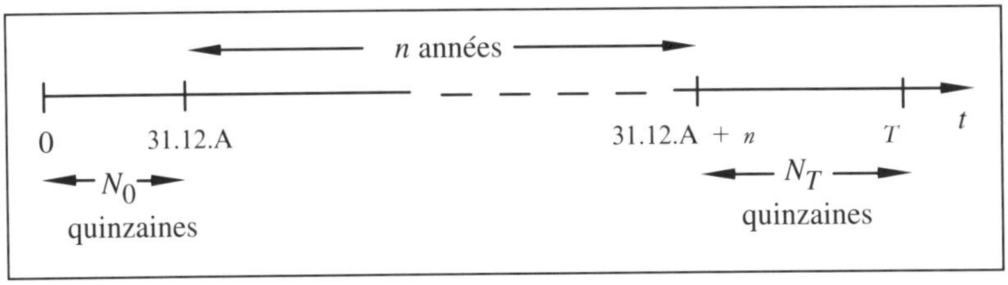

Le capital acquis en T s'écrit :

$$K_T = K_0 \left(1 + i\,\frac{N_0}{24}\right)(1+i)^n \left(1 + i\,\frac{N_T}{24}\right)$$

Cette expression correspond à une première période où le calcul est effectué en intérêts simples. Le capital acquis au 31.12.A est ensuite capitalisé sur n périodes. La dernière année, les intérêts courus sont calculés à nouveau en intérêt simple.

Valeur acquise d'une suite de *n* versements constants annuels sur un livret

(51) Étudions maintenant le capital acquis par un épargnant déposant n sommes constantes d'un montant F chaque année à la même date. Chaque flux est versé N_0 quinzaines avant le 31 décembre de l'année. Le graphique 2.3 détaille cette situation.

Graphique 2.3 – Échelonnement des versements sur un livret d'épargne

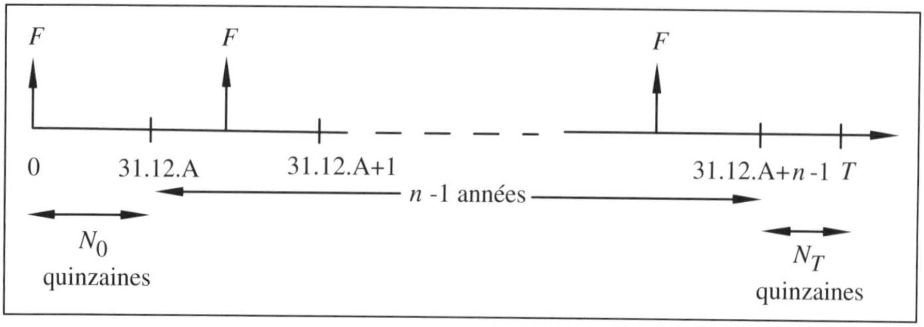

a. Expression du capital acquis

Calculons le capital acquis en date T, avec : $31.12.A + n - 1 < T < 31.12.A + n$. Pour le premier flux, nous avons comme valeur acquise :

$$F\left(1+i\,\frac{N_0}{24}\right)(1+i)^{n-1}\left(1+i\,\frac{N_T}{24}\right)$$

Pour le deuxième flux, nous avons :

$$F\left(1+i\,\frac{N_0}{24}\right)(1+i)^{n-2}\left(1+i\,\frac{N_T}{24}\right)$$

Enfin, pour le dernier, nous avons :

$$F\left(1+i\,\frac{N_0}{24}\right)\left(1+i\,\frac{N_T}{24}\right)$$

La valeur acquise de la suite est donc égale à la somme suivante :

$$K_T = F\left(1+i\,\frac{N_0}{24}\right)(1+i)^{n-1}\left(1+i\,\frac{N_T}{24}\right) + F\left(1+i\,\frac{N_0}{24}\right)(1+i)^{n-2}\left(1+i\,\frac{N_T}{24}\right)$$
$$+ \ldots + F\left(1+i\,\frac{N_0}{24}\right)\left(1+i\,\frac{N_T}{24}\right)$$

Après mise en facteur, cette expression s'écrit :

$$K_T = F[(1+i)^{n-1} + (1+i)^{n-2} + \ldots + (1+i) + 1]\left(1+i\,\frac{N_0}{24}\right)\left(1+i\,\frac{N_T}{24}\right)$$

On reconnaît entre crochets une suite de n flux constants capitalisés sur $0, 1, 2, \ldots, n-1$ périodes. On peut utiliser l'expression (2.20) et écrire :

$$K_T = F\,\frac{(1+i)^n - 1}{i}\left(1+i\,\frac{N_0}{24}\right)\left(1+i\,\frac{N_T}{24}\right) \qquad (2.28)$$

b. Cas particuliers

La formule (2.28) se simplifie dans les deux cas suivants :

- si la date T se situe dans la première quinzaine de l'année, alors $N_T = 0$ et ainsi :

$$K_T = F\,\frac{(1+i)^n - 1}{i}\left(1 + i\,\frac{N_T}{24}\right) \qquad (2.29)$$

- si, de plus, les versements sont effectués durant la dernière quinzaine de chaque année, alors $N_0 = 0$. On retrouve une formule classique de capitalisation de rente constante sur n périodes. Dans ce cas particulier, la mixité du calcul disparaît.

Exemple 2.10 – Capital acquis sur un Livret A

Un particulier effectue le 15 de chaque mois, à partir de janvier A, un dépôt de 50 € sur un livret d'épargne rémunéré au taux de 2,25 %. De quel capital disposera-t-il le 1er janvier A + 2 ?

- L'intérêt acquis au 1er janvier A + 1, suite aux 12 dépôts mensuels de 50 €, est :

$$50\left(2{,}25\,\%\,\frac{23}{24}\right) + 50\left(2{,}25\,\%\,\frac{21}{24}\right) + \ldots + 50\left(2{,}25\,\%\,\frac{1}{24}\right)$$

soit encore :

$$\frac{50 \times 2{,}25\,\%}{24}(23 + 21 + 19 + \ldots + 3 + 1) = \frac{50 \times 2{,}25\,\%}{24}\left(\frac{(23+1)}{2} \times 12\right) = 6{,}75\,€$$

- Le capital acquis le 1er janvier A +1 est égal à la somme des dépôts majorée de l'intérêt acquis, soit :

$$12 \times 50 + 6{,}75 = 606{,}75\ €$$

Remarquons que, pour l'année A + 1, les dépôts étant constants, les intérêts acquis sur les nouveaux versements seront également de 6,75 €.

- Le capital acquis au 1er janvier A + 2 est égal au capital acquis au 1er janvier A + 1, capitalisé au taux de 2,25 % sur 1 an, plus les dépôts de A + 1 et les intérêts sur les dépôts de A + 1, soit :

$$606{,}75 \times 1{,}0225 + 600 + 6{,}75 = 1\,227{,}15\,€$$

C. Valeur acquise d'une suite de *n* versements annuels en progression arithmétique

Si les n dépôts successifs sont en progression arithmétique de raison A et de premier terme F, le lecteur vérifiera, en s'aidant du graphique 2.4, que la valeur acquise en date T est :

$$K_T = \left[\frac{(1+i)^n - 1}{i}\left(F + \frac{A}{i}\right) - \frac{nA}{i}\right]\left(1 + i\,\frac{N_0}{24}\right)\left(1 + i\,\frac{N_T}{24}\right) \qquad (2.30)$$

Graphique 2.4 – Dépôts en progression arithmétique sur un livret d'épargne

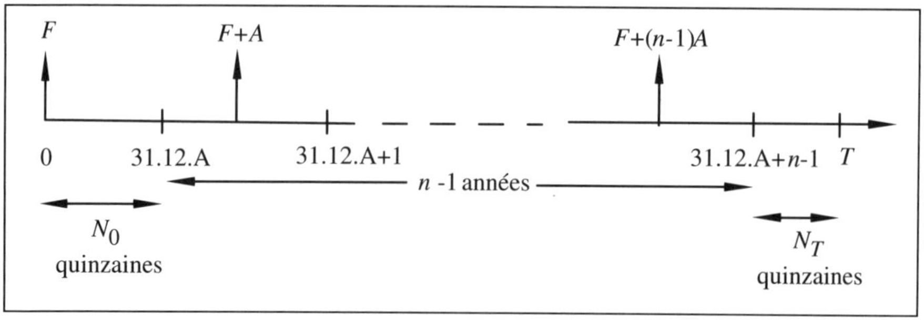

Chapitre 3

Les emprunts indivis

(52) Un ***emprunt indivis*** est un emprunt accordé à une personne unique par un ***prêteur unique*** (généralement une banque). L'emprunteur peut être une personne physique ou morale. Le prêt accordé à une personne physique peut servir par exemple à acquérir un bien immobilier ou un bien de consommation. Ce type de crédit est dit ***affecté*** ; il doit exclusivement être utilisé pour l'acquisition d'un bien clairement identifié. Il existe également des crédits ***non affectés***, en particulier certains crédits à la consommation ; leur utilisation est à la discrétion de l'emprunteur. Les emprunts indivis contractés par des personnes morales (entreprises, associations, collectivités publiques) peuvent servir à financer les investissements ou le cycle d'exploitation. Ils se différencient des emprunts obligataires qui font intervenir plusieurs prêteurs[1]. Nous étudions dans ce chapitre les emprunts indivis à taux fixe, reposant sur la technique de l'intérêt composé, c'est-à-dire ceux pour lesquels l'intérêt est calculé avec un taux unique et dont le remboursement se fait en plusieurs fois. Notre présentation est organisée en trois sections.

- La partie I expose les principes et règles applicables aux emprunts indivis. Nous supposons dans cette section que les emprunts sont à moyen ou long terme et que la périodicité des remboursements est annuelle.
- La partie II traite des modalités de remboursement les plus courantes, à savoir le remboursement par amortissement constant du capital et le remboursement par versements constants.
- La partie III expose les principes de quelques emprunts à modalités particulières.

I. Les règles applicables aux emprunts indivis

Le premier paragraphe présente les concepts liés aux emprunts indivis. Nous traitons ensuite un exemple simple sur deux périodes pour nous permettre

1. Les emprunts obligataires sont l'objet du chapitre suivant.

d'énoncer dans un troisième paragraphe les quatre règles fondamentales régissant les emprunts indivis. Une démarche axiomatique nous permet enfin d'énoncer les équations actuarielles caractérisant ces emprunts.

I.1. Définitions

(53) Le remboursement d'un emprunt indivis s'effectue par une suite de versements. Notre présentation se limitant dans cette section à une périodicité annuelle, nous les appelons ***annuités*** (notées a). Chaque annuité est la somme d'une part d'***intérêt*** (I) et d'une part d'***amortissement*** (A) qui correspond au remboursement d'une fraction du principal initialement emprunté.

On appelle ***capital dû*** la part non encore remboursée du capital à une date donnée, postérieurement à la date initiale de conclusion du contrat.

On appelle parfois ***coût du crédit*** la somme des intérêts.

Il est habituel de présenter sous forme de tableau l'évolution de l'intérêt, de l'amortissement et du capital restant dû, sur la durée de vie de l'emprunt. Cette présentation est appelée ***tableau d'amortissement*** de l'emprunt, ou ***échéancier***.

Illustrons les définitions ci-dessus à l'aide d'un exemple simple sur deux périodes.

Exemple 3.1 – Emprunt indivis sur deux ans

Un emprunt de capital 10 000 € est consenti au taux de 6 %. Le remboursement s'effectue au moyen de deux annuités ; la première est de 3 600 €.

- À la fin de la première année, la part d'intérêt due au prêteur est : $10\,000 \times 0{,}06 = 600$ €
- La première part d'amortissement s'obtient par soustraction, connaissant le montant de l'annuité et des intérêts : $3\,600 - 600 = 3\,000$ €
- Le capital dû en début de seconde année est : $10\,000 - 3\,000 = 7\,000$ €. Cette somme est remboursée à la fin de la seconde année, augmentée de l'intérêt dû, qui est de : $7\,000 \times 0{,}06 = 420$ €. La dernière annuité est donc :

$$7\,000 + 420 = 7\,420 \text{ €}$$

- Le coût du crédit s'élève à $600 + 420 = 1\,020$ €
- Le tableau d'amortissement de cet emprunt est :

Période	Capital dû en début de période	Amortissement	Intérêt	Annuité
1	10 000	3 000	600	3 600
2	7 000	7 000	420	7 420

I.2. Les quatre règles fondamentales

À partir des définitions du paragraphe 1 et de l'exemple précédent, nous pouvons énoncer quatre ***règles fondamentales*** à respecter dans la construction d'un tableau d'amortissement, quel que soit l'emprunt indivis concerné.

Énoncé des quatre règles

- Règle 1 : la part d'intérêt versée en fin de période est égale au capital dû en début de période, multiplié par le taux d'intérêt de la période.
- Règle 2 : l'annuité est égale à la somme de l'intérêt et de l'amortissement.
- Règle 3 : la somme des amortissements est égale au capital emprunté.
- Règle 4 : le capital dû au début de la dernière période est égal à la dernière part d'amortissement[1].

Formalisation

Nous introduisons les notations suivantes :

K_0 le capital versé à l'emprunteur à l'instant 0 ;
K_p le capital restant dû ***après*** p échéances[2], appelé dette encore vivante ;
a_p l'annuité ou versement périodique en date p ;
I_p l'intérêt versé à la date p ;
A_p l'amortissement versé à la date p ;
n le nombre de périodes ;
i le taux d'intérêt périodique (taux annuel pour des périodes annuelles).

Considérons un emprunt indivis de taux d'intérêt annuel i, de principal K_0, remboursable en n années. Notons 0 la date de versement du principal à l'emprunteur et $1, 2, \ldots, n$ les différentes dates de versement des annuités.

- À la date 1 (fin de la première période), la règle 1 permet d'écrire :

$$I_1 = i K_0$$

Si l'annuité est a_1, l'amortissement du capital est (règle 2) :

$$A_1 = a_1 - I_1 = a_1 - i K_0$$

- À la date 2, le capital dû en début de période est :

$$K_0 - A_1$$

L'intérêt dû à cette date est :

$$I_2 = i (K_0 - A_1)$$

L'amortissement du capital est :

$$A_2 = a_2 - I_2 = a_2 - i (K_0 - A_1)$$

- À la date $p < n$, nous avons :
  – pour le capital dû en début de période :

$$K_0 - \sum_{k=1}^{p-1} A_k$$

1. La règle 4 est un corollaire de la précédente. Elle permet de vérifier l'exactitude d'un tableau d'amortissement.
2. Autrement dit, le capital dû au début de la période p est noté K_{p-1}.

– pour les intérêts :

$$I_p = i\left(K_0 - \sum_{k=1}^{p-1} A_k\right)$$

– pour l'amortissement :

$$A_p = a_p - I_p$$

- À la date n, c'est-à-dire à l'échéance de l'emprunt, nous avons en particulier :
  – pour le capital dû en début de période :

$$K_0 - \sum_{k=1}^{n-1} A_k$$

  – pour l'amortissement (règles 2 et 3) :

$$A_n = a_n - I_n = K_0 - \sum_{k=1}^{n-1} A_k$$

I.3. Les équations actuarielles d'un emprunt indivis

(54) Nous présentons dans ce paragraphe les ***équations actuarielles*** liant les différents versements d'un emprunt indivis et le taux d'intérêt. Nous désignons par le terme de ***flux*** les différents encaissements et décaissements relatifs à une opération d'emprunt indivis.

Diagramme des flux d'un emprunt indivis

(55) Les encaissements et les décaissements peuvent être schématisés dans le cadre d'un diagramme des flux. Si le diagramme est établi du point de vue de l'emprunteur, la somme versée initialement représente une entrée de capitaux (flux positif) et sera donc représentée par une flèche ascendante. Les sommes décaissées par la suite représentent des sorties de capitaux (flux négatifs) et sont donc représentées par des flèches descendantes (graphique 3.1).

Graphique 3.1 – Diagramme des flux d'un emprunteur sur *n* périodes

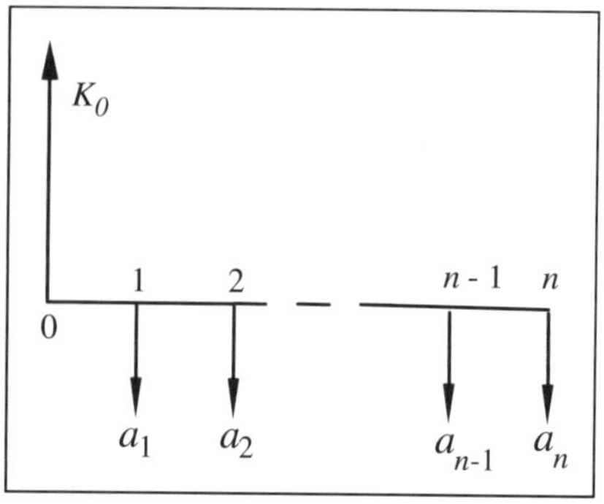

L'égalisation des valeurs acquises

(56) Pour un emprunt réalisé au taux i, on peut écrire que la valeur capitalisée à l'échéance n de l'ensemble des flux est nulle, soit :

$$K_0 (1+i)^n - a_1 (1+i)^{n-1} - \ldots - a_{n-1} (1+i) - a_n = 0 \qquad (3.1)$$

(3.1) peut également s'écrire :

$$K_0 (1+i)^n = a_1 (1+i)^{n-1} + \ldots + a_{n-1} (1+i) + a_n \qquad (3.2)$$

(3.2) indique qu'à l'échéance n, la valeur acquise des encaissements est égale à la valeur acquise des décaissements. Nous appelons cette expression l'***équation aux valeurs acquises***.

Montrons, dans le cas de deux périodes ($n = 2$), que, si les règles fondamentales sont respectées, alors l'expression (3.2) est vérifiée.

- D'après les règles 1 et 2, on peut écrire :

$$A_1 = a_1 - i K_0 \text{ et } A_2 = a_2 - i \left[K_0 - (a_1 - i K_0)\right]$$

- La règle 3 s'énonce ainsi dans le cas de deux périodes :

$$K_0 = A_1 + A_2$$

- En réintégrant dans cette dernière expression les valeurs de A_1 et A_2 et en développant, on obtient :

$$a_1 - i K_0 + a_2 - i K_0 + i a_1 - i^2 K_0 = K_0$$

Après arrangement des termes, il vient :

$$a_1 (1+i) + a_2 = K_0 (1 + 2i + i^2)$$

ou encore :

$$K_0 (1+i)^2 = a_1 (1+i) + a_2$$

Cette expression correspond à (3.2) dans le cas d'un emprunt sur deux ans.

L'égalisation des valeurs actuelles

(57) Il est possible d'exprimer (3.2) de manière différente. Pour cela, divisons les deux membres par $(1+i)^n$:

$$\frac{K_0 (1+i)^n}{(1+i)^n} = \frac{a_1 (1+i)^{n-1}}{(1+i)^n} + \ldots + \frac{a_{n-1} (1+i)}{(1+i)^n} + \frac{a_n}{(1+i)^n}$$

Après simplification, il vient :

$$K_0 = \frac{a_1}{1+i} + \frac{a_2}{(1+i)^2} + \ldots + \frac{a_n}{(1+i)^n} = \sum_{k=1}^{n} \frac{a_k}{(1+i)^k} \qquad (3.3)$$

L'équation (3.3) est équivalente à (3.2) mais est exprimée en valeurs actuelles. On l'appelle ***équation aux valeurs actuelles***.

EXEMPLE 3.2 – Diagramme des flux et équations actuarielles

Nous reprenons les données de l'exemple 3.1, page 44.

- Établissement du diagramme des flux du point de vue du prêteur :

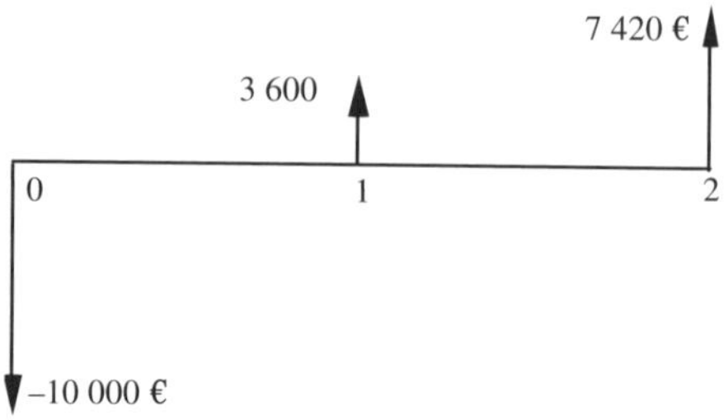

- Équation aux valeurs acquises :

$$10\,000 \times 1{,}06^2 = 3\,600 \times 1{,}06 + 7\,420$$

Les deux membres de cette expression sont bien égaux à 11 236 €. La valeur acquise par une somme de 10 000 € placée pendant deux ans à intérêt composé au taux annuel de 6 % est égale à la valeur acquise par la suite d'annuités perçues par le prêteur, ces annuités étant au fur et à mesure placées à intérêt composé au taux annuel de 6 %.

- Équation aux valeurs actuelles :

En multipliant par $1,06^{-2}$ les deux membres de l'équation précédente, on obtient :

$$10\,000 = \frac{3\,600}{1{,}06} + \frac{7\,420}{1{,}06^2}$$

II. Les modalités de remboursement des emprunts indivis

Nous montrons dans un premier paragraphe que les règles fondamentales laissent une grande liberté en matière de choix des modalités de remboursement. Les deux paragraphes qui suivent présentent les méthodes les plus courantes.

II.1. Règles fondamentales et modalités de remboursement

(58) Nous illustrons la souplesse des modalités de remboursement à travers trois exemples d'emprunts de 70 000 € sur trois ans au taux d'intérêt de 6 %.

EXEMPLE 3.3 – Remboursement *in fine*

- Le capital est remboursé *in fine*, c'est-à-dire en une seule fois à la fin de la période de prêt. Tous les amortissements sont nuls, sauf le dernier. On se contente de verser les intérêts dus chaque année. Le capital dû au début des années 1, 2 et 3 reste constant, égal au principal, soit 70 000 €. Les intérêts annuels au taux de 6 % s'élèvent à :

$$70\,000 \times 0{,}06 = 4\,200 \text{ €}$$

- On en déduit le tableau d'amortissement suivant :

Année	Capital dû en début de période	Amortissement	Intérêt	Annuité
1	70 000	0	4 200	4 200
2	70 000	0	4 200	4 200
3	70 000	70 000	4 200	74 200

- Le coût du crédit est égal à : $3 \times 4\,200 = 12\,600$ €

EXEMPLE 3.4 – Un versement unique à l'échéance

Une variante du procédé consiste à reporter tous les paiements en fin de prêt. Les premières annuités sont donc nulles.

- Comme l'intérêt dû chaque année ne peut être nul (règle 1), la règle 2 impose que les amortissements soient négatifs sur les deux premières années. Le capital dû augmente donc année après année. On obtient le tableau suivant :

Année	Capital dû en début de période	Amortissement	Intérêt	Annuité
1	70 000	−4 200	4 200	0,00
2	74 200	−4 452	4 452	0,00
3	78 652	78 652	4 719,12	83 371,12

- On remarque que les quatre règles énoncées sont bien vérifiées, ainsi que l'équation aux valeurs actuelles, particulièrement simple puisqu'il s'agit en fait d'un problème à deux flux :

$$70\,000 = \frac{83\,371{,}12}{1{,}06^3}$$

- Le coût du crédit est ici plus élevé que dans le cas précédent. Il s'élève à :

$$4\,200 + 4\,452 + 4\,719{,}12 = 13\,371{,}12 \text{ €}$$

EXEMPLE 3.5 – Combinaison de deux procédés

Il est possible de combiner les deux procédés précédents en ne payant rien à la fin de la première année et seulement les intérêts à la fin de la seconde année.

- Le tableau d'amortissement est alors :

Année	Capital dû en début de période	Amortissement	Intérêt	Annuité
1	70 000	−4 200	4 200	0
2	74 200	0	4 452	4 452
3	74 200	74 200	4 452	78 652

- L'équation aux valeurs actuelles est :

$$70\,000 = \frac{4\,452}{1{,}06^2} + \frac{78\,652}{1{,}06^3}$$

- Le coût du crédit est :

$$4\,200 + 2 \times 4\,452 = 13\,104 \text{ €}$$

D'une façon générale, les amortissements du capital peuvent être fixés de façon quelconque, en fonction des souhaits de l'emprunteur, pourvu qu'ils respectent la règle 3 ; les intérêts sont toujours calculés sur le capital restant dû en début de période.

II.2. Le remboursement par amortissements constants

Principes de construction du tableau d'amortissement

(59) Dans ce mode d'amortissement, le remboursement du capital est de K_0/n à chaque période. Le tableau 3.1 présente de façon formelle le tableau d'amortissement associé à ce type d'emprunt.

- Le capital restant dû est obtenu ligne après ligne :

$$K_p = K_{p-1} - \frac{K_0}{n} \tag{3.4}$$

- Le calcul des intérêts porte sur le capital restant dû en début de période :

$$I_p = i\,K_{p-1} \tag{3.5}$$

- Les annuités comprennent le remboursement du principal et les intérêts :

$$a_p = \frac{K_0}{n} + I_p \tag{3.6}$$

Tableau 3.1 – Tableau d'amortissement
Emprunt avec amortissement constant du capital

Année	Capital dû en début de période	Amortis-sement	Intérêt	Annuité
1	K_0	K_0/n	$i\,K_0$	$i\,K_0 + K_0/n$
2	$K_1 = K_0 - K_0/n$	K_0/n	$i\,K_1$	$i\,K_1 + K_0/n$
3	$K_2 = K_1 - K_0/n$	K_0/n	$i\,K_2$	$i\,K_2 + K_0/n$
⋮	⋮	⋮	⋮	⋮
n	$K_{n-1} = K_{n-2} - K_0/n = K_0/n$	K_0/n	$i\,K_{n-1}$	$i\,K_{n-1} + K_0/n$

On peut vérifier que les quatre règles précédemment énoncées ont bien été respectées. Remarquons également que cette méthode d'amortissement conduit à des décaissements décroissants de période en période.

Propriétés des emprunts indivis à amortissements constants

- Du fait même de la définition de l'amortissement du capital, qui est constant, on en déduit que les capitaux successifs dus en début de période forment une suite arithmétique de raison $-K_0/n$.
- Chaque part d'intérêt étant le produit du taux par le capital dû en début de période, leur suite forme une suite arithmétique de raison $-\,i\,K_0/n$.
- Les annuités sont la somme d'une constante (l'amortissement) et de l'intérêt, elles forment donc également une suite arithmétique de raison $-\,i\,K_0/n$.

Exemple 3.6 – Amortissement d'un emprunt indivis par amortissements constants

L'entreprise Gaïffer emprunte une somme d'un million de dollars américains ($) au taux de 10 % sur 4 ans.

- Chaque amortissement est donc égal à 250 000 $.
- Le premier intérêt est : $1\,000\,000 \times 0,1 = 100\,000$ $.
- La suite des intérêts est en progression arithmétique de raison : $-100\,000/4 = -25\,000$ $.
- La première annuité est de : $250\,000 + 100\,000 = 350\,000$ $.
- La suite des annuités est en progression arithmétique de raison : $-25\,000$ $.
- Le tableau d'amortissement est donc le suivant :

Période	Capital dû en début de période	Amortissement	Intérêt	Annuité
1	1 000 000	250 000	100 000	350 000
2	750 000	250 000	75 000	325 000
3	500 000	250 000	50 000	300 000
4	250 000	250 000	25 000	275 000

II.3. Le remboursement par annuités constantes

(60) Dans ce cas, les versements périodiques (amortissement + intérêt) sont constants pendant toute la durée de vie de l'emprunt. On devrait en toute rigueur parler de versements constants plutôt que d'annuités constantes, car la périodicité de remboursement n'est pas toujours l'année. Nous continuons néanmoins à utiliser dans ce paragraphe le terme d'annuité.

Calcul de l'annuité et tableau d'amortissement

Nous conservons sensiblement les mêmes notations que précédemment (voir p. 45) en notant simplement a le montant de l'annuité constante. Le remboursement de l'emprunt obéit pour le prêteur au diagramme des flux du graphique 3.2.

Graphique 3.2 – Remboursement par annuités constantes – Diagramme des flux

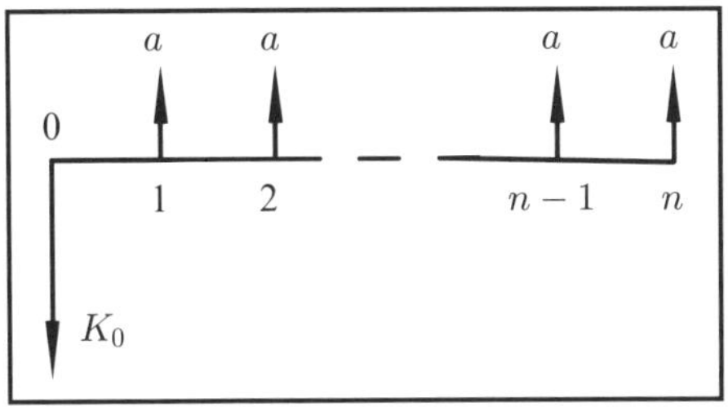

a. Calcul de l'annuité

(61) La suite des n annuités versées au prêteur doit avoir une valeur actuelle égale à K_0 ou, ce qui revient au même, une valeur acquise égale à $K_0(1+i)^n$, somme dont disposerait le prêteur s'il avait placé le capital K_0 à intérêt composé durant n années. En utilisant la formule (2.21) donnant la valeur actuelle d'une rente constante, on peut écrire :

$$a\,\frac{1-(1+i)^{-n}}{i} = K_0$$

ou encore :

$$a = K_0\,\frac{i}{1-(1+i)^{-n}} \qquad (3.7)$$

La formule (3.7) permet de calculer la valeur de l'annuité, connaissant le principal, la durée et le taux d'intérêt de l'opération.

b. Construction du tableau d'amortissement

Construisons le tableau d'amortissement en respectant les règles fondamentales. Les amortissements n'étant plus constants, nous notons A_p le p[ième] amortissement, pour $p = 1, \ldots, n$. Le tableau d'amortissement est donné par le tableau 3.2. Les amortissements peuvent être calculés par soustraction de l'intérêt à l'annuité. On peut ainsi remplir ligne après ligne la totalité du tableau.

Tableau 3.2 – Tableau d'amortissement
Emprunt à remboursement par annuités constantes

Année	Capital dû en début de période	Amortissement	Intérêt	Annuité
1	K_0	A_1	iK_0	$a = iK_0 + A_1$
2	$K_1 = K_0 - A_1$	A_2	iK_1	$a = iK_1 + A_2$
:	:	:	:	:
p	$K_{p-1} = K_{p-2} - A_{p-1}$	A_p	iK_{p-1}	$a = iK_{p-1} + A_p$
$p+1$	$K_p = K_{p-1} - A_p$	A_{p+1}	iK_p	$a = iK_p + A_{p+1}$
:	:	:	:	:
n	$K_{n-1} = K_{n-2} - A_{n-1}$	$A_n = K_{n-1}$	iK_{n-1}	$a = iK_{n-1} + A_n$

Exemple 3.7 – Construction d'un tableau d'amortissement

Considérons un emprunt de 10 000 € remboursable en trois annuités constantes au taux de 10 %.

- Le calcul de l'annuité donne :

$$a = 10\,000\,\frac{0,1}{1-1,1^{-3}} = 4\,021,15\ €$$

• Construisons la première ligne du tableau d'amortissement. Le capital dû au début de la première période est 10 000 €. L'intérêt payé en date 1 est :

$$10\,000 \times 0{,}1 = 1\,000 \text{ €}$$

L'amortissement est : $A_1 = 4\,021{,}15 - 1\,000 = 3\,021{,}15$ €

• La deuxième ligne s'obtient ainsi :

– pour le capital dû : $K_1 = K_0 - A_1 = 10\,000 - 3\,021{,}15 = 6\,978{,}85$ €

– pour l'intérêt : $6\,978{,}85 \times 0{,}1 = 697{,}89$ €

– pour l'amortissement : $A_2 = 4\,021{,}15 - 697{,}89 = 3\,323{,}26$ €

• Le tableau d'amortissement est :

Année	Capital dû en début de période	Amortissement	Intérêt	Annuité
1	10 000,00	3 021,15	1 000,00	4 021,15
2	6 978,85	3 323,26	697,89	4 021,15
3	3 655,59	3 655,59	365,56	4 021,15

On peut vérifier que la somme des amortissements est égale à 10 000 € et que le dernier amortissement est égal au capital dû en début de troisième période.

Les propriétés des emprunts indivis à annuités constantes

a. Les amortissements forment une suite géométrique de raison 1 + i.

L'annuité de rang $p + 1$ est égale à l'annuité de rang p, soit :

$$iK_p + A_{p+1} = iK_{p-1} + A_p$$

Avec $K_p = K_{p-1} - A_p$, on peut écrire :

$$i\,(K_{p-1} - A_p) + A_{p+1} = i\,K_{p-1} + A_p$$

soit encore, après simplifications :

$$A_{p+1} = A_p\,(1 + i) \tag{3.8}$$

Plus généralement, on peut écrire :

$$A_p = A_1\,(1 + i)^{p-1} \tag{3.8'}$$

Les amortissements forment donc une suite géométrique de raison $1 + i$.

b. Formules complémentaires sur les amortissements

b.1 – Trois expressions pour le premier amortissement

• La somme des amortissements est égale à :

$$A_1\,\frac{(1 + i)^n - 1}{i}$$

Par ailleurs, cette somme est égale au montant de l'emprunt (règle 3) :

$$A_1\,\frac{(1 + i)^n - 1}{i} = K_0$$

Donc :

$$A_1 = K_0 \frac{i}{(1+i)^n - 1} \tag{3.9}$$

Cette dernière formule permet de calculer le montant du premier amortissement à partir des trois paramètres généralement connus lors de la négociation d'un prêt : le capital emprunté K_0, le taux périodique i et le nombre de périodes n.

• (3.9) peut également s'écrire :

$$A_1 = K_0 \frac{i}{(1+i)^n \left[1 - (1+i)^{-n}\right]}$$

soit :

$$A_1 = \frac{a}{(1+i)^n} \tag{3.10}$$

(3.10) permet le calcul du premier amortissement à partir de l'annuité, du taux et du nombre de périodes.

• Rappelons que l'on peut calculer très simplement le premier amortissement en utilisant la première ligne du tableau d'amortissement :

$$A_1 = a - iK_0 \tag{3.11}$$

Une fois effectué le calcul du premier amortissement grâce à l'une des trois formules précédentes, on calcule les suivants à l'aide de la formule (3.8) ou à partir de la règle 2.

b.2 – Expression du dernier amortissement

Le dernier amortissement vérifie :

$$A_n = A_1 (1+i)^{n-1} = \frac{a}{(1+i)^n}(1+i)^{n-1}$$

soit :

$$A_n = \frac{a}{1+i} \tag{3.12}$$

c. Capital remboursé et capital restant dû

c.1 – Expression du capital remboursé après p échéances

(62) Les amortissements formant une suite géométrique de raison $1 + i$, il est facile de calculer la somme des p premiers amortissements à partir du premier. Cette somme est :

$$\sum_{k=1}^{p} A_k = A_1 \frac{(1+i)^p - 1}{i}$$

Compte tenu de l'expression de A_1 en fonction de K_0 [formule (3.9)], il vient :

$$\sum_{k=1}^{p} A_k = \left(\frac{K_0 i}{(1+i)^n - 1}\right)\left(\frac{(1+i)^p - 1}{i}\right)$$

d'où :

$$\sum_{k=1}^{p} A_k = K_0 \frac{(1+i)^p - 1}{(1+i)^n - 1} \qquad (3.13)$$

Il s'agit du capital remboursé à l'issue des p premières échéances de l'emprunt.

c.2 – Expression du capital restant dû après p échéances

(63) (3.13) permet de déduire le capital restant dû à l'issue de ces p échéances, c'est-à-dire la dette encore vivante après p échéances, notée K_p :

$$K_p = K_0 - \sum_{k=1}^{p} A_k = K_0 - K_0 \frac{(1+i)^p - 1}{(1+i)^n - 1}$$

soit :

$$K_p = K_0 \frac{(1+i)^n - (1+i)^p}{(1+i)^n - 1} \qquad (3.14)$$

Remarquons que :

– pour $p = 0$, on obtient évidemment $K_0 = K_0$;

– pour $p = n$, on retrouve $K_n = 0$. La dette est nulle après paiement des n échéances.

d. Construction pratique d'un tableau d'amortissement

(64) Ces différentes formules permettent de construire n'importe quel tableau d'amortissement ou d'en établir une ligne quelconque. Plusieurs méthodes peuvent être retenues.

1 – Nous avons déjà vu comment obtenir la première ligne. Il est conseillé ensuite de remplir la suite du tableau non pas ligne par ligne mais colonne par colonne.

- La colonne « annuité » contient n fois le même montant a.
- La colonne « amortissement » représente la suite géométrique. Elle est obtenue à partir de A_1 par des multiplications successives par le facteur constant $1 + i$. En multipliant le dernier amortissement par ce facteur constant, on retrouve le montant de l'annuité [formule (3.12)].
- Les deux colonnes « intérêt » et « capital dû » s'obtiennent facilement par différences en utilisant les relations données dans le tableau 3.2.

2 – On peut évidemment effectuer les opérations en sens inverse : l'annuité divisée par le facteur constant $(1 + i)$ fournit le dernier amortissement puis de nouvelles divisions par ce même facteur permettent de remonter la colonne jusqu'au premier amortissement.

3 – Il est également possible de déterminer chaque part d'intérêt en multipliant le capital dû en début de période par le taux d'intérêt.

Quelle que soit la méthode retenue, il convient de vérifier que la deuxième règle fondamentale (amortissement + intérêt = annuité) est bien respectée au centime près. Remarquons enfin que la somme des amortissements doit être rigoureusement égale au montant de l'emprunt (règle 3), de même que le capital restant dû après l'échéance $n-1$ doit être égal au dernier amortissement (règle 4). Si besoin est, on modifie un ou plusieurs arrondis.

Exemple 3.8 - Emprunt indivis - Tableau d'amortissement

Un emprunt de 90 000 € est contracté pour une durée de cinq ans au taux annuel de 6 %. Le service de l'emprunt est assuré par des annuités constantes.

a – *Le montant de l'annuité constante est donné par la formule (3.7) :*

$$a = 90\,000 \times \frac{0,06}{1-1,06^{-5}} = 21\,365,68 \text{ €}$$

b – *La première ligne du tableau est obtenue ainsi :*

- la première part d'intérêt est : $iK_0 = 0,06 \times 90\,000 = 5\,400$ €
- on en déduit le premier amortissement :

$$A_1 = 21\,365,68 - 5\,400 = 15\,965,68 \text{ €}$$

c – *Les lignes suivantes sont construites par exemple de cette façon :*

- le deuxième amortissement est obtenu en multipliant le premier amortissement par 1,06, résultat qui, multiplié par 1,06, donne le troisième, etc. ;
- les capitaux dus en début de période s'obtiennent par la relation :

$$K_p = K_{p-1} - A_p$$

- les parts d'intérêt s'obtiennent par la relation :

$$iK_{p-1} = a - A_p$$

Nous obtenons finalement le tableau ci-dessous.

Année	Capital dû en début de période	Amortissement	Intérêt	Annuité
1	90 000,00	15 965,68	5 400,00	21 365,68
2	74 034,32	16 923,62	4 442,06	21 365,68
3	57 110,70	17 939,03	3 426,65	21 365,68
4	39 171,67	19 015,38	2 350,30	21 365,68
5	20 156,29	20 156,29	1 209,39	21 365,68

II.4. Périodicité autre qu'annuelle

(65) En théorie, toutes les périodicités de remboursement sont envisageables. Dans la pratique, les emprunts donnent lieu le plus souvent à des versements mensuels ou trimestriels. Sans perte de généralité, nous nous limitons dans ce paragraphe aux remboursements par mensualités constantes, qui constituent une modalité très répandue de crédit aux particuliers. Dès que la période est autre que l'année, se pose alors le problème du ***calcul du taux périodique*** (ou taux de période). La seule méthode rigoureuse consiste à calculer le taux équivalent correspondant à la périodicité retenue, mais la plupart des organismes de crédit utilisent la méthode proportionnelle, plus avantageuse pour le prêteur. Nous illustrons ces deux méthodes à l'aide d'exemples.

Calcul en taux proportionnel

EXEMPLE 3.9 - Remboursement par mensualités constantes (taux proportionnel)

Étudions le remboursement d'un emprunt de 1 000 € en douze mensualités constantes. Le taux annuel est 12 %.

- Le taux mensuel proportionnel au taux annuel de 12 % est 1 %.
- Le montant de la mensualité constante est donné par la formule (3.7) :

$$a = 1000 \frac{0{,}01}{1 - 1{,}01^{-12}} = 88{,}85 \text{ €}$$

- La première part d'intérêt est : $1000 \times 1\,\% = 10$ €
- Le premier amortissement est : $88{,}85 - 10 = 78{,}85$ €
- Un extrait du tableau d'amortissement est présenté ci-dessous :

Mois	Capital dû en début de période	Amortissement	Intérêt	Mensualité
1	1 000,00	78,85	10,00	88,85
2	921,15	79,64	9,21	88,85
:	:	:	:	:
11	175,06	87,10	1,75	88,85
12	87,96	87,96	0,89	88,85
Totaux		1 000,00	66,20	1 066,20

Remarque : il a été nécessaire ici de modifier l'arrondi du dernier amortissement : $87,96$ au lieu de $87,10 \times 1,01 = 87,97$ afin que la somme des amortissements soit rigoureusement égale au montant de l'emprunt, soit 1 000 €. Les règles 3 et 4 sont ainsi respectées.

- Le coût du crédit est ici égal à la somme des douze mensualités diminuée de la somme des douze amortissements, soit :

$$88,85 \times 12 - 1000 = 66,20 \text{ €}$$

Calcul en taux équivalent

L'exemple qui suit reprend les mêmes données que précédemment afin de mettre en relief la différence entre l'utilisation d'un taux proportionnel et celle d'un taux équivalent.

EXEMPLE 3.10 - Remboursement par mensualités constantes (taux équivalent)

- Le calcul du taux mensuel équivalent au taux annuel de 12 % s'effectue à partir de la formule (2.9) :

$$1{,}12^{\frac{1}{12}} - 1 = 0{,}9488793\,\%$$

Il est important de déterminer ce taux avec une grande précision (le cas échéant, il est prudent de le stocker dans une mémoire de la calculatrice) afin de pouvoir calculer les différents éléments du tableau d'amortissement sans erreurs d'arrondis.

- On calcule le montant de la mensualité constante à partir de la formule (3.7) :

$$a = 1\,000 \frac{0{,}009\,488\,793}{1 - 1{,}009\,488\,793^{-12}} = 88{,}56 \text{ €}$$

- Un extrait du tableau d'amortissement est présenté ci-dessous :

Mois	Capital dû en début de période	Amortissement	Intérêt	Mensualité
1	1 000,00	79,07	9,49	88,56
2	920,93	79,82	8,74	88,56
:	:	:	:	:
11	174,63	86,90	1,66	88,56
12	87,73	87,73	0,83	88,56
Totaux		1 000,00	62,72	1 062,72

Le coût du crédit passe à 62,72 €.

III. L'analyse de cas particuliers d'emprunts indivis

Nous abordons dans cette dernière section trois thèmes relatifs aux emprunts indivis. Un premier paragraphe présente des types de remboursement autres que les deux formes classiques exposées dans la section précédente. Le paragraphe 2 s'attache à décrire les principes guidant les opérations de renégociation d'un emprunt. Le dernier propose une analyse d'une forme de crédit à la consommation : le crédit renouvelable (ou *revolving*).

III.1. Des modalités de remboursement variées

Quelques adaptations apportées aux deux modalités classiques

a. Les franchises d'intérêts et les différés d'amortissement

(66) Dans le cadre des emprunts indivis, les banques peuvent proposer des franchises d'intérêt sur la ou les première(s) période(s) ou des différés d'amortissement. Les intérêts des premières périodes qui ne sont pas réglés sont capitalisés et viennent s'ajouter au capital initialement emprunté.

Exemple 3.11 – Franchise d'intérêt et différé d'amortissement

L'entreprise Éviradnus souhaite emprunter 100 000 € sur sept ans. L'opération se fait au taux annuel de 6 %. Le remboursement est prévu en six annuités constantes annuelles, la première ayant lieu au bout de deux ans. Autrement dit, la première année, la société ne décaisse ni intérêt, ni amortissement.

- Calcul de l'annuité :

L'annuité doit être calculée sur le capital acquis au bout d'un an au taux de 6 % soit :

$$100\,000 \times 1{,}06 = 106\,000 \text{ €}$$

On en déduit le montant de l'annuité :

$$a = 106\,000 \frac{0{,}06}{1 - 1{,}06^{-6}} = 21\,556{,}44 \text{ €}$$

- Tableau d'amortissement :

Année	Capital dû en début de période	Amortissement	Intérêt	Annuité
1	100 000,00	−6 000,00	6 000,00	0,00
2	106 000,00	15 196,44	6 360,00	21 556,44
3	90 803,56	16 108,23	5 448,21	21 556,44
4	74 695,33	17 074,72	4 481,72	21 556,44
5	57 620,61	18 099,20	3 457,24	21 556,44
6	39 521,41	19 185,15	2 371,29	21 556,44
7	20 336,26	20 336,26	1 220,18	21 556,44
Totaux		100 000,00	23 338,64	129 338,64

Le calcul de la première ligne s'apparente à ce qui a été réalisé dans le cadre de l'exemple 3.4. Les règles fondamentales sont évidemment respectées.

b. Les emprunts à paliers

(67) Pour ces emprunts, la durée de remboursement est partagée en plusieurs périodes (ou paliers). Durant chacune de ces périodes, le versement est constant. À chaque palier correspond une annuité différente. Il s'agit en fait d'adapter le rythme des remboursements aux possibilités réelles de l'emprunteur, qui se voit ainsi offrir un crédit « sur mesure ». Le graphique 3.3 présente un exemple de diagramme de flux illustrant cette technique[1], pour un

1. Un exemple numérique est traité dans le cadre de l'exercice n° 3.5.

emprunt remboursable en douze annuités et trois paliers. Chaque palier est constitué de versements constants de montant a pour le premier, a' pour le second et a'' pour le troisième.

Graphique 3.3 – Emprunts à paliers - Exemple de diagramme des flux

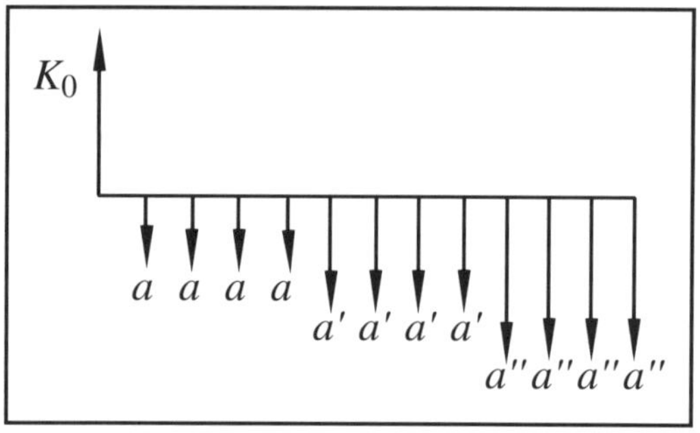

Les emprunts à annuités en progression géométrique

(68) Nous étudions sommairement un emprunt de capital K_0, de taux d'intérêt i, de durée n et dont les versements sont en progression géométrique. Nous notons F le montant de la première annuité et G la raison de la progression géométrique. Nous distinguons deux cas, selon que la raison est ou n'est pas égale à $1 + i$.

a. La raison géométrique des annuités est égale à 1 + i

Dans ce cas, le taux d'intérêt permet également de définir la raison de la progression des annuités. À partir de l'équation (2.24), on tire :

$$F = \frac{K_0 (1 + i)}{n} \tag{3.15}$$

Connaissant la première annuité et la raison géométrique, la colonne « annuité » se remplit facilement ; l'amortissement est ensuite obtenu après soustraction de l'intérêt.

Exemple 3.12 – Emprunt indivis –
Remboursement par annuités en progression géométrique

Une banque accorde un prêt de 90 000 € sur douze ans au taux annuel de 10 %. L'emprunt est remboursé au moyen d'annuités en progression géométrique de raison 1,10.

- La première annuité est :

$$F = \frac{90\,000 \times 1{,}1}{12} = 8\,250 \text{ €}$$

- La première part d'intérêt étant 9 000 €, le premier amortissement est négatif. En effet :

$$A_1 = 8250 - 9\,000 = -750 \text{ €}$$

• Nous proposons ci-après un extrait du tableau d'amortissement.

Année	Capital dû en début de période	Amortissement	Intérêt	Annuité
1	90 000,00	−750,00	9 000,00	8 250,00
2	90 750,00	0,00	9 075,00	9 075,00
3	90 750,00	907,50	9 075,00	9 982,50
:	:	:	:	:
11	38 906,12	17 507,77	3 890,61	21 398,38
12	21 398,35	21 398,35	2 139,86	23 538,21
Totaux		90 000,00	86 420,36	176 420,36

b. La raison géométrique des annuités est différente de 1 + i

Supposons maintenant une raison $G \neq 1 + i$ et utilisons la formule (2.24′) afin de déterminer la première annuité F. Il vient :

$$F = K_0 \frac{G - (1+i)}{\left(\dfrac{G}{1+i}\right)^n - 1} \qquad (3.16)$$

Les mêmes modalités que précédemment sont utilisées pour construire le tableau d'amortissement.

Exemple 3.13 – Emprunt indivis – Remboursement par annuités en progression géométrique

Nous conservons $K_0 = 90\,000$ €, $n = 12$ et $i = 10\,\%$ et nous supposons à présent que l'emprunt est remboursé au moyen d'annuités en progression géométrique de raison 1,14.

• La première annuité est :

$$F = 90\,000 \frac{1{,}14 - 1{,}1}{\left(\dfrac{1{,}14}{1{,}1}\right)^{12} - 1} = 6\,727{,}30 \text{ €}$$

• Quelques lignes du tableau d'amortissement sont présentées ci-dessous.

Année	Capital dû en début de période	Amortissement	Intérêt	Annuité
1	90 000,00	−2 272,70	9 000,00	6 727,30
2	92 272,70	−1 558,15	9 227,27	7 669,12
3	93 830,85	−640,28	9 383,08	8 742,80
:	:	:	:	:
11	46 169,15	20 322,68	4 616,91	24 939,59
12	25 846,47	25 846,47	2 584,66	28 431,13
Totaux		90 000,00	93 458,49	183 458,49

Les emprunts à annuités en progression arithmétique

(69) Si l'emprunt est amorti au moyen de n annuités en progression arithmétique de raison A, la première annuité étant toujours notée F, le montant emprunté K_0 satisfait à l'équation (2.26) que nous rappelons :

$$K_0 = \frac{1-(1+i)^{-n}}{i}\left(F + \frac{A}{i} + nA\right) - \frac{nA}{i}$$

On en tire :

$$F = -\frac{A}{i} - nA + \frac{iK_0 + nA}{1-(1+i)^{-n}} \qquad (3.17)$$

La connaissance de F et de la raison A permet de construire la colonne des annuités puis les différentes lignes du tableau.

Exemple 3.14 - Emprunt indivis – Remboursement par annuités en progression arithmétique

L'entreprise Trismégiste emprunte aux États-Unis un montant de 200 000 \$ sur cinq ans, remboursable au moyen de semestrialités en progression arithmétique de raison $A = 5\,000$ \$. Le taux semestriel appliqué est de 4 %.

- Avec $n = 10$, et les données précédentes, la formule (3.17) donne :

$$F = -\frac{5\,000}{0{,}04} - 10 \times 5\,000 + \frac{0{,}04 \times 200\,000 + 10 \times 5\,000}{1 - 1{,}04^{-10}} = 3\,771{,}87 \text{ \$}$$

- La première part d'intérêt étant 8 000 \$, le premier amortissement est négatif :

$$A_1 = 3\,771{,}87 - 8\,000 = -4\,228{,}13 \text{ \$}$$

- Un extrait du tableau d'amortissement est présenté ci-dessous :

Semestre	Capital dû en début de période	Amortissement	Intérêt	Semestrialité
1	200 000,00	−4 228,13	8 000,00	3 771,87
2	204 228,13	602,74	8 169,13	8 771,87
3	203 625,39	5 626,85	8 145,02	13 771,87
:	:	:	:	:
9	87 180,68	40 284,64	3 487,23	43 771,87
10	46 896,04	46 896,04	1 875,83	48 771,87
Totaux		200 000,00	62 718,70	262 718,70

III.2. La renégociation des clauses d'un emprunt

(70) Un emprunt indivis à taux fixe engage le souscripteur dans une série de versements dont les montants dépendent du taux d'intérêt. Si, après la souscription du contrat, le taux passe de i à i', avec $i' < i$, il peut être intéressant de renégocier le contrat. Ce paragraphe présente une méthode permettant de mesurer l'intérêt d'une telle renégociation.

Les avantages et les inconvénients d'un remboursement anticipé

Lorsque les taux d'intérêt sont orientés à la baisse, le souscripteur peut avoir intérêt à renégocier son prêt à des conditions plus avantageuses. Concrètement, l'emprunt initial est remboursé par anticipation et remplacé par un nouvel emprunt offrant un taux plus intéressant.

Naturellement, le prêteur n'est pas tenu d'accepter (sauf si une clause de remboursement anticipé figure expressément dans le contrat initial) et exige le plus souvent le paiement de pénalités (de l'ordre de 3 % du capital restant dû), auxquelles s'ajoutent parfois des frais de reprise d'hypothèque (dans le cas des prêts immobiliers). Le remboursement anticipé suppose donc un écart de taux important dans un sens favorable à l'emprunteur pour que l'opération en vaille la peine. De plus, il n'est guère intéressant si la durée restant à courir jusqu'au dernier remboursement est faible, les charges d'intérêt étant alors réduites. Cela étant, la négociation peut déboucher sur une réduction des versements tout en maintenant la durée initiale de l'emprunt, ou, au contraire, sur une réduction de cette durée en maintenant des versements à peu près identiques aux précédents.

Un exemple de renégociation d'un emprunt indivis

Exemple 3.15 - Renégociation d'un emprunt – Analyse comparée

Le 2 octobre N, une banque a accordé à l'un de ses clients un prêt de 70 000 € sur quinze ans au taux annuel de 12 %. L'emprunt est remboursé au moyen de mensualités constantes, les intérêts étant calculés en taux proportionnel. Le 2 octobre N + 6, la mensualité due ce jour-là ayant été versée, le client a la possibilité de souscrire dans ce même établissement un nouveau prêt pour une durée de neuf ans à un taux de 7,2 %, les conditions de remboursement étant les mêmes. La banque réclame une indemnité égale à 3 % du capital restant dû. Il n'y a pas d'autres frais à régler. Nous étudions l'intérêt de réaliser ou non cette opération.

a – *Caractéristiques du premier emprunt et indemnité :*

- Le taux mensuel de l'emprunt initial remboursé en 180 mensualités est 1 %.
- La mensualité est donc :

$$a = 70\,000 \frac{0{,}01}{1 - 1{,}01^{-180}} = 840{,}12\ €$$

- Le capital restant dû au 2 octobre N + 6, après versement des 72 premières mensualités, est donné par la formule (3.14) :

$$K_{72} = 70\,000 \frac{1{,}01^{180} - 1{,}01^{72}}{1{,}01^{180} - 1} = 55\,328{,}29\ €$$

- L'indemnité due est donc :

$$3\,\% \times K_{72} = 1\,659{,}85\ €$$

b – *Caractéristiques du nouveau prêt :*

- Le nouveau prêt est d'un montant égal à K_{72}, remboursé en $n' = 180 - 72 = 108$ mensualités.
- Le taux mensuel est 0,6 %.

- La nouvelle mensualité est :

$$a' = 55\,328{,}29\ \frac{0{,}006}{1 - 1{,}006^{-108}} = 697{,}57\ €$$

c – *Comparaison des deux opérations :*
Nous comparons dans le tableau ci-dessous le premier emprunt s'il avait été mené à terme et l'opération renégociée, composée du premier emprunt sur six ans et du second sur les neuf années suivantes.

	Emprunt initial mené à terme	Opération renégociée
Montant de chacune des 72 premières mensualités	840,12	840,12
Montant de chacune des 108 dernières mensualités	840,12	697,57
Montant total des 180 mensualités à 1 € près	151 221	135 826
Coût du crédit à 1 € près	81 221	65 826

La simple comparaison du coût du crédit conduit à penser que la renégociation s'impose puisqu'elle permet d'abaisser celui-ci de plus de 15 000 €.

III.3. Les crédits renouvelables

Les modalités du crédit renouvelable

(71) Le ***crédit renouvelable***, appelé également ***crédit revolving***, est un produit bancaire couramment proposé aux particuliers. Il désigne une réserve permanente de liquidités, accordée par un établissement de crédit, directement, ou par l'intermédiaire d'une société commerciale. Le montant du crédit peut être utilisé à tout moment et se reconstitue au fur et à mesure des remboursements qui sont le plus souvent mensuels. Tout à fait marginal au début des années 1980, le crédit renouvelable s'est considérablement développé depuis. Le montant du prêt est plafonné ; il est généralement compris entre 1 000 et 10 000 euros et dépend principalement des possibilités de remboursement de l'emprunteur. L'intérêt essentiel de cette formule réside dans la non-affectation à un usage précis des sommes prêtées. L'utilisation peut être totalement libre et, dans ce cas, une simple demande à l'établissement de crédit, dans le cadre de votre plafond, suffit à déclencher le versement d'une somme sur votre compte bancaire, utilisable de façon discrétionnaire. Dans d'autres cas, le crédit renouvelable est associé à des cartes privatives (par exemple la carte Cofinoga, la carte FNAC ou la carte Pass de Carrefour) ; le montant du prêt n'est utilisable que pour des achats auprès d'un ou de plusieurs commerçants clairement identifiés.

Le calcul du plafond du crédit

Le plafond dépend de la solvabilité de l'emprunteur. En fonction de sa capacité de remboursement, l'organisme détermine le montant maximal qu'il peut prêter à son client en fonction de la durée souhaitée. En supposant des remboursements constants, les calculs se font à l'aide de la formule (2.21) qui donne la valeur actuelle d'une rente finie constante :

$$K_0 = a\frac{1-(1+i)^{-n}}{i}$$

K_0 est le montant du crédit (plafond) correspondant à une capacité de remboursement de a unités monétaires sur n périodes.

Exemple 3.16 – Calcul des plafonds successifs d'un crédit *revolving*

Monsieur Del Carpio dispose d'une capacité mensuelle de remboursement de 150 €. Il a la possibilité de s'engager dans du crédit *revolving* sur des durées comprises entre douze et vingt-quatre mois, au taux mensuel de 0,85 %.

a – *Calcul du plafond de crédit sur douze mois et sur vingt-quatre mois :*

- Au taux mensuel de 0,85 %, il peut emprunter sur douze mois le montant suivant :

$$K_0 = a\,\frac{1-(1+i)^{-n}}{i} = 150\,\frac{1-1{,}008\,5^{12}}{0{,}008\,5} = 1\,704{,}37\,€$$

L'organisme de crédit arrondit le plus souvent par défaut. Son plafond de crédit est donc de 1 700 €.

- Avec la même formule, on obtient un plafond sur vingt-quatre mois de 3 244,13 €, arrondi à 3 200 €.

b – *Il décide d'emprunter une somme de 1 000 €, remboursable sur douze mois. Le calcul de la mensualité de remboursement donne :*

$$a = 1\,000\,\frac{0{,}008\,5}{1-1{,}008\,5^{-12}} = 88{,}01\,€$$

c – *Après la sixième mensualité, combien peut-il emprunter sur vingt-quatre mois ?*

- Ne pouvant dépasser le versement mensuel total de 150 €, il ne peut consacrer au remboursement de ce second emprunt que :

$$150 - 88{,}01 = 61{,}99\,€$$

- Le plafond du second emprunt s'élève donc à :

$$61{,}99\,\frac{1-1{,}008\,5^{-24}}{0{,}008\,5} = 1\,340{,}69\,€$$

arrondi à 1 300 €.

Dans le cas où la totalité du plafond est utilisée, l'emprunteur ne peut pas solliciter un autre prêt avant la fin de la première opération, puisqu'il entraînerait un dépassement de sa capacité de remboursement. S'il n'utilise pas la totalité du plafond, il peut engager un ou plusieurs emprunts nouveaux dont le montant maximal sera calculé en tenant compte des versements exigés dans le cadre des prêts qui lui ont déjà été consentis.

Chapitre 4

Les obligations

(72) Les ***obligations*** sont des valeurs mobilières[1] représentant un capital prêté à une organisation (société, association, collectivité locale, État), donnant droit au versement d'un intérêt et remboursables selon des modalités précisées à l'émission. À la différence des emprunts indivis, la dette est ***fractionnée*** et répartie entre ***plusieurs investisseurs*** (appelés également ***souscripteurs***) qui se partagent les obligations émises, leur nombre allant de quelques dizaines à plusieurs milliers lorsque l'émetteur fait appel public à l'épargne.

Nous étudions dans ce chapitre les modalités d'émission d'un emprunt obligataire, mais également, puisque le titre support de cette opération est un actif négociable sur un marché boursier, les caractéristiques financières attachées aux obligations, afin d'en tirer quelques règles de nature à éclairer l'intervention d'un investisseur sur ce type de produit financier. Notre présentation est donc organisée en deux parties.

- Une première section expose, après quelques définitions, les principes guidant l'émission et l'amortissement des emprunts obligataires.
- Une seconde section aborde, du point de vue de l'investisseur et de l'émetteur, la gestion d'un placement ou d'un emprunt obligataire.

1. Par valeur mobilière, on entend un titre représentant un droit de créance collectif à long terme, et qui, émis par une personne morale pour le financement de son activité, est négociable et susceptible d'être coté en Bourse. Les actions, obligations, obligations convertibles, etc., sont des valeurs mobilières. Les titres de créance négociables, les parts sociales des SARL, ne le sont pas.

I. L'émission et l'amortissement d'un emprunt obligataire

Le marché domestique français compte actuellement près de cinq cents emprunts émis par les secteurs public et semi-public (hors État) et près de mille emprunts émis par le secteur privé. Les obligations peuvent également être émises sur les marchés internationaux. Le montant des émissions brutes internationales s'est élevé à 2 105,4 milliards de dollars en 2002. L'euro y occupe la place de deuxième monnaie, avec 807,8 milliards de dollars, soit 38,4 % du total contre 46,9 % pour le dollar américain. 76,7 % des émissions en euros sont le fait d'émetteurs originaires de l'union monétaire européenne, principalement des établissements financiers, des collectivités ou institutions publiques et des entreprises non financières du secteur privé. Une grosse moitié se fait à taux fixe[1]. Au titre des investisseurs, on retrouve des compagnies d'assurance, des fonds d'investissement ou OPCVM, des banques et des entreprises privées.

Notre présentation s'intéresse essentiellement aux obligations émises dans le cadre d'une ***procédure d'appel public à l'épargne***, autrement dit sans aucune restriction nominative ou qualitative concernant les souscripteurs. Un premier paragraphe propose une description des différents marchés et titres obligataires. Le paragraphe suivant présente les paramètres caractérisant une émission, les modalités d'amortissement des emprunts obligataires étant abordées dans un troisième temps.

I.1. Obligations et marchés obligataires

Les marchés obligataires

(73) Il convient de distinguer trois grands compartiments : le marché primaire, le marché secondaire et le marché gris.

• On parle de ***marché primaire*** pour désigner le marché financier dont la fonction est le placement des titres nouvellement émis. Il est également appelé marché à l'émission. Ce placement est assuré par des intermédiaires. Pour les emprunts d'État, ce sont les ***SVT (spécialistes en valeurs du Trésor)***, c'est-à-dire des institutions financières qui conseillent le Trésor et qui contrôlent le bon déroulement des émissions. Pour les sociétés privées, il s'agit d'une banque, ou d'une ***syndication bancaire*** (un ensemble de banques) dirigée par une banque ***chef de file***. Toute société faisant publiquement appel à l'épargne doit publier une ***note d'opération*** indiquant les caractéristiques complètes et détaillées du produit financier proposé aux investisseurs. Parallèlement, une notice est publiée au BALO (bulletin des annonces légales obligatoires).

1. *Bulletin de la Banque de France*, n° 113, mai 2003.

• Quelques jours ou quelques semaines après leur émission, les titres peuvent être échangés sur le ***marché secondaire***. C'est en quelque sorte un marché de l'occasion, par opposition au marché du neuf qu'est le marché primaire. Les cours y fluctuent en fonction de l'offre et de la demande. Les transactions sont soumises à des frais de courtage versés aux intermédiaires financiers (sociétés de Bourse, banques, etc.). Après s'être longtemps effectuée ***à la criée***, la confrontation des ordres d'achat et de vente (et la cotation qui en résulte) s'effectue à présent de façon informatisée.

• Entre l'émission et l'introduction au marché officiel, les titres peuvent être échangés sur le ***marché gris***. C'est un marché de gré à gré, donc non réglementé, essentiellement accessible aux professionnels compte tenu de l'importance des lots traités.

Le premier émetteur français étant l'État, les plus grosses lignes cotées sur le marché secondaire sont constituées par les ***OAT (obligations assimilables du Trésor)***. Elles constituent la partie la plus importante de la dette à long terme de l'État français avec un encours de 522 milliards d'euros au 31/01/04. Ces titres sont assimilables, c'est-à-dire que certains emprunts nouveaux offrent des caractéristiques semblables à ceux lancés antérieurement. Après l'émission, la nouvelle tranche est alors assimilée à la première. Cette technique permet de concentrer les transactions sur un nombre limité de lignes de cotation (quelques dizaines) et d'assurer ainsi à chaque emprunt une liquidité suffisante.

Les différents types d'obligations

(74) Il existe des obligations à taux fixe, des obligations à taux flottant, des obligations indexées, ainsi que des obligations à caractéristiques optionnelles.

• Une ***obligation à taux fixe*** verse un intérêt calculé à taux constant pendant toute la durée de vie du titre. Les obligations à taux fixe représentent la part la plus importante des émissions.

• L'appellation ***obligation à taux flottant*** désigne les obligations dont l'intérêt est calculé à partir d'un taux de marché qui, naturellement, fluctue au cours du temps. L'intérêt versé n'est donc pas constant pendant la durée de vie du titre. On différencie :

- les ***obligations à taux révisable***, pour lesquelles l'intérêt versé en t est calculé en référence à un taux connu en $t - 1$. On connaît donc l'intérêt avec une période d'avance ;

- les ***obligations à taux variable***, pour lesquelles l'intérêt versé en date t est calculé en fonction d'un taux de référence représentant une moyenne de taux sur une période définie précédant le versement de l'intérêt. Ce mode de détermination est une particularité française.

• Les ***obligations indexées*** sont des titres de créance dont l'intérêt est totalement ou partiellement indexé sur un élément de référence, généralement en relation avec l'activité de la société. Il existe par exemple des obligations indexées sur le prix de l'acier, de l'or, du pétrole, etc. Signalons une OAT dite OATi, dont le coupon annuel et le capital remboursé sont indexés sur l'indice INSEE des prix à la consommation hors tabac.

• Les ***obligations à caractéristiques optionnelles*** sont des titres qui présentent certaines caractéristiques des obligations mais auxquelles viennent s'adjoindre un certain nombre d'options. Elles peuvent prendre des formes très variées, citons par exemple :

- les obligations convertibles en actions (OCA ou OC), qui donnent la possibilité au souscripteur de convertir ses obligations en actions à tout moment (ou à une ou plusieurs dates précises), selon un rapport de conversion prédéfini (par exemple deux actions pour une obligation) ;
- les ***obligations à bons de souscription d'actions*** (OBSA), qui sont des obligations classiques auxquelles est adjoint un (des) bon(s), donnant le droit d'acheter des actions de la société à un prix fixé d'avance ;
- les ***obligations remboursables en actions*** (ORA) sont des titres de créance portant intérêt, mais dont le remboursement (généralement *in fine*) s'effectue en livrant des actions de la société.

Le lecteur curieux pourra également s'intéresser à l'OBSAR, l'OROC ou encore l'ORANE, l'OCEANE ou l'ABSEANE.

La plupart des OAT sont assorties d'un taux fixe ; il existe également des OAT à taux variable. La référence de taux la plus fréquemment retenue depuis 1996 est le TEC 10 (taux de l'échéance constante dix ans). Sa détermination est réalisée quotidiennement par le comité de normalisation obligataire (CNO), qui reçoit chaque matin des spécialistes et correspondants en valeurs du Trésor leurs prix offerts pour les deux obligations assimilables du Trésor (OAT) qui encadrent au plus près la maturité de dix ans. La moyenne écrêtée de ces prix sert de base à la détermination d'un taux[1], publié sous la dénomination CNO TEC 10.

I.2. Caractéristiques des emprunts obligataires

(75) Nous définissons les principales caractéristiques d'une obligation à taux fixe lors de son émission en utilisant l'exemple de l'emprunt émis par la caisse de refinancement de l'habitat (CRH) le 25 octobre 2003.

1. Il s'agit d'un taux de rendement actuariel dont la définition est donnée dans la section suivante.

CRH
Caisse de Refinancement de l'Habitat

370 millions d'euros à taux fixe

Nombre de titres : 370 millions d'obligations de 1 € de nominal.

Prix de souscription : 101,123 % du nominal.

Date de jouissance : 25 octobre 2003.

Date de règlement : 12 mars 2004.

Remboursement : au pair le 25 octobre 2014.

Intérêt annuel : 4,25 % payable en une seule fois le 25 octobre de chaque année.

Taux de rendement actuariel : 4,31 %.

Cotation : premier marché de la bourse de Paris.

- La ***valeur nominale*** (également appelée ***nominal***, ***pair***, ou encore ***valeur faciale***) désigne la valeur servant de base au calcul des intérêts. Elle est notée C. La CRH a émis des titres de 1 € de nominal[1].
- Le ***taux d'intérêt nominal*** (ou ***taux facial***), noté i, est le taux exprimé en base annuelle qui, appliqué à la valeur nominale, permet de définir l'intérêt versé par l'émetteur au souscripteur. Il est de 4,25 % dans notre exemple. Le montant de l'intérêt annuel s'élève donc à 0,0425 € par obligation[2].
- L'intérêt versé pour un titre est donc égal à iC. Il porte le nom de ***coupon***. On dit que l'obligation détache son coupon, en souvenir de l'époque où chaque obligation était matérialisée par une grande feuille de papier comportant une série de coupons rectangulaires que l'on découpait pour réclamer le paiement de l'intérêt annuel.
- Le ***prix d'émission***, noté E, est le prix payé pour l'achat d'une obligation par le ***souscripteur***. Celui de l'obligation étudiée est de 1,01123 €.
- Le compte du souscripteur est débité à la ***date de règlement*** (ici le 12 mars 2004), qui se confond souvent avec la ***date de jouissance*** (ici le 25 octobre 2003) à partir de laquelle courent les intérêts. Le coupon, lorsqu'il est annuel, est généralement payé à la date anniversaire de la date de jouissance.
- La ***prime d'émission*** est la différence entre la valeur nominale et le prix d'émission, soit $C - E$. Lorsque $C = E$, le titre est émis ***au pair***. Si $C < E$, le titre est émis ***au-dessous du pair.***
- Le ***prix de remboursement***, noté R, correspond à la valeur à laquelle les titres sont remboursés. Dans l'exemple, il est égal à la valeur nominale, soit 1 €. On dit que l'emprunt est remboursé ***au pair***. Dans le cas contraire $(R > C)$, la

---

1. Les OAT présentent un nominal de 1 €. Les titres émis en francs avant le 1er janvier 1999 ont été convertis dans la nouvelle monnaie au moyen d'une technique appelée redénomination. Le possesseur d'une ancienne OAT de nominal 2 000 F s'est vu attribuer 304 nouvelles OAT de nominal 1 € (2 000 / 6,55957 = 304,90 €), plus une soulte en espèces.

2. Pour certaines obligations, notamment étrangères, les intérêts sont versés selon une périodicité autre qu'annuelle. Par exemple, l'intérêt est semestriel aux États-Unis, mais le taux est annoncé en base annuelle, le taux semestriel étant, par convention, égal au taux annuel divisé par deux (taux proportionnel).

différence $R - C$ est appelée ***prime de remboursement*** ; le titre est remboursé ***au-dessus du pair.***

• La ***durée de vie*** de l'emprunt est la durée séparant la date de jouissance et la date du dernier remboursement. Il n'y a pas de durée minimum réglementaire en la matière. En pratique, elle va de 3 à 30 ans.

• Le ***montant nominal*** de l'emprunt est égal au nombre de titres (noté N ou d_0) multiplié par la valeur faciale d'un titre, soit NC.

• Les différentes sommes qui interviennent (souscriptions, coupons et remboursements) portent le nom de ***flux*** ou de ***versements***.

• Pour plus de précisions sur le ***taux de rendement actuariel***, voir p. 87 et p. 103. Le taux actuariel annoncé ici est calculé à la date de réglement.

I.3. Les modalités d'amortissement d'un emprunt obligataire

Les principales modalités de remboursement

(76) Sauf défaillance de l'émetteur, toute obligation est appelée à être un jour amortie. Cet amortissement peut s'opérer suivant différentes modalités, similaires à celles présentées dans le chapitre sur les emprunts indivis.

• *Remboursement* in fine

L'emprunt est remboursé en totalité à la dernière échéance. Autrement dit, l'émetteur ne paie que les coupons pendant la durée de vie des titres et rembourse les obligations à leur valeur de remboursement lors du versement du dernier coupon. C'est le procédé le plus simple et actuellement le plus répandu. Il présente pour le souscripteur l'avantage de connaître avec certitude les montants et les dates de ses encaissements, ce qui n'est pas le cas dans les deux procédés qui suivent.

• *Remboursement par séries égales*

Si l'emprunt comprend N obligations et a une durée de vie égale à n années, un remboursement par séries égales consiste à amortir le même nombre de titres chaque année, soit N/n titres. Cette méthode s'apparente au remboursement par amortissement constant des emprunts indivis. Les titres remboursés à la fin de chaque période sont tirés au sort. Le procédé des séries égales présente pour l'émetteur l'avantage de mieux répartir ses décaissements dans le temps. L'inconvénient, du point de vue du souscripteur, est qu'il s'expose chaque année à un remboursement de tout ou partie des titres qu'il détient.

• *Remboursement par annuités sensiblement constantes*

Dans ce cas, le service annuel de la dette (remboursement des titres et paiement des coupons) est quasi constant pour l'émetteur. Il se calcule de la même façon que pour un emprunt indivis, à ceci près que chaque amortissement doit correspondre à un nombre entier d'obligations, ce qui oblige à arrondir les résultats théoriques.

• *Cas particulier des obligations sans coupon*

Il existe des obligations abusivement appelées ***obligations sans coupon***, ou ***obligations zéro-coupon***. Les titres émis procurent pourtant un intérêt, mais qui est versé en une seule fois à l'échéance, en même temps que le remboursement du nominal. Par exemple, un titre est émis au prix de 61,39 et remboursé pour un montant de 100 dans dix ans. Le taux servi est de 5 %, puisque :

$$61,39 \times 1,05^{10} = 100$$

Pour ces titres, on appelle souvent ***valeur nominale*** la valeur de remboursement. Le prix d'émission est donc très en dessous du pair. Bien que peu répandu, ce type de titre présente néanmoins un intérêt considérable en matière d'évaluation d'actifs financiers.

• ***Les clauses contractuelles particulières***

Des clauses particulières peuvent être prévues dans le contrat d'émission. On citera à titre d'exemples :

– la possibilité d'effectuer des rachats en Bourse ; l'émetteur rachète alors ses propres titres, ce qui équivaut à un remboursement partiel anticipé ;

– la possibilité de remboursement anticipé sous certaines conditions, soit au gré de l'émetteur, soit au gré du porteur ;

– le remboursement différé de quelques années ; pendant k années, la société ne verse que les intérêts, l'amortissement ne commençant qu'à l'issue de la $(k+1)^{\text{ième}}$ année.

Le tableau d'amortissement d'un emprunt obligataire

(77) Le tableau d'amortissement d'un emprunt obligataire fournit les mêmes renseignements que celui d'un emprunt indivis (capital restant dû, amortissement, intérêt, annuité). Ces montants ***respectent les règles fondamentales ainsi que les équations actuarielles*** présentées pour les emprunts indivis.

a. Les principes de construction

Le tableau comporte toutefois ***deux colonnes supplémentaires*** indiquant le capital restant dû et l'amortissement en nombre d'obligations. La procédure de construction est la suivante :

• utiliser les formules présentées dans le cadre des emprunts indivis, à partir du montant total de l'émission, afin de calculer les amortissements, les annuités et les intérêts ;

• arrondir les montants pour tenir compte du fait que seul un nombre entier d'obligations peut être amorti chaque année ;

• distribuer le reliquat éventuel résultant des arrondis selon des règles qui peuvent varier en fonction des émetteurs.

Pour p entier variant de 1 à n, en notant m_p le nombre d'obligations amorties à l'occasion de la $p^{\text{ième}}$ échéance et d_p le nombre d'obligations vivantes (c'est-à-dire non encore amorties) après p échéances, on a la relation suivante, pour un emprunt de durée de vie égale à n années :

$$d_p = d_{p-1} - m_p \tag{4.1}$$

d_0 est le nombre total d'obligations émises (également noté N).

b. Amortissement par séries égales et par annuités sensiblement constantes

(78)

Exemple 4.1 – Amortissement par séries égales annuelles

La société Masferrer décide d'émettre un emprunt de 8 millions d'euros, réparti en 8 000 obligations de nominal $C = 1\,000$ €, remboursable en quatre séries annuelles égales. Le taux nominal est $i = 5$ %. Les obligations sont émises à $E = 990$ € et remboursées à $R = 1\,020$ €.

• L'amortissement est constant et concerne 2 000 obligations chaque année, soit un amortissement annuel égal à $2\,000 \times 1\,020 = 2\,040\,000$ €. Ces informations permettent de remplir les deux colonnes « amortissement en nombre de titres » (m_p) et « amortissement ».

• Le capital restant dû est égal au nombre de titres en vie (d_{p-1}), ou, exprimé en euros, égal au nombre de titres en vie multiplié par la valeur de remboursement ($d_{p-1} \times R$).

• L'intérêt est égal au nombre de titres en vie, multiplié par le nominal du titre et par le taux d'intérêt, soit ($d_{p-1} \times C \times i$).

On obtient le tableau suivant :

Col. 1	Col. 2	Col. 3	Col. 4	Col. 5	Col. 6	Col. 7
Année p	d_{p-1}	**Capital restant dû** $d_{p-1}R$	m_p	**Amortissement** m_pR	**Intérêt** $d_{p-1}Ci$	**Annuité** $m_pR + d_{p-1}Ci$
1	8 000	8 160 000	2 000	2 040 000	400 000	2 440 000
2	6 000	6 120 000	2 000	2 040 000	300 000	2 340 000
3	4 000	4 080 000	2 000	2 040 000	200 000	2 240 000
4	2 000	2 040 000	2 000	2 040 000	100 000	2 140 000

Cet exemple nous invite à formuler un certain nombre de remarques.

• Le prix d'émission (E) n'influence pas le tableau d'amortissement.

• Les colonnes 2 et 3 correspondent à la situation au début de l'année p ; les colonnes 4, 5, 6 et 7 correspondent à la situation à la fin de l'année p.

• Les capitaux restant dus sont calculés sur la base de la valeur de remboursement alors que les intérêts versés le sont sur la base de la valeur nominale.

• Les montants des colonnes 2, 3, 6 et 7 sont en progression arithmétique.

• Nous n'avons pas été amenés à réaliser des arrondis dans la mesure où le nombre de titres est un multiple de la durée. Pour un emprunt de mêmes caractéristiques, mais sur six ans, le nombre théorique de titres à amortir chaque année serait de 1 333,33. On arrondirait à 1 333 titres. Le reliquat serait de deux titres que l'on pourrait par exemple répartir sur les deux dernières années. Ainsi, dès qu'il y a des arrondis, la quatrième remarque n'est plus totalement vraie.

(79) **Exemple 4.2 – Amortissement par annuités sensiblement constantes**

L'entreprise Mahaud de Lusace émet un emprunt de 8 millions d'euros, réparti en 8 000 obligations de 1 000 € de nominal. Le taux facial est de 5 %. Les obligations sont émises et remboursées au pair. L'amortissement se fait au moyen de quatre annuités sensiblement constantes.

a – *Calcul de l'annuité théorique :*
Puisqu'il n'y a pas de prime de remboursement, le capital à rembourser est le produit du nombre N d'obligations par le nominal C du titre ($K_0 = NC$). L'annuité constante vaut donc théoriquement, d'après la formule (3.7) :

$$a = NC \frac{i}{1-(1+i)^{-n}}$$

soit :

$$a = 8\,000 \times 1\,000 \frac{0{,}05}{1-1{,}05^{-4}} = 2\,256\,094{,}66 \text{ €}$$

b – *Calcul des amortissements théoriques :*
En se rappelant que les amortissements forment une progression géométrique de raison $1+i$, on obtient :

$A_1 = a - NCi = 1\,856\,094{,}66$ € $\quad A_3 = A_2(1+i) = 2\,046\,344{,}36$ €

$A_2 = A_1(1+i) = 1\,948\,899{,}39$ € $\quad A_4 = A_3(1+i) = 2\,148\,661{,}58$ €

c – *Réalisation des arrondis :*
Tous ces montants doivent être ajustés car un nombre entier d'obligations de nominal 1 000 € doit être amorti chaque année. On obtient ainsi :

$m_1 = 1\,856 \quad d_1 = 8\,000 - 1\,856 = 6\,144$

$m_2 = 1\,949 \quad d_2 = 6\,144 - 1\,949 = 4\,195$

$m_3 = 2\,046 \quad d_3 = 4\,195 - 2\,046 = 2\,149$

$m_4 = 2\,149$

d – *Établissement du tableau d'amortissement :*

Année p	d_{p-1}	Capital restant dû $d_{p-1}C$	m_p	Amortissement m_pC	Intérêt $d_{p-1}Ci$	Annuité $m_pC + d_{p-1}Ci$
1	8 000	8 000 000	1 856	1 856 000	400 000	2 256 000
2	6 144	6 144 000	1 949	1 949 000	307 200	2 256 200
3	4 195	4 195 000	2 046	2 046 000	209 750	2 255 750
4	2 149	2 149 000	2 149	2 149 000	107 450	2 256 450

Nous pouvons faire les remarques suivantes.

- L'ensemble des colonnes s'obtient par des formules analogues à celles démontrées dans le chapitre sur les emprunts indivis. Il suffit d'y remplacer K_0 par NC et d'arrondir au nombre entier de titres.
- Du fait des arrondis, les amortissements réels ne sont pas rigoureusement en progression géométrique.
- L'annuité réelle moyenne (2 256 100 €) est très proche de l'annuité théorique.

Le cas particulier des emprunts à annuités sensiblement constantes et à prime de remboursement

(80) Dans le cas des emprunts remboursables par annuités sensiblement constantes, l'existence d'une prime de remboursement nécessite une adaptation de la méthode précédente.

Chaque annuité comprend à présent une part d'intérêt ***calculée sur la valeur nominale*** du titre et une part d'amortissement ***calculée sur le prix de remboursement***. Dans les formules donnant l'annuité théorique et les amortissements théoriques, il convient alors de remplacer C par R et le taux i par une valeur i' définie par :

$$i' = \frac{C\,i}{R} \tag{4.2}$$

i' peut s'interpréter comme le taux d'intérêt qui, appliqué au prix de remboursement, donne le montant du coupon.

- L'annuité théorique est donc :

$$a = NR\,\frac{i'}{1-(1+i')^{-n}} \tag{4.3}$$

- Le premier amortissement théorique est :

$$A_1 = NR\,\frac{i'}{(1+i')^{n}-1} \tag{4.4}$$

On a évidemment :

$$A_1 = a - N\,C\,i$$

- Les amortissements forment une suite géométrique de raison $1+i'$.

EXEMPLE 4.3 - Remboursement par annuités sensiblement constantes et prime de remboursement

Considérons toujours un emprunt de 8 millions d'euros, composé de 8 000 titres de 1 000 euros de nominal, de taux facial égal à 5 % et de durée égale à quatre ans. Le remboursement de l'emprunt est assorti d'une prime de remboursement de 10 €.

a – *Calcul de l'annuité théorique :*
Nous avons donc $N = 8\,000$, $C = 1\,000$, $i = 5\,\%$, $n = 4$, $R = 1\,010$. Il vient :

$$i' = \frac{C\,i}{R} = \frac{1\,000 \times 0{,}05}{1\,010} = 4{,}950\,495\,\%$$

On obtient ensuite :

$$a = NR\,\frac{i'}{1-(1+i')^{-n}} = 8\,000 \times 1\,010\,\frac{0{,}049\,504\,95}{1-1{,}049\,504\,95^{-4}} = 2\,276\,035{,}83\ €$$

b – *Calcul des amortissements théoriques :*

$A_1 = a - NCi = 1\,876\,035{,}83\ €$ $\quad A_2 = A_1(1+i') = 1\,968\,908{,}89\ €$

$A_3 = A_2(1+i') = 2\,066\,379{,}63\ €$ $\quad A_4 = A_3(1+i') = 2\,168\,675{,}65\ €$

Les nombres d'obligations à rembourser chaque année s'obtiennent en divisant ces amortissements théoriques par le prix de remboursement ($R = 1\,010$ €). Les quotients obtenus sont, à 0,01 près :

1 857,46 1 949,41 2 045,92 2 147,20

c – *Arrondis et répartition du reliquat :*
En arrondissant à l'entier le plus proche, on obtient :

1 857 1 949 2 046 2 147

Dans ce cas, le total obtenu est 7 999 ; le reliquat est égal à un titre. On rectifie en attribuant ce solde à la ligne qui a fait l'objet de la plus grosse erreur d'arrondi, soit ici la première. Ce procédé conduit aux valeurs suivantes :

1 858 1 949 2 046 2 147

d – *Tableau d'amortissement :*

Année p	d_{p-1}	**Capital restant dû** $d_{p-1}R$	m_p	**Amortis-sement** $m_p R$	**Intérêt** $d_{p-1}Ci$	**Annuité** $m_p R + d_{p-1}Ci$
1	8 000	8 080 000	1 858	1 876 580	400 000	2 276 580
2	6 142	6 203 420	1 949	1 968 490	307 100	2 275 590
3	4 193	4 234 930	2 046	2 066 460	209 650	2 276 110
4	2 147	2 168 470	2 147	2 168 470	107 350	2 275 820

Les procédés d'arrondi et d'attribution du reliquat peuvent varier. Celui que nous avons retenu aboutit à des annuités les plus proches possible de l'annuité théorique. Rappelons que nous avons arrondi à l'entier le plus proche et attribué le reliquat par ordre décroissant d'erreur. Une autre méthode aurait consisté à arrondir par défaut, puis à porter le reliquat sur la dernière ligne, ou encore à répartir celui-ci en fonction de l'erreur d'arrondi. Ces différentes méthodes n'entraînent que des modifications minimes du tableau d'amortissement.

II. Éléments de calcul obligataire

(81) Nous nous intéressons maintenant à la gestion d'un emprunt ou d'un placement obligataire et proposons quelques instruments permettant de guider les choix. Un premier paragraphe est consacré à la présentation de la cotation des obligations sur le marché secondaire ; le suivant traite de l'évaluation de la valeur d'équilibre d'un titre ; le troisième présente les notions de « duration » et de « sensibilité ».

II.1. La cotation en Bourse d'une obligation

Une fois l'émission réalisée, les obligations peuvent être échangées sur un marché secondaire (cote officielle, second marché, nouveau marché). Elles font l'objet d'une cotation « en pourcentage » réalisée selon la technique dite « pied de coupon + coupon couru ».

La cotation en pourcentage du nominal

(82) Les prix des obligations peuvent être cotés en unités monétaires (c'est le cas par exemple des obligations convertibles en actions). Le plus souvent, en particulier pour les obligations à taux fixe et à taux flottant, elles sont cotées en pourcentage. Le prix annoncé est un facteur multiplicatif qui, appliqué à la valeur nominale de l'obligation, donne le prix en unités monétaires. Par exemple, une obligation de nominal égal à 1 000 € et cotant 105 vaut :

$$1\,000\,\frac{105}{100} = 1\,050\text{ €}$$

Son prix est donc égal à 105 % de sa valeur nominale.

Au titre des inconvénients, notons que ce système ne permet de connaître le prix d'un titre que si l'on connaît sa valeur faciale. Au titre des avantages, la cotation en pourcentage facilite les comparaisons entre titres. En effet, deux obligations en tout point identiques à l'exception de leur valeur nominale devront avoir le même cours de Bourse.

La distinction entre le pied de coupon et le coupon couru

(83) Pour faciliter encore davantage ces comparaisons, les grands marchés obligataires du monde ont opté pour une cotation « pied de coupon + coupon couru ». L'évolution des prix dépend des caractéristiques de l'emprunt mais également de l'évolution générale des taux d'intérêt. Nous négligerons provisoirement ce second phénomène afin d'étudier l'évolution du cours d'une obligation à taux fixe au moment du détachement du coupon.

a. Le décrochage du cours au moment du détachement du coupon

Considérons une obligation de nominal 1 000 €, de taux facial 5 %, ayant une durée de vie de quatre ans et détachant ses coupons en dates $t = 1, \ldots, 4$. Supposons un taux d'intérêt constant, égal à 5 %, sur la durée de vie du titre. Le cours (en euros) de cette obligation obéit au graphique 4.1.

Graphique 4.1 – Évolution des cours en cas de stabilité des taux

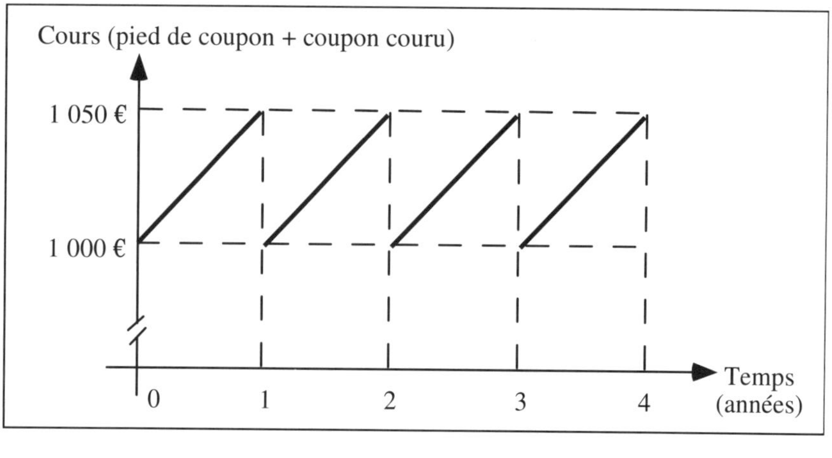

On constate que, après détachement du coupon (égal à 5 % du nominal soit 50 €), le cours de l'obligation chute également de 50 €. Ce phénomène est normal car le paiement du coupon transforme le titre d'une valeur de 1 050 € en deux éléments :

- un titre de valeur 1 000 € ;
- un flux de 50 €.

La somme du coupon et du cours immédiatement après le détachement du coupon doit être égale au cours immédiatement avant détachement de celui-ci. Ce décrochage de cours se produit quelle que soit la date d'achat (et donc la durée réelle de détention de l'obligation).

Cette particularité rend très difficile la comparaison d'obligations de dates de détachement de coupon différentes. Aussi a-t-on imaginé pour les obligations à taux fixe et à taux révisable, outre la cotation en pourcentage, un système facilitant cette comparaison.

b. Le coupon couru et le pied de coupon

(84) La cotation décompose le cours en deux composantes.

– Une composante certaine, appelée ***coupon couru***. Il s'agit d'une fraction du coupon annuel (connu), qui croît linéairement au fur et à mesure que l'on se rapproche de la date de détachement.

– Une composante appelée ***pied de coupon***, qui dépend du niveau des taux d'intérêt (ou, ce qui revient au même, de l'offre et de la demande de titres) et varie donc constamment en fonction des anticipations économiques des opérateurs. Dans le graphique 4.1, nous avons supposé que cette composante restait constante dans le temps.

Ces deux composantes apparaissent sur les écrans de cotation ou dans les colonnes de cours des journaux financiers. Pour obtenir le prix, il faut additionner ces deux informations puis appliquer ce pourcentage total au montant nominal du titre.

Exemple 4.4 – Cotation d'un emprunt obligataire

Le 5 mars 2004, l'emprunt d'État de nominal 1 €, de taux facial 8,5 %, remboursable le 25 octobre 2019, a été coté en ***clôture*** (dernière cotation de la journée) conformément au tableau ci-dessous :

Code ISIN	Désignation de la valeur	Cours du jour	Type amortissement	Coupon couru
FR0000570921	Emprunt État 8,5 % 1989-2019	142,59	*In fine*	3,182

Le cours pied de coupon est 142,59. Il convient d'ajouter le montant du coupon couru, soit 3,182. Le cours total s'établit donc à 145,772 % du nominal, soit 1,45772 €.

c. Le calcul du coupon couru

(85) Nous introduisons les notations suivantes :

CC	coupon couru (exprimé en pourcentage de la valeur nominale) ;
i	taux nominal de l'obligation ;
d	date de la cotation + trois jours ouvrés ;
d_1	date du dernier détachement de coupon (ou date de jouissance si aucun coupon n'a encore été détaché) ;
d_2	date du prochain détachement de coupon ;
J	durée en jours, entre les dates d_1 et d_2 ;
j	durée (éventuellement nulle) entre la date d_1 et la date d.

• La date d est située trois jours ouvrés[1] après la date de cotation pour tenir compte du délai de règlement-livraison. En effet, l'acheteur règle ses titres trois jours ouvrés après la transaction et le vendeur est crédité à cette même date.

• On peut toujours encadrer la date d entre les deux dates d_1 et d_2 $(d_1 \leq d < d_2)$.

• Pour des coupons annuels, nous aurons $J = 365$ ou 366. Si le premier coupon est versé moins d'un an après la date de jouissance et que l'évaluation du coupon couru doit être faite avant ce premier détachement, il se peut que J soit inférieur à 365.

Le calcul du coupon couru répond à la formule suivante :

$$CC = i\frac{j}{J} \tag{4.5}$$

Pour les obligations françaises, son expression en pourcentage se calcule toujours avec trois chiffres après la virgule. Le graphique 4.2 représente l'évolution linéaire du coupon couru entre les dates d_1 et d_2.

Graphique 4.2 – Évolution du coupon couru entre deux dates de détachement de coupon

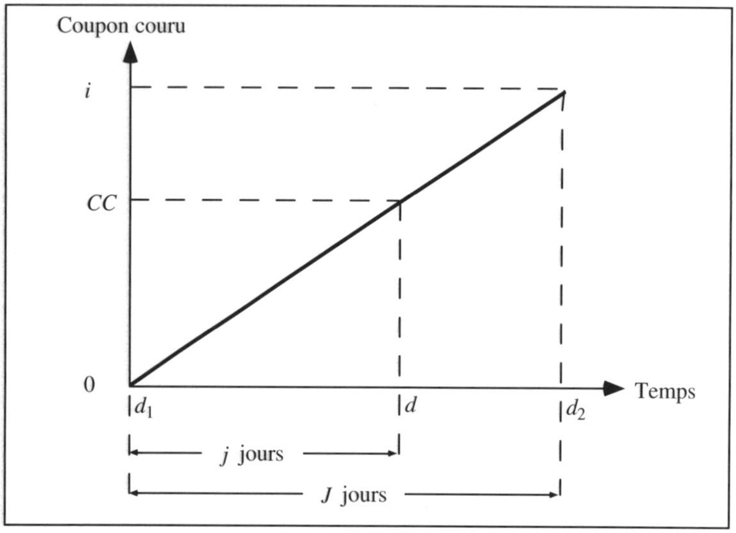

1. La Bourse de Paris est traditionnellement fermée le samedi et le dimanche ainsi que certains jours fériés. Une transaction opérée le jeudi donnera donc généralement lieu à un règlement le mardi suivant.

Exemple 4.5 - Calculs de coupons courus

Considérons une OAT 5,50 % 2003 - 2013, émise en 2003 et amortissable *in fine* le 25 octobre 2013. Le coupon annuel est détaché le 25 octobre de chaque année. Les trois premières colonnes du tableau ci-dessous fournissent les cours de clôture de l'emprunt pour la semaine du lundi 18 au vendredi 22 octobre 2004. Les colonnes 4 et 5 indiquent la date de règlement-livraison *d* (date de cotation + trois jours ouvrés) et le nombre *j* de jours courus entre le détachement du dernier coupon et la date *d*.

Date de cotation	Pied de coupon (%)	Coupon couru (%)	Date de règl.-livr. (*d*)	*j*
18 octobre 2004	100,96	5,440	21 octobre 2004	362
19 octobre 2004	100,85	5,455	22 octobre 2004	363
20 octobre 2004	100,50	0,000	25 octobre 2004	0
21 octobre 2004	100,90	0,015	26 octobre 2004	1
22 octobre 2004	101,10	0,030	27 octobre 2004	2

Nous nous proposons de vérifier le calcul du coupon couru.

- Calcul de *J* :

L'année 2004 étant bissextile (plus précisément, il y a eu un 29 février entre le 25 octobre 2003 et le 25 octobre 2004), la valeur de *J* est 366.

- Calcul des dates de règlement-livraison :

Les obligations négociées le lundi 18 octobre seront livrées trois jours ouvrés plus tard, soit le jeudi 21 octobre, quatre jours avant le détachement de coupon. Celles négociées le vendredi 22 octobre seront livrées le mercredi 27 octobre.

- Calcul de *j* :

Pour la cotation du 18 octobre, *j* représente la durée entre le précédent détachement du coupon (25 octobre 2003) et la date de règlement-livraison (21 octobre 2004). Celle-ci est située quatre jours avant le détachement du prochain coupon. Il vient :

$$j = 366 - 4 = 362$$

De la même façon, le calcul de *j*, pour la cotation du 22 octobre, correspond au nombre de jours séparant la date de règlement-livraison (27 octobre 2004) de la date de détachement du dernier coupon (25 octobre 2004), soit deux jours.

- Calcul du coupon couru :

Le coupon couru s'obtient en appliquant la période courue (*j*/*J*) au taux nominal.

– Pour la cotation du 18 octobre, il vient :

$$5{,}5\,\%\frac{362}{366} = 5{,}440\,\%$$

Puisque la cotation est en pourcentage, on cote 5,440 (sans le signe %).

– Le 19 octobre, on a :

$$5{,}5\,\%\frac{363}{366} = 5{,}445\,\%$$

C'est la valeur maximale pour le coupon couru de l'OAT cette année-là.

– Le 20 octobre étant un mercredi, le délai de trois jours ouvrés conduit au lundi 25 octobre. On a alors $j = 0$. Le coupon couru est nul ce jour-là.

Remarquons que la connaissance du taux nominal de l'emprunt et du coupon couru (généralement fourni, rappelons-le, par la presse financière), permet, grâce à la formule (4.5), le calcul précis de la durée j.

En conclusion, le mode de cotation « en pourcentage, pied de coupon + coupon couru », apparemment compliqué, apporte en réalité une grande simplification puisqu'il permet une comparaison aisée entre les différents emprunts. Deux obligations de mêmes caractéristiques devant se négocier à des cours identiques (en pourcentage), l'existence de différences de cours ne peut provenir que d'imperfections du marché ne pouvant être que temporaires, ou de la qualité plus ou moins grande de la signature des émetteurs[1].

II.2. La courbe des taux et l'évaluation des obligations

Nous abordons l'évaluation du prix des obligations et nous avons besoin pour cela de définir la notion de courbe des taux ou de structure par termes des taux d'intérêt (en abrégé STTI).

La structure par termes des taux d'intérêt

Nous proposons une première définition que nous précisons ensuite, après avoir défini la notion de taux zéro-coupon. Nous verrons que la connaissance de la courbe des taux permet de définir des taux appelés taux à terme implicites.

a. Une première définition

(86) On appelle ***structure par termes des taux d'intérêt***, ou ***courbe des taux***, ou encore ***gamme des taux***, la courbe présentant le taux d'intérêt des emprunts ou des placements en fonction de leur durée (ou terme). Nous préciserons le type de taux d'intérêt retenu dans le point 2 ci-dessous. La STTI donne fréquemment lieu à des représentations graphiques avec en abscisse le terme et en ordonnée le taux d'intérêt (graphique 4.3).

Le graphique 4.3 permet un certain nombre de remarques.

- Toute STTI doit être datée ; elle représente le niveau des taux d'intérêt (pour différentes échéances) relevé à une date donnée.
- Les taux d'intérêt marqués en ordonnée sont des ***taux au comptant***, c'est-à-dire des taux pour des opérations d'emprunt ou de placement commençant immédiatement.
- Les taux sont exprimés en termes annuels.
- Les taux d'intérêt évoluant dans le temps, la STTI peut prendre des formes variées.

---

1. La qualité de la signature renvoie à la notion de risque de défaillance de la société qui émet les titres, autrement dit, au risque que, suite à un dépôt de bilan, les obligataires ne soient pas totalement remboursés de leur créance. Plus le risque de défaillance est faible, plus la signature est de bonne qualité.

Graphique 4.3 – Formes de la courbe des taux

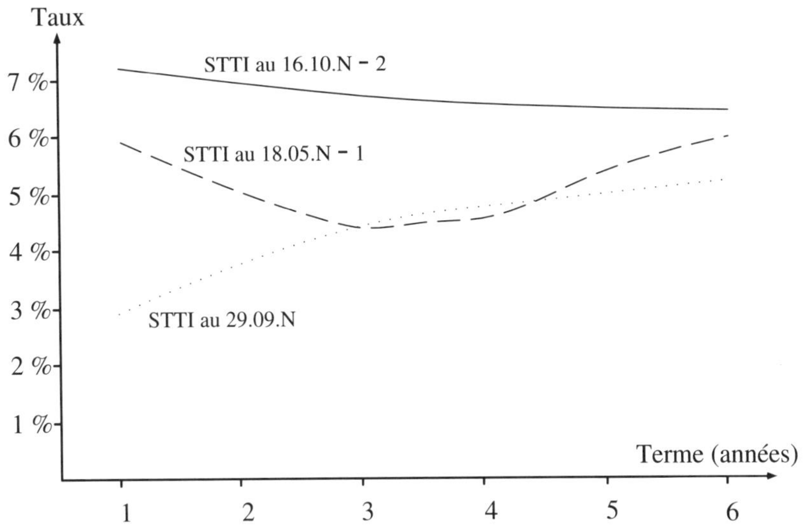

- La forme la plus couramment observée est la forme ascendante, dite ***forme normale*** (c'est le cas de la courbe au 29.09.N).
- La STTI peut prendre d'autres formes, par exemple la ***forme inversée***, pour laquelle les taux à court terme sont plus élevés que les taux à long terme (cas de la STTI du 16.10.N – 2), ou encore des ***formes en bosse ou en cuvette*** (STTI du 18.05.N – 1).

b. La structure des taux zéro-coupon

(87) Nous précisons maintenant le type de taux généralement retenu pour établir une STTI. Il est évident que les obligations permettant de constituer cette courbe doivent présenter un certain degré d'homogénéité, en particulier en termes de risque de défaut. Il faut donc collecter les taux de titres appartenant à une même ***classe de risque***, autrement dit des titres de signatures équivalentes.

La seule courbe des taux qui soit régulièrement calculée est la courbe des taux des obligations d'État, qui sont des obligations sans risque de défaillance. Plus précisément, on retient une ***structure des taux zéro-coupon***. Les taux retenus sont ceux des obligations sans coupon émis par le Trésor public[1]. Rappelons que ces titres ne versent pas d'intérêt avant l'échéance. Connaissant le cours coté d'un titre sur le marché secondaire, il est aisé d'en déduire le taux d'intérêt qu'il procure avec certitude à un acquéreur qui le conserve jusqu'à l'échéance.

1. La majorité des obligations zéro-coupon représentatives de créances sur l'État sont issues du démembrement d'OAT. Le démembrement d'une obligation classique consiste à séparer les flux de remboursement (appelés certificats de principal) et les flux de coupons (appelés certificats d'intérêt). Il permet par exemple d'éclater un emprunt de durée de vie dix ans en onze obligations zéro-coupon, dix correspondant aux coupons annuels et une au capital. Chacune de ces obligations est cotée séparément.

Notons Z_0 le cours d'une obligation zéro-coupon relevé en date 0 et raisonnons en pourcentage de la valeur nominale du titre (valeur de remboursement). Notons T la maturité du titre exprimée en années. Le taux annuel noté i_T procuré à un investisseur achetant le titre en date zéro et le conservant jusqu'à l'échéance T est tel que :

$$100 = Z_0 (1 + i_T)^T$$

On déduit sans difficulté le taux i_T, appelé taux zéro-coupon d'échéance T :

$$i_T = \left(\frac{100}{Z_0}\right)^{\frac{1}{T}} - 1 \qquad (4.6)$$

Ce taux i_T est un taux au comptant pour une opération de placement immédiat d'un montant Z_0 sur une durée T.

Exemple 4.6 – Construction d'une courbe des taux zéro-coupon

Pour la date de règlement-livraison du 25.10.N, on a relevé sur la cote obligataire les cours suivants, pour six emprunts d'État à coupon zéro :

1	E. d'État 0 % 25.04.N+1	98,77
2	E. d'État 0 % 25.04.N+2	95,02
3	E. d'État 0 % 25.04.N+3	90,74
4	E. d'État 0 % 25.04.N+4	86,42
5	E. d'État 0 % 25.04.N+5	82,54
6	E. d'État 0 % 25.04.N+6	78,43

- Pour le premier emprunt, la durée séparant la date de règlement-livraison (25.10.N) de l'échéance (25.04.N+1) est de 182 jours. La maturité exprimée en termes annuels est :

$$\frac{182}{365} \approx 0{,}5 \text{ année}$$

On en déduit que les maturités des emprunts n°s 2 à 6 sont respectivement :
1,5 an ; 2,5 ans ; 3,5 ans ; 4,5 ans ; 5,5 ans

- Les taux zéro-coupon se déduisent de la formule (4.6). Nous avons pour le premier :

$$i_{0,5} = \left(\frac{100}{98{,}77}\right)^{\frac{1}{0,5}} - 1 = 2{,}51\,\%$$

Il vient pour le second :

$$i_{1,5} = \left(\frac{100}{95{,}02}\right)^{\frac{1}{1,5}} - 1 = 3{,}46\,\%$$

- La courbe des taux est récapitulée dans le tableau ci-dessous :

Maturité (années)	0,5	1,5	2,5	3,5	4,5	5,5
STTI au 25.10.N	2,51 %	3,46 %	3,96 %	4,26 %	4,36 %	4,52 %

Le lecteur pourra établir la représentation graphique correspondante.

c. Les taux à terme implicites

(88) Nous donnons la définition des taux à terme et précisons ses modalités de notation avant de montrer comment ils peuvent être extraits de la STTI.

• Un ***taux à terme*** est un taux d'intérêt connu à la date 0, pour une opération de placement ou d'emprunt qui commencera à une date ultérieure. On peut par exemple demander à un banquier de nous indiquer le taux d'intérêt qu'il nous propose pour une opération d'emprunt qui doit débuter dans un an et se terminer dans deux ans. On parle de taux à terme ***dans un an sur un an***.

• Le taux d'une opération dans un an sur un an est noté ${}_1f_2$; la lettre « f » renvoie à la notion de taux à terme également appelé ***taux* forward**, le premier indice indique la date de début de l'opération, le second la date de fin.

• Nous montrons maintenant qu'il est possible de se garantir un taux à terme (donc le taux d'une opération future) en réalisant deux opérations au comptant. Sans perte de généralité, raisonnons sur deux périodes annuelles avec une STTI définie par les deux taux au comptant (i_1, i_2) et considérons une opération d'emprunt dans un an sur un an. Cette opération porte sur une unité monétaire empruntée en date 1 et remboursée en date 2.

La stratégie consiste à emprunter sur deux ans au taux i_2 et placer sur un an au taux i_1. Pour bénéficier d'une unité monétaire en date 1, il faut placer sur la première période un capital K_0 tel que :

$$K_0 = \frac{1}{1 + i_1}$$

On devra donc emprunter K_0 sur deux ans et l'on décaissera en date 2 un montant K_2 :

$$K_2 = K_0 \left(1 + i_2\right)^2 = \frac{\left(1 + i_2\right)^2}{1 + i_1}$$

Par cette opération, on encaisse une unité monétaire en date 1 et l'on décaisse K_2 unités monétaires en date 2. On a donc ***synthétisé*** un emprunt à terme (dans un an sur un an). Le taux de cet emprunt est ${}_1f_2$, tel que :

$$K_2 = 1 + {}_1f_2 \quad \text{soit :} \quad 1 + {}_1f_2 = \frac{\left(1 + i_2\right)^2}{1 + i_1}$$

ou encore :

$${}_1f_2 = \frac{\left(1 + i_2\right)^2}{1 + i_1} - 1$$

Le taux à terme est donc implicitement contenu dans la structure des taux au comptant.

Plus généralement, si l'on considère trois dates 0, t et T, telles que $0 < t < T$ et la structure des taux associée (i_t, i_T) vue de 0, on peut définir le taux à terme implicite ${}_tf_T$ à partir de l'expression suivante :

$$\left(1 + {}_tf_T\right)^{T-t} = \frac{\left(1 + i_T\right)^T}{\left(1 + i_t\right)^t} \tag{4.7}$$

EXEMPLE 4.7 – Opérations à terme et taux à terme implicites

a – *En reprenant la courbe des taux de l'exemple 4.6, proposer une stratégie permettant de garantir le taux d'un placement de 10 000 € commençant dans un an et demi et se terminant deux ans après.*
Cette stratégie consiste à emprunter sur 1,5 an la valeur actuelle de 10 000 € au taux de 3,46 % et à placer cette somme sur 3,5 années au taux de 4,26 %.

b – *Calculer le taux à terme de ce placement.*
• Avec la formule (4.7), il vient :

$$(1 + {}_{1,5}f_{3,5})^2 = \frac{(1 + i_{3,5})^{3,5}}{(1 + i_{1,5})^{1,5}} = \frac{1{,}042\,6^{3,5}}{1{,}034\,6^{1,5}} = 1{,}099\,647$$

d'où :

$${}_{1,5}f_{3,5} = 1{,}099\,647^{1/2} - 1 = 4{,}86\,\%$$

• On peut également trouver ce taux en analysant la stratégie décrite ci-dessus.
La valeur actuelle de 10 000 € au taux de 3,46 % est :

$$K_0 = \frac{10\,000}{1{,}034\,6^{1,5}} = 9\,502{,}57\text{ €}$$

La valeur capitalisée de K_0 en date 3,5 au taux de 4,26 % est :

$$K_{3,5} = 9\,502{,}57 \times 1{,}042\,6^{3,5} = 10\,996{,}47\text{ €}$$

Le taux du placement est tel que :

$$10\,000(1 + {}_{1,5}f_{3,5})^2 = 10\,996{,}47,\ \text{soit } {}_{1,5}f_{3,5} = 4{,}86\,\%$$

L'évaluation d'une obligation

(89) Il est utile, tant pour l'émetteur que pour l'investisseur, d'évaluer le prix d'une obligation. Pour le premier, il est indispensable de pouvoir déterminer, selon les conditions du marché, les caractéristiques des titres à émettre. Pour le second, il convient, entre autres, de pouvoir vérifier que le marché ne surcote pas les titres qu'il a l'intention d'acquérir.

a. La valeur d'équilibre d'une obligation à taux fixe

(90) Un raisonnement financier[1] permet de montrer que la valeur d'équilibre d'une obligation à taux fixe dans un marché parfaitement concurrentiel est égale à la somme des valeurs actualisées de chaque flux au taux zéro-coupon correspondant. Formellement, et pour un titre remboursable *in fine*, on note :

$c = iC$	le coupon (constant) détaché aux dates $1, 2, \ldots, n$;
R	la valeur de remboursement du titre en date n ;
$i_1, \ldots, i_n$	la structure par termes des taux zéro-coupon ;
P_0	le prix d'équilibre en date 0 de l'obligation.

1. La présentation de ce raisonnement, dit raisonnement d'arbitrage, sort du cadre de cet ouvrage. Voir par exemple F. QUITTARD-PINON et T. ROLANDO (2000), *La gestion du risque de taux d'intérêt*, Économica, pp. 73 et *s.*

Le prix d'équilibre est donné par :

$$P_0 = \frac{c}{1+i_1} + \frac{c}{(1+i_2)^2} + \ldots + \frac{c+R}{(1+i_n)^n} \tag{4.8}$$

b. La notion de taux actuariel d'une obligation à taux fixe

(91) En raisonnant toujours sur une obligation *in fine* de maturité n, il est possible de définir un ***taux unique***, que nous notons x, ***qui égalise la somme des flux actualisés et le cours de Bourse***. Ce taux est solution de l'équation suivante[1].

$$P_0 = \frac{c}{1+x} + \frac{c}{(1+x)^2} + \ldots + \frac{c+R}{(1+x)^n} \tag{4.9}$$

On appelle x le ***taux de rendement actuariel*** de l'obligation (TRA)[2].

À partir de (4.9), nous pouvons faire de x au moins deux interprétations.

• (4.9) est une équation aux valeurs actuelles ; on peut donc interpréter x comme le taux nominal que devrait servir l'émetteur s'il réalisait cette opération aujourd'hui sur une durée égale à la maturité du titre.

• Si l'on considère que le cours coté par le marché est un cours d'équilibre, alors nous pouvons rapprocher (4.9) de (4.8). Il vient :

$$\frac{c}{1+x} + \frac{c}{(1+x)^2} + \ldots + \frac{c+R}{(1+x)^n} = \frac{c}{1+i_1} + \frac{c}{(1+i_2)^2} + \ldots + \frac{c+R}{(1+i_n)^n} \tag{4.10}$$

On peut alors considérer le taux de rendement actuariel comme un indicateur synthétique unique de la structure des taux zéro-coupon, pour une classe de risque donnée.

Quelles que soient les interprétations, le taux de rendement actuariel est bien un indicateur du niveau des taux d'intérêt sur le marché des obligations. (4.9) montre clairement que le cours des obligations à taux fixe est une fonction décroissante du taux x. Autrement dit, le cours baisse lorsque les taux d'intérêt montent et vice versa. Ce phénomène est bien connu de tous les gestionnaires de portefeuilles obligataires.

1. Les méthodes de résolution de cette équation sont présentées au chapitre 5.

2. Le Comité de normalisation obligatoire (CNO) définit le taux actuariel comme le taux annuel qui, à une date donnée, égalise à ce taux et à intérêt composé, les valeurs actuelles des montants à verser (prix de souscription, cours de Bourse) et des montants à recevoir (coupons, remboursements du principal).

Exemple 4.8 - Courbe des taux et taux de rendement actuariels

On considère en date 0 la structure par termes des taux zéro-coupon suivante pour des obligations sans risque de défaut :

Maturité (années)	1	2	3	4	5
STTI en date 0	3,5 %	4,6 %	5 %	5,3 %	5,4 %

a – *Vérifier que, si le cours coté est à l'équilibre, le taux actuariel x d'une obligation sans risque de défaut, de durée de vie résiduelle cinq ans et de taux facial 4 %, est de 5,36 %.*

• Il convient en premier lieu de calculer le prix d'équilibre du titre avec (4.8) :

$$P_0 = \frac{4}{1{,}035} + \frac{4}{1{,}046^2} + \frac{4}{1{,}05^3} + \frac{4}{1{,}053^4} + \frac{104}{1{,}054^5} = 94{,}18$$

• x est égal à 5,36 % si, en actualisant les flux à ce taux, on retrouve le prix d'équilibre. Vérifions :

$$\frac{4}{1{,}0536} + \frac{4}{1{,}0536^2} + \frac{4}{1{,}0536^3} + \frac{4}{1{,}0536^4} + \frac{104}{1{,}0536^5} = 94{,}17$$

On retrouve, à 0,01 près, le prix d'équilibre.

b – *Vérifier que le taux actuariel d'équilibre pour une obligation de mêmes caractéristiques que la précédente, mais de taux facial 10 %, est 5,31 %.*

• Il vient pour le prix d'équilibre :

$$P_0 = \frac{10}{1{,}035} + \frac{10}{1{,}046^2} + \frac{10}{1{,}05^3} + \frac{10}{1{,}053^4} + \frac{110}{1{,}054^5} = 120{,}14$$

• Le calcul avec le TRA donne :

$$\frac{10}{1{,}0531} + \frac{10}{1{,}0531^2} + \frac{10}{1{,}0531^3} + \frac{10}{1{,}0531^4} + \frac{110}{1{,}0531^5} = 120{,}13$$

Là encore, les deux valeurs sont identiques à 0,01 près.

Cet exemple montre que le taux facial[1] influence le taux actuariel, qui n'est donc qu'un indicateur imparfait du niveau des taux d'intérêt pour une classe de risque et une échéance donnée. ***Les calculs à l'aide d'un taux actuariel x ne peuvent être considérés comme équivalents aux calculs utilisant des taux zéro-coupon que si la structure par termes des taux est plate au niveau x.*** Dans ce cas, tous les taux zéro-coupon, quelle que soit leur échéance, sont égaux à x.

II.3. La duration et la sensibilité d'une obligation

Dans ce paragraphe, nous nous intéressons aux mesures permettant de quantifier l'impact d'une variation des taux d'intérêt sur le cours d'une obligation à taux fixe. Nous retenons le taux actuariel x comme indicateur du niveau des taux

1. Il est évidemment possible que des obligations de même classe de risque et de même durée de vie résiduelle aient des taux nominaux différents. Il suffit pour cela que les titres aient été émis à des dates différentes.

d'intérêt. L'analyse qui suit ne peut donc être satisfaisante que ***sous l'hypothèse d'une structure plate des taux d'intérêt***.

Nous nous intéressons dans un premier temps à des mesures de durée de vie d'une obligation, considérant qu'un titre est d'autant plus sensible aux variations du taux de rendement actuariel que sa maturité est longue. Nous verrons dans un second temps une mesure de sensibilité qui permet de faire le lien avec une mesure de durée.

Les mesures de la durée de vie d'un emprunt obligataire

L'analyse de (4.9) montre que la variation du cours consécutive à une variation du taux actuariel est d'autant plus importante que la durée de vie résiduelle de l'obligation est grande. En effet, les facteurs d'actualisation sont d'autant plus volatils que l'exposant est élevé. La maturité est donc un premier indicateur de sensibilité aux variations de taux. On peut néanmoins envisager d'autres mesures.

a. La vie moyenne et la vie probable d'une obligation

Les calculs de vie moyenne et de vie probable d'un emprunt découlent des concepts statistiques de moyenne et de médiane.

a.1 – Définitions

(92) • On appelle ***vie moyenne*** d'une obligation, notée v_m, la durée moyenne d'existence des obligations de l'emprunt. On a :

$$v_m = \frac{\sum_{p=1}^{n} p \times m_p}{N} \qquad (4.11)$$

• On appelle ***vie probable*** d'une obligation, notée v_p, la durée médiane d'existence des obligations de l'emprunt. Autrement dit, v_p correspond au temps nécessaire à l'amortissement de la moitié des titres.

Si nous considérons que la durée de vie d'une obligation classique est généralement un nombre entier d'années, donc une variable discrète, nous pouvons adopter la définition suivante : « La vie probable d'une obligation est le plus petit nombre entier d'années à l'issue desquelles la moitié au moins de l'emprunt est amorti ».

a.2 – Expressions de la vie moyenne et de la vie probable dans quelques cas particuliers

(93) • Pour un emprunt de durée de vie n, amorti *in fine*, on a bien sûr :

$$v_m = v_p = n \qquad (4.12)$$

• Pour un emprunt de durée de vie n, amorti par séries égales, on a :

$$v_m = \frac{n+1}{2}\,;\, v_p = \frac{n}{2} \text{ si } n \text{ est pair}\,;\, v_p = \frac{n+1}{2} \text{ si } n \text{ est impair} \qquad (4.13)$$

• Pour un emprunt de durée de vie n, amorti par annuités constantes, on démontre que la vie moyenne est :

$$v_m = \frac{n}{1-(1+i')^{-n}} - \frac{1}{i'} \text{ avec } i' = \frac{iC}{R} \qquad (4.14)$$

En notant $[P]$ la partie entière de P, la vie probable s'écrit :

$$v_p = [P] + 1 \text{ avec : } P = \frac{\ln\left[(1+i')^n + 1\right] - \ln 2}{\ln(1+i')} \qquad (4.15)$$

Nous illustrons ces deux notions à partir des emprunts obligataires analysés dans les exemples 4.1 et 4.3.

Exemple 4.9 – Calculs de vies moyennes et vies probables

a – *Cas d'un amortissement par séries égales (exemple 4.1, p. 74) :*

• Calcul de la vie moyenne à partir de la formule générale (4.11) :

$$v_m = \frac{2\,000(1+2+3+4)}{8\,000} = 2{,}5$$

résultat que l'on retrouve évidemment avec (4.13).

• Calcul de la vie probable à partir de la formule (4.13) :

$$v_p = \frac{n}{2} = \frac{4}{2} = 2$$

Le tableau d'amortissement montre de manière évidente que la moitié de l'emprunt est remboursée au bout de 2 ans.

b – *Cas d'un amortissement par annuités sensiblement constantes avec remboursement au-dessus du pair (exemple 4.3, p. 76) :*

• Calcul de la vie moyenne à partir des informations du tableau d'amortissement et de la formule (4.11) :

$$v_m = \frac{1 \times 1858 + 2 \times 1949 + 3 \times 2\,046 + 4 \times 2\,147}{8\,000} = 2{,}56 \text{ années}$$

(4.14) donne directement ce résultat. Avec $i' = 4{,}950\,495\,\%$, il vient :

$$v_m = \frac{4}{1 - 1{,}049\,504\,95^{-4}} - \frac{1}{0{,}049\,504\,95} = 2{,}56$$

• Calcul de la vie probable :

À l'issue des deux premières années, seules 3 807 obligations (1 858 + 1 949) ont été amorties sur un total de 8 000, tandis que 5 853 le sont à l'issue de trois années. La vie probable est donc de 3 années. Avec la formule (4.15), il vient :

$$P = \frac{\ln[1{,}049\,504\,95^4 + 1] - \ln 2}{\ln(1{,}049\,504\,95)} = 2{,}096$$

soit :

$$v_p = [2{,}096] + 1 = 3$$

b. La duration

En 1938, F. Macaulay a proposé une mesure de durée, appelée ***duration***, qui prend en compte explicitement les flux encaissés (pour un souscripteur) ou décaissés (pour un émetteur).

b.1 - Définition

(94) La duration est définie comme une moyenne de durées, pondérée par la contribution au cours du titre de chaque flux actualisé. Pour un titre de prix P_0, de maturité n, de coupons c détachés annuellement, remboursable *in fine* au prix R, dont le taux de rendement actuariel est x, il vient :

$$D = \frac{1}{P_0}\left(1 \times \frac{c}{1+x} + 2 \times \frac{c}{(1+x)^2} + 3 \times \frac{c}{(1+x)^3} + \ldots + n \times \frac{c+R}{(1+x)^n}\right) \quad (4.16)$$

soit :

$$D = \frac{1}{P_0}\left(\sum_{t=1}^{n} t\frac{c}{(1+x)^t} + n\frac{R}{(1+x)^n}\right) \quad (4.17)$$

b.2 - Remarques

• L'expression (4.16) ou (4.17) correspond bien à une moyenne de durées. En effet, chaque durée $1, 2, \ldots, n$ est pondérée par un coefficient de la forme :

$$\frac{1}{P_0}\frac{F_t}{(1+x)^t}$$

où F_t représente le flux en date t (coupon ou remboursement). Par définition du taux de rendement actuariel, la somme de ces coefficients est égale à 1 :

$$\sum_{t=1}^{n}\frac{1}{P_0}\left(\frac{F_t}{(1+x)^t}\right) = \frac{1}{P_0}\sum_{t=1}^{n}\left(\frac{F_t}{(1+x)^t}\right) = \frac{1}{P_0} \times P_0 = 1$$

• La duration tient compte explicitement de la répartition temporelle des flux. Elle permet par exemple de distinguer, parmi deux titres de même maturité, celui qui est le plus sensible en raison d'un plus faible taux de coupon et d'une plus forte prime de remboursement. *A contrario*, le titre à taux de coupon plus élevé et remboursable au pair aura une duration plus faible, et donc une plus faible sensibilité.

• Pour des obligations remboursables par des procédés autres que l'amortissement *in fine*, les flux actualisés entrant dans la définition des coefficients de pondération peuvent être remplacés par des espérances de flux. On a alors :

$$D = \frac{1}{P_0}\left(\sum_{t=1}^{n} t\frac{E(F_t)}{(1+x)^t}\right) \quad (4.18)$$

• De (4.17) on déduit que la duration d'un zéro-coupon est égale à sa maturité.

Exemple 4.10 – Calcul de durations

a – Considérons une obligation de maturité quatre ans, de taux facial 5 %, remboursable au pair *in fine* et cotant au pair ($P_0 = 100$). Son taux de rendement actuariel est donc égal au taux facial, soit $x = 5\,\%$. Calculons sa duration en raisonnant en pourcentage, pour un titre. Pour cela, il est commode de réaliser le tableau de calcul suivant :

Années (t)	F_t	$(1+x)^{-t}$	$F_t\,(1+x)^{-t}$	$t\,F_t\,(1+x)^{-t}$
1	5	0,9524	4,762	4,762
2	5	0,9070	4,535	9,070
3	5	0,8638	4,319	12,957
4	105	0,8227	86,384	345,536
Total			100,000	372,325

Le premier total donne le cours ($P_0 = 100$), obtenu ici en faisant la somme des flux actualisés au taux de rendement actuariel. Le second donne la somme des produits des flux actualisés par leurs durées. En divisant ce deuxième total par le cours, on obtient la duration. Il vient donc :

$$D = 3,72 \text{ années}$$

b – Calculons maintenant la duration d'un emprunt de mêmes caractéristiques que le précédent, mais remboursable en cinq séries égales. Les obligations ont donc été émises il y a un an et il reste quatre annuités. Le taux de rendement actuariel est de 5 %, l'obligation cote au pair, soit un cours de 100.

• La théorie nous invite à calculer la duration des espérances de flux. Néanmoins, il est plus simple de se placer du point de vue de l'émetteur. Nous raisonnons cette fois sur l'ensemble de l'émission, en pourcentage du nominal. Dressons rapidement le tableau d'amortissement de cet emprunt :

Années	**Capital dû en début de période**	**Amortissement**	**Intérêt**
0	100	20	5
1	80	20	4
2	60	20	3
3	40	20	2
4	20	20	1

Il reste quatre annuités à servir, dont les valeurs sont respectivement de 24, 23, 22, 21 et qui correspondent également aux espérances de flux du point de vue du porteur des titres.

- Le tableau de calcul de la duration est donc :

Années (t)	F_t	$(1+x)^{-t}$	$F_t(1+x)^{-t}$	$tF_t(1+x)^{-t}$
1	24	0,9524	22,858	22,858
2	23	0,9070	20,861	41,722
3	22	0,8638	19,004	57,011
4	21	0,8227	17,277	69,107
Total			80,000	190,698

Il vient :

$$D = \frac{190{,}698}{80} = 2{,}38 \text{ années}$$

Le total de la quatrième colonne permet de vérifier que les titres cotent effectivement au pair, puisque 80 correspond à 100 % du capital dû au moment du calcul de la duration.

Cet exemple montre que deux titres de même durée de vie (maturité) et de même taux de rendement actuariel peuvent avoir des durations très différentes. Le titre *in fine* concentre les versements de flux en fin de durée de vie ; il présente donc une surpondération pour les dernières dates par rapport au titre remboursable par séries égales. Sa duration est donc supérieure. L'emprunt *in fine* présentera une sensibilité aux variations de taux plus grande que l'emprunt remboursable par séries égales.

Nuançons néanmoins notre analyse dans le cas d'un porteur de titres susceptible d'être remboursé avant l'échéance (séries égales, annuités sensiblement constantes...). Le risque qu'il supporte est moins un risque lié aux variations de taux qu'un risque lié au tirage au sort de ses titres lors de chaque amortissement. Le calcul de duration à partir des espérances de flux crée ainsi la confusion entre ces deux types de risque et il est plus prudent de limiter son utilisation aux emprunts remboursables *in fine*, qui ne comportent aucun aléa lié au tirage au sort[1].

b.3 - Généralisation de la formule de la duration

La duration d'une obligation peut évidemment être calculée en dehors des dates de détachements de coupons. Dans ce cas, les durées ne sont plus des nombres entiers. Nous reprenons les notations présentées dans cette section (p. 80) et retenons une obligation remboursable *in fine* au prix de remboursement R, versant un coupon annuel $c = Ci$, le précédent coupon a été détaché depuis j jours, le prochain sera donc détaché dans $J - j$ jours, durée que l'on peut noter u.

1. Lorsqu'il s'agit de mesurer le risque de taux de l'entreprise qui a émis les titres, le concept reste tout à fait utile.

L'échéance du titre est T, que l'on peut exprimer en un nombre entier d'années (n) et une période infra-annuelle de u jours, de sorte que :

$$T = n + \frac{u}{J}$$

Le cours coté est P_0 et le taux de rendement actuariel est x. La duration de ce titre est :

$$D = \frac{1}{P_0}\left(\frac{u}{J} \times \frac{c}{(1+x)^{\frac{u}{J}}} + \left(1+\frac{u}{J}\right) \times \frac{c}{(1+x)^{1+\frac{u}{J}}} + \ldots + \left(n+\frac{u}{J}\right) \times \frac{c+R}{(1+x)^{n+\frac{u}{J}}}\right) \quad (4.19)$$

La sensibilité d'une obligation à taux fixe

(95) Il existe une autre mesure de sensibilité appelée ***duration modifiée***, ***sensibilité***, ou ***sensibilité de Hicks***[1]. Nous montrons sa proximité avec la duration de Macaulay.

a. Définition de la sensibilité d'une obligation à taux fixe

La sensibilité d'une obligation de prix P_0 aux variations du taux actuariel x est :

$$S = -\frac{\Delta P_0/P_0}{\Delta x} \quad (4.20)$$

Au signe près, c'est le quotient de la variation relative du prix du titre ($\Delta P_0/P_0$) par la variation absolue du taux de rendement actuariel (Δx). Cette définition mérite quelques commentaires.

- Le cours P_0 des obligations étant une fonction décroissante du taux x, les deux variations ont des signes différents. Avec la définition adoptée, la sensibilité est donc toujours positive.
- Bien que cette définition fasse intervenir une variation relative et une variation absolue, le numérateur et le dénominateur sont homogènes dans la mesure où un taux d'intérêt définit une variation de capital. Les deux peuvent s'exprimer en pourcentage.
- En termes économiques, la sensibilité est assimilable à une mesure d'élasticité du cours des obligations au taux actuariel.
- En réorganisant (4.20), on perçoit bien le sens du concept. Il vient :

$$\frac{\Delta P_0}{P_0} = -S\Delta x \quad (4.21)$$

L'expression (4.21) permet, connaissant la sensibilité d'un titre, de mesurer l'impact sur le cours d'une variation de taux. Par exemple, si $S = 6$, une augmentation de taux de 1 % entraînera une baisse de 6 % du cours.

- Il s'agit d'une mesure instantanée qui quantifie l'effet immédiat sur le cours d'une variation subite du taux. Pour cette raison, P_0 est généralement retenu pour sa valeur pied de coupon.

1. En référence à son concepteur, le prix Nobel d'économie John R. Hicks.

Exemple 4.11 – Comparaison de divers types d'obligations en termes de sensibilité

Nous étudions l'impact d'une hausse de 1 % des taux d'intérêt à l'émission pour quatre obligations de nominal 1 000 €. Les caractéristiques de ces titres sont récapitulées ci-après.

	Taux nominal	Maturité	Modalités d'amortissement
Obligation A	7 %	4 ans	Annuités constantes au pair
Obligation B	7 %	4 ans	Au pair, *in fine*
Obligation C	7 %	7 ans	Au pair, *in fine*
Obligation D	0 %	7 ans	Zéro-coupon

Nous supposons que le taux du marché est de 7 % et recherchons la sensibilité de ces quatre titres pour une hausse de taux $\Delta x = 1\%$.
Nous allons donc devoir calculer le prix de chaque obligation pour un taux actuariel de 7 %, puis de 8 %. Nous pourrons alors calculer les variations relatives de prix et les sensibilités.
Il est clair que les trois premiers titres cotent actuellement au pair, puisque le taux du marché est égal au taux nominal. L'obligation D étant sans coupon, son cours (prix d'émission) est au-dessous du pair.

- Pour l'obligation A, l'annuité étant constante, le prix de l'obligation est :

$$P_0 = C\frac{i}{1-(1+i)^{-n}} \times \frac{1-(1+x)^{-n}}{x}$$

- Pour les obligations B et C, le remboursement s'effectuant *in fine*, le prix des titres répond à l'expression suivante :

$$P_0 = Ci\frac{1-(1+x)^{-n}}{x} + C(1+x)^{-n}$$

- Le prix de l'obligation D vérifie :

$$P_0 = \frac{C}{(1+x)^n}$$

- L'utilisation de ces formules donne les résultats suivants :

	Obligation A	Obligation B	Obligation C	Obligation D
Prix à 7 %	1 000,00 €	1 000,00 €	1 000,00 €	622,75 €
Prix à 8 %	977,83 €	966,88 €	947,94 €	583,49 €
$\Delta P_0/P_0$	−2,217 %	−3,312 %	−5,206 %	−6,304 %
Δx	1 %	1 %	1 %	1 %
Sensibilité	2,217	3,312	5,206	6,304

b. La relation entre la duration et la sensibilité

(96) Pour des variations infinitésimales, la formule (4.20) de la sensibilité devient :

$$S = -\frac{\frac{dP_0}{P_0}}{dx} = -\frac{1}{P_0}\frac{dP_0}{dx} \tag{4.22}$$

Au signe près, la sensibilité s'écrit comme le quotient de la dérivée du prix de l'obligation par rapport à x (dP_0/dx) et du prix (P_0).

Remarquons que la formule (4.20) conduit à calculer autant de sensibilités que de variations de taux, alors que le passage à la limite opéré dans (4.22) permet de caractériser un titre par une sensibilité unique, à un instant donné.

Précisons maintenant (4.22) en dérivant le prix (en pourcentage) en fonction de x d'une obligation d'un emprunt amortissable par annuités $a_1, a_2, \ldots, a_n$ (exprimées en pourcentage). Ce prix s'écrit :

$$P_0 = a_1(1+x)^{-1} + a_2(1+x)^{-2} + \ldots + a_n(1+x)^{-n}$$

On en déduit la dérivée première par rapport à x :

$$\frac{dP_0}{dx} = -a_1(1+x)^{-2} - 2a_2(1+x)^{-3} - \ldots - na_n(1+x)^{-n-1}$$

soit encore, après mise en facteur de $-(1+x)^{-1}$:

$$\frac{dP_0}{dx} = -\frac{1}{1+x}[a_1(1+x)^{-1} + 2a_2(1+x)^{-2} + \ldots + na_n(1+x)^{-n}]$$

Le terme entre crochets correspond au produit DP_0. On écrit donc :

$$\frac{dP_0}{dx} = -\frac{DP_0}{1+x}$$

ou encore :

$$S = \frac{D}{1+x} \tag{4.23}$$

Cette formule permet, connaissant la duration, d'obtenir la sensibilité et *vice versa*. Elle confirme que la duration est bien une mesure adéquate de sensibilité d'une obligation au taux actuariel. Cette relation est obtenue par passage à des variations infinitésimales. La définition (4.23) ne peut donc être utilisée que pour de petites variations de taux. L'approximation du premier ordre s'écrit :

$$dP_0 = -S \times P_0 \times dx \tag{4.24}$$

Exemple 4.12 – Calculs de sensibilité à partir de la duration

En reprenant les deux titres de l'exemple 4.10, on trouve respectivement pour les sensibilités :

$$S_1 = \frac{3{,}72}{1{,}05} = 3{,}54 \text{ et } S_2 = \frac{2{,}38}{1{,}05} = 2{,}27$$

• L'impact sur les cours d'une variation à la baisse de 0,1 % du taux x sera pour la première obligation :

$$dP_0 = -3{,}54 \times 100 \times (-0{,}001) = 0{,}354$$

Le cours du titre devrait donc passer en première approximation de 100 à 100,35.
• Pour la seconde obligation, il vient :

$$dP_0 = -2{,}27 \times 100 \times (-0{,}001) = 0{,}227$$

Le cours du titre devrait donc passer en première approximation de 100 à 100,23.

c. Propriétés de la duration et de la sensibilité

(97) Énonçons à présent, sans les démontrer, un certain nombre de propriétés de la duration et de la sensibilité, dont certaines ont été éprouvées dans les différents exemples ci-dessus. Ces propriétés constituent autant de points de repère pour l'investisseur qui souhaite gérer activement un portefeuille d'obligations.

• La sensibilité et la duration d'une obligation sont des fonctions décroissantes du taux nominal.

• La sensibilité et la duration d'une obligation sont des fonctions décroissantes du taux actuariel.

• À taux facial et maturité identiques, une obligation amortissable *in fine* est plus sensible qu'une obligation remboursable par annuités constantes, elle-même plus sensible qu'une obligation amortissable par amortissements constants.

• La duration d'un portefeuille d'obligations est égale à la moyenne des durations des obligations qui le composent, pondérée par le poids de chaque titre dans ce portefeuille[1]. Cette propriété vaut également pour la sensibilité.

• La duration et la sensibilité ne sont pas toujours des fonctions monotones croissantes de la maturité. Autrement dit, il peut arriver pour certains titres que la duration et la sensibilité, après un maximum, deviennent décroissantes au fur et à mesure de l'augmentation de la maturité. La maturité n'est donc pas un indicateur fiable de la sensibilité d'une obligation aux variations de taux.

Il est intéressant de noter une dernière propriété de la duration qui est à la base de certaines stratégies de couverture du risque de taux d'intérêt. On peut montrer qu'un portefeuille obligataire est immunisé contre les variations de taux d'intérêt si sa duration est égale à l'horizon de gestion. Autrement dit, un investisseur qui sait qu'il peut placer un certain montant en obligations sur une durée T peut se garantir un taux égal au taux actuariel de son portefeuille si sa duration est égale à T. Pendant toute la durée de son placement, il devra réorganiser sa sélection de titres afin que, le temps s'écoulant, la duration reste calée sur l'horizon T. Pour comprendre cela, il faut scinder l'influence d'une variation de taux sur les cours

1. Le poids d'un titre dans un portefeuille est égal au montant investi dans le titre (cours × nombre de titres achetés) divisé par la valeur totale du portefeuille. La somme des poids est donc égale à 1 (100 %).

des obligations en deux effets. Prenons pour cela le cas d'une hausse des taux, le cas d'une baisse étant symétrique. Une augmentation des taux aura :

- un effet immédiat tirant le cours des titres à la baisse ;
- un effet différé sur les coupons à venir qui devront être réinvestis à un taux plus élevé.

La duration correspond à la date à laquelle les deux effets se compensent[1].

1. Pour une illustration de cette technique d'immunisation, voir l'exercice 4.8 p. 182.

Chapitre 5

Les taux effectifs

(98) Dans les chapitres précédents, différents types de taux ont été utilisés : des taux d'intérêt simple (précomptés ou post-comptés), des taux d'intérêt composé (discrets ou continus), ou encore des taux annuels ou infra-annuels (proportionnels ou équivalents). Ces taux étaient des ***taux nominaux***, c'est-à-dire des taux qui, appliqués à un capital, permettent de définir l'intérêt. Différentes modalités de calcul ont également été utilisées pour la détermination de la période de référence. Par exemple, un mois peut être égal à 1/12e d'année, ou exprimé en nombre de jours exact rapporté au nombre de jours que comporte l'année. Selon les cas, le mois sera de 28, 29, 30 ou 31 jours, rapportés à une année de 360 jours (année commerciale), 365 ou 366 jours (année civile).

Cette diversité de méthodes de calcul conduit à une difficulté réelle pour comparer, à partir de leur seul taux nominal, des opérations d'emprunt ou de placement. La disparité des modes de détermination de l'intérêt à partir d'un taux nominal n'est pas le seul élément altérant les comparaisons. D'autres modes de rémunération du prêteur peuvent être à prendre en compte (commissions, prestations de service, etc.). Du point de vue de l'emprunteur, les commissions (d'endos, de plus fort découvert), les jours de banque, les frais d'émission, les assurances, les frais de courtage, etc., sont aussi des sources de difficulté dans l'évaluation du coût effectif d'une opération.

Afin de faciliter les comparaisons et les arbitrages, il est nécessaire d'intégrer tous ces éléments et de construire des indicateurs de rendement (pour des placements) ou de coût (pour des emprunts) selon des règles de calcul homogènes. Ces indicateurs sont exprimés en pourcentage et présentent les mêmes propriétés qu'un taux d'intérêt ; on parle de ***taux effectifs***. Les calculs de taux effectifs doivent être considérés comme un préalable à toute décision financière pour un emprunteur ou un investisseur devant choisir entre différentes propositions.

- Nous consacrons une première partie (I) à la définition des taux effectifs et aux modalités de leur détermination.
- La partie suivante propose un certain nombre d'applications.

I. Définition et calcul d'un taux effectif

(99) Dans cette section, la notion de taux effectif est définie de façon précise, puis commentée afin de souligner ses principales propriétés et ses modalités de calcul. Nous précisons au préalable la notion de ***rendement*** ou de ***rentabilité***, termes que nous considérons comme des synonymes.

I.1. La notion de rendement ou de rentabilité

Un taux effectif est, du point de vue du prêteur, un taux de rendement. Il est donc naturel de commencer par préciser la notion de rendement, d'abord sur une période, puis sur plusieurs périodes.

Le rendement d'un placement sur une période

Un rendement, comme un taux d'intérêt, se définit par rapport à une période. Supposons qu'un investisseur achète des actions à un prix P_0, puis qu'il revende ses titres un an après, à un prix P_1. L'intervalle $[0, 1]$, ici égal à un an, correspond à la période sur laquelle va être calculé le rendement r que l'on obtient en rapportant la plus ou moins-value $(P_1 - P_0)$ au prix de début de période (P_0) :

$$r = \frac{P_1 - P_0}{P_0} \tag{5.1}$$

Remarquons qu'il est possible, partant de (5.1), d'exprimer P_1 en fonction de P_0 :

$$P_0 r + P_0 = P_1 \Longleftrightarrow P_1 = P_0 (1 + r)$$

Le rendement présente donc les mêmes caractéristiques qu'un taux d'intérêt. La différence réside dans le fait que le taux d'intérêt permet, dans les opérations d'emprunt ou de placement, de calculer les flux d'intérêt servis ; il participe à la définition de l'opération. Le rendement ne fait que constater une variation du capital dont les causes peuvent être diverses. À cette différence près, toutes les formules obtenues précédemment sont applicables à la notion de rendement.

Le rendement effectif est ici calculé *ex post*, c'est-à-dire à la fin de l'opération. En effet, il est nécessaire de connaître les prix d'achat et de vente pour sa détermination. Dans le cas d'opérations pour lesquelles toutes les conditions sont connues dès l'origine, le rendement peut être calculé *ex ante*. Remarquons que, si l'intervalle est annuel, le rendement obtenu est annuel, ou exprimé en base annuelle. Si l'intervalle n'est pas annuel, il est possible de l'annualiser en utilisant une méthode à taux proportionnel ou à taux équivalent.

Exemple 5.1 – Calculs de rendements annuels

Calculer les rendements obtenus sur une opération d'achat d'une action à 100 euros, revendue au bout d'un an respectivement à 165, 105, 85 et 40 euros. À partir de l'expression (5.1), il vient :

$$\frac{165 - 100}{100} = 65\,\%$$

puis respectivement 5 %, −15 %, −60 %. Dans les deux premiers cas, l'investisseur a réalisé une plus-value ; dans les deux derniers, le placement a engendré une moins-value.

Remarquons, à partir de cet exemple, que le rendement d'un placement peut être positif ou négatif. Il n'est normalement jamais inférieur à − 100 %, rendement qui serait le résultat d'un placement désastreux où le capital investi a totalement disparu à l'échéance.

Le rendement d'un placement sur plusieurs périodes

Nous sommes amenés à calculer des rendements sur plusieurs périodes lorsque les revenus du placement s'étalent sur plusieurs dates. Ce cas de figure est évidemment très courant, par exemple lorsqu'un investisseur achète une obligation en date 0, encaisse deux coupons en dates 1 et 2 et la valeur de remboursement en date 2. C'est le cas également d'un investissement en actions, les détachements de dividendes ainsi que l'ordre de vente définissant différentes dates d'encaissement. Considérons cette seconde situation sur deux périodes (trois dates). En date 0, un investisseur achète une action de prix P_0 ; il encaisse un dividende de montant D en date 1, puis revend son titre en date 2 au prix P_2. Ces trois dates définissent deux périodes, que nous supposons être de même durée. Nous pouvons représenter les encaissements et décaissements par le graphique 5.1.

Graphique 5.1 – Chronique des flux d'une opération de placement en actions

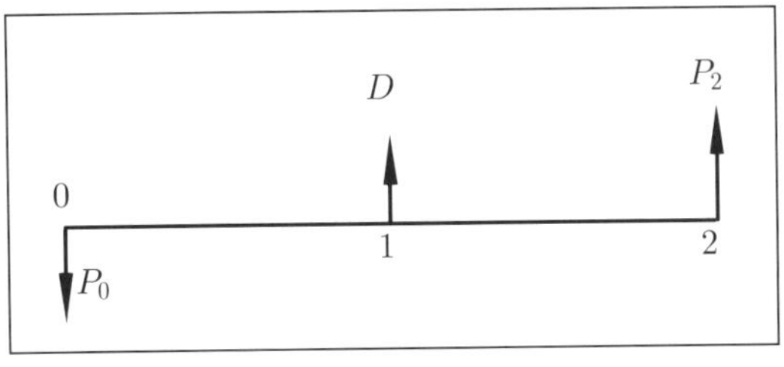

Nous voulons caractériser cette opération par ***un seul taux***, noté r, ***supposé constant*** sur les deux périodes. Pour nous ramener à l'expression (5.1), nous pouvons capitaliser le dividende jusqu'en date 2 au taux r. Nous réduisons alors le graphique précédent à deux dates (voir graphique 5.2).

Graphique 5.2 – Réduction à une chronique de deux flux

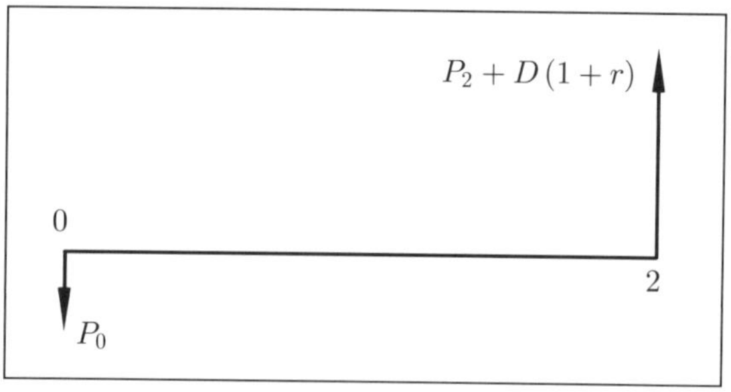

Nous pouvons maintenant utiliser (5.1) comme définition du rendement, mais en faisant attention au fait que r est le taux prévalant sur la période $[1, 2]$ et non sur la période $[0, 2]$. Le taux équivalent sur la période $[0, 2]$ est :

$$(1+r)^2 - 1$$

Compte tenu de cette remarque, et à partir de (5.1), il vient :

$$(1+r)^2 - 1 = \frac{P_2 + D(1+r) - P_0}{P_0}$$

On peut réécrire cette expression de deux façons.

- En faisant apparaître des valeurs acquises :

$$P_0(1+r)^2 = D(1+r) + P_2 \qquad (5.2)$$

- En faisant apparaître des valeurs actuelles :

$$P_0 = \frac{D}{(1+r)} + \frac{P_2}{(1+r)^2} \qquad (5.3)$$

(5.2) indique que le ***rendement*** est égal au taux actuariel qui égalise la valeur capitalisée du décaissement à la valeur capitalisée des encaissements. (5.3) définit le rendement comme le taux actuariel qui égalise la valeur actuelle du décaissement à la valeur actuelle des encaissements. Nous généralisons cette définition dans le paragraphe suivant.

I.2. Taux effectif de rendement et de revient

Un taux effectif peut être un taux de rendement (dans le cas d'un placement) ou un taux de revient (dans le cas d'une opération de financement). Le passage de l'un à l'autre est aisé car il s'agit de deux points de vue se rapportant à une même opération. Nous donnons une définition du taux effectif dans un premier sous-paragraphe, définition que nous pourrons ensuite appliquer uniformément aux opérations d'emprunt ou de placement réalisables auprès du système bancaire ou du marché des capitaux. Chaque nouveau cas de figure doit pouvoir être analysé à la lumière de celle-ci et des propriétés qui en découlent, afin de poser l'équation du taux effectif. Il restera ensuite à la résoudre.

Définition

(100) On appelle ***taux effectif*** le taux actuariel annualisé discret qui égalise, à une date donnée, la valeur actuelle des encaissements et des décaissements liés à une opération financière. On parle de ***taux effectif de rendement*** ou ***de taux de rendement actuariel*** dans le cas d'un placement et de ***taux effectif de revient***, de ***coût effectif*** ou de ***coût actuariel*** dans le cas d'une opération de financement.

Remarquons que, compte tenu de ce qui a été dit précédemment, le taux effectif peut être défini comme celui qui égalise les valeurs acquises. Nous restons néanmoins sur la définition ci-dessus, qui est la plus courante et donnons une première approche formalisée de cette définition en retenant une opération financière d'emprunt portant sur un montant M, encaissé par l'emprunteur en date 0 (M représente le nominal de l'emprunt après déduction des différents frais) et donnant lieu à n décaissements annuels après $1,\ 2, \ldots,\ n$ années, de montants $F_1,\ F_2, \ldots,\ F_n$. En généralisant (5.3), le taux effectif de cet emprunt, noté x, est tel que :

$$M = \frac{F_1}{(1+x)} + \frac{F_2}{(1+x)^2} + \ldots + \frac{F_n}{(1+x)^n} \qquad (5.4)$$

La formule (5.4) est une équation aux valeurs actuelles[1], que l'on appelle dans ce cas ***équation du taux effectif***. Elle s'applique également au cas d'un placement d'un montant M, procurant les encaissements $F_1, F_2, \ldots, F_n$.

Exemple 5.2 – Calcul du taux effectif d'un placement

Un ami souhaiterait vous emprunter une somme de 1 000 € et vous propose un remboursement en deux versements, respectivement de 500 € et 600 €, au bout d'un an et de deux ans. Calculer le taux effectif de rendement de cette opération.

En appliquant la formule (5.4), nous écrivons l'équation du taux effectif de rendement :

$$1\,000 = \frac{500}{1+x} + \frac{600}{(1+x)^2}$$

Posons $X = 1/(1+x)$; l'expression ci-dessus devient :

$$600X^2 + 500X - 1\,000 = 0$$

Nous avons à résoudre une équation du second degré en X, de la forme :

$$aX^2 + bX + c = 0$$

Les solutions sont données par :

$$X = \frac{-b \pm \sqrt{b^2 - 4ac}}{2a} = \frac{-500 \pm \sqrt{500^2 - 4 \times 600 \times (-1\,000)}}{2 \times 600} = \frac{-500 \pm \sqrt{2\,650\,000}}{1\,200}$$

Il vient :

$$X_1 = -1,773\,2 \Longrightarrow x_1 = -156,39\,\%$$
$$X_2 = 0,939\,9 \Longrightarrow x_2 = 6,39\,\%$$

On ne retient que x_2, seule solution réaliste dans notre cas, puisque x_1 est inférieur à – 100 %. Le taux effectif de rendement est donc égal à 6,39 %.

1. Voir la définition de ce concept au chapitre 3, p. 46-47.

B – Remarques

(101) Revenons à la définition du taux effectif, qui mérite quelques commentaires.

1 – Notons que ce taux est obtenu à partir d'un échéancier d'encaissements et de décaissements, sans que soit précisée leur nature. Les encaissements et les décaissements comprennent obligatoirement les flux de capital et d'intérêts ; ils intègrent ***également les frais et commissions***. Il est aussi possible de tenir compte de la ***fiscalité***. Dans ce cas, le statut juridique de l'opérateur permet de déterminer son régime fiscal, qu'il faudra ensuite appliquer aux différents flux versés ou reçus. Si le taux effectif est calculé sans tenir compte de la fiscalité, on parle de ***taux brut***, dans le cas contraire, le taux calculé est ***net***.

2 – Les flux constituant l'échéancier doivent être datés avec précision. En pratique, les taux actuariels sont calculés en se référant à une ***année civile*** (365 ou 366 jours), les durées étant exprimées en ***nombre exact de jours*** pour les périodes inférieures à l'année. Une formulation plus précise de l'équation du taux effectif est donc :

$$M = \frac{F_1}{(1+x)^{\frac{u}{J}}} + \frac{F_2}{(1+x)^{1+\frac{u}{J}}} + \ldots + \frac{F_n}{(1+x)^{n-1+\frac{u}{J}}} \qquad (5.5)$$

où u désigne le nombre de jours séparant la date 0 de la date de détachement du premier flux et J = 365 ou 366 jours (voir graphique 5.3). Rappelons que, avec les notations des pages 93-94, nous avons :

$$J = j + u \quad \text{soit} \quad u = J - j$$

Graphique 5.3 – Détermination des dates dans la méthode classique universelle

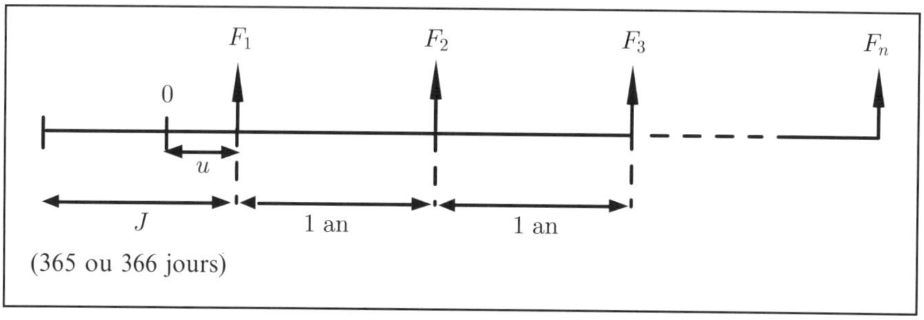

Cette méthode de calcul a été retenue depuis 1991 par le Comité de normalisation obligataire (CNO) et baptisée ***méthode classique universelle***. Après mise en facteur, (5.5) devient :

$$M = \left[F_1 + \frac{F_2}{1+x} + \ldots + \frac{F_n}{(1+x)^{n-1}}\right] \frac{1}{(1+x)^{\frac{u}{J}}} \qquad (5.5')$$

Autrement dit, l'actualisation se fait en deux fois :

- l'expression entre crochets représente une valeur actuelle calculée en date du premier flux (on utilise des exposants entiers) ;
- cette valeur actuelle est ensuite actualisée sur la durée u, dite ***période brisée***, exprimée en base exact/exact.

3 – Le plus souvent, les taux effectifs sont calculés *ex ante*. Il est donc difficile de les déterminer lorsque l'on ne connaît pas toutes les conditions futures de réalisation de l'opération. Par exemple, dans le cas d'un emprunt à taux variable, il est impossible de connaître avec certitude le montant des intérêts futurs. L'obtention d'un taux effectif dans ce cas doit reposer sur des anticipations de taux futurs, le résultat obtenu devant alors être utilisé avec précautions.

4 – En partant de la définition simplifiée (5.4), on peut écrire, après mise en facteur :

$$M = \frac{1}{(1+x)^n}\left[F_1(1+x)^{n-1} + F_2(1+x)^{n-2} \ldots + F_{n-1}(1+x) + F_n\right] \quad (5.6)$$

Le terme entre crochets représente la valeur capitalisée au taux x de tous les flux futurs jusqu'en date n. On fait ainsi apparaître une ***hypothèse implicite à tout calcul de taux actuariel*** selon laquelle tous ***les flux sont réinvestis au taux x*** jusqu'à l'échéance de l'opération. Cette remarque, en apparence anodine, a des conséquences importantes en matière de gestion obligataire et plus généralement dans le domaine de l'évaluation des investissements réels et financiers.

5 – Nous nous intéressons maintenant à l'existence d'une ***solution unique*** à l'équation du taux effectif. Le calcul d'un taux effectif nécessite de résoudre une équation polynomiale de degré n. En effet, (5.4) peut s'écrire :

$$-M + XF_1 + X^2F_2 + \ldots + X^nF_n = 0 \quad \text{avec : } X = \frac{1}{1+x} \quad (5.7)$$

Pour que cette équation soit définie, nous devons avoir $x \neq -1$. Par ailleurs, nous avons vu qu'un rendement ne devait normalement pas être inférieur à – 100 %. De ces deux conditions, on tire $x > -1$ et donc $X > 0$.

Il s'agit maintenant de savoir dans quelles conditions (5.7) admet des solutions réelles positives en X. Pour cela, nous nous référons à la ***règle des signes de Descartes***, qui énonce qu'« ***un polynôme ne peut avoir plus de racines positives que le nombre de changements de signe dans la suite de ses coefficients*** ». Or le nombre de changements de signe dépend du caractère positif ou négatif des flux. Si $F_1, F_2, \ldots, F_n$ sont tous du même signe, avec M de signe opposé, (5.7) ne présente qu'un changement de signe et donc le taux effectif, s'il existe, est unique. C'est le cas d'un placement effectué en un versement et rapportant des flux futurs positifs (encaissements) ; symétriquement, c'est également le cas d'un emprunt où le capital est versé en une fois. Les opérations financières les plus courantes ne posent donc pas de problèmes pour les calculs de taux effectif.

6 – Les réglementations nationale et européenne imposent certaines informations aux établissements de crédit et plus précisément à tous les organismes

offrant des produits de placement ou des prêts aux particuliers. Les taux effectifs sont exprimés en pourcentage avec une précision de deux décimales (par exemple 6,73 %). En matière de prêts aux particuliers, le Code de la consommation impose le calcul d'un taux dit ***taux effectif global*** (TEG). Depuis le mois de juin 2002, ce taux est calculé de la même façon en France que dans tous les pays membres de l'Union européenne [1]. Il répond également à la définition du taux de revient et intègre donc, en plus des intérêts et des flux de remboursement du capital, « les frais, commissions ou rémunérations de toute nature, directs ou indirects, y compris ceux qui sont payés ou dus à des intermédiaires [...] [2] ». Nous aurons l'occasion de calculer des taux de rendement actuariels bruts ou des TEG dans la section suivante.

I.3. Les méthodes de détermination d'un taux effectif

L'équation du taux effectif est difficile à résoudre à l'aide de méthodes analytiques dès lors que le polynôme dépasse le degré 2. Il existe aujourd'hui des calculatrices financières ou scientifiques ou des logiciels (tableurs en particulier) qui permettent d'obtenir aisément la solution recherchée. Néanmoins, il est souvent possible de se contenter de moyens de calcul plus rudimentaires tels que l'interpolation linéaire ou l'itération.

La recherche du taux effectif par interpolation linéaire

(102) L'équation du taux effectif est de la forme :

$$EQ(x) = M$$

Rappelons que M est le montant effectivement encaissé par l'emprunteur ou décaissé par le prêteur. Nous considérons que $EQ(x)$ est une fonction monotone décroissante, ce qui est généralement le cas. Dans une résolution par interpolation linéaire, il faut d'abord chercher deux valeurs, notées x_1 et x_2, permettant d'encadrer M. Nous avons :

$$EQ(x_1) > M \text{ et } EQ(x_2) < M$$

Le graphique 5.4 présente une fonction de type $EQ(x)$ et la solution graphique de $EQ(x) = M$, notée x^*. Nous avons $EQ(x_1) = M_1$ et $EQ(x_2) = M_2$ avec $x_1 < x^* < x_2$.

1. Les décrets 2002-927 et 2002-928 du 10 juin 2002 mettent la France en conformité avec une directive européenne de 1998 qui disposait que le TEG doit être exprimé en taux annuel **équivalent** au taux de période. Il reste néanmoins que bon nombre d'opérations restent exclues du champ d'application de ces décrets, et en particulier le crédit immobilier.

2. Article L. 313-1 du Code de la consommation.

Graphique 5.4 – Solution graphique de l'équation du taux effectif

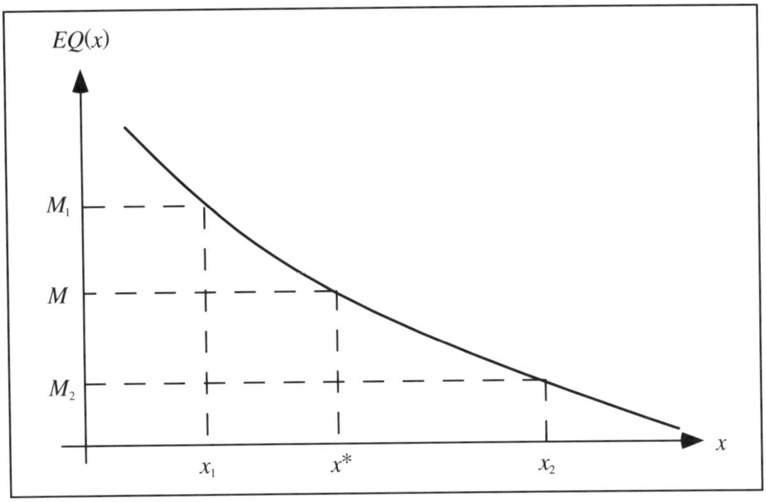

Nous supposons que, sur l'intervalle $[x_1, x_2]$, la fonction $EQ(x)$ est linéaire (graphique 5.5). Il s'agit bien sûr d'une approximation puisque la solution donnée par cette méthode est x au lieu de x^*. Mais, lorsque la distance $|x_2 - x_1|$ tend vers zéro, la solution x donnée par l'approximation tend vers x^*. Les deux triangles ABC et AED étant homothétiques, nous avons :

$$\frac{ED}{BC} = \frac{AE}{AB}$$

On en déduit :

$$\frac{x - x_1}{x_2 - x_1} = \frac{M_1 - M}{M_1 - M_2}$$

Il vient pour x :

$$x = x_1 + (x_2 - x_1)\frac{M_1 - M}{M_1 - M_2} \tag{5.8}$$

Graphique 5.5 – Principes de l'interpolation linéaire

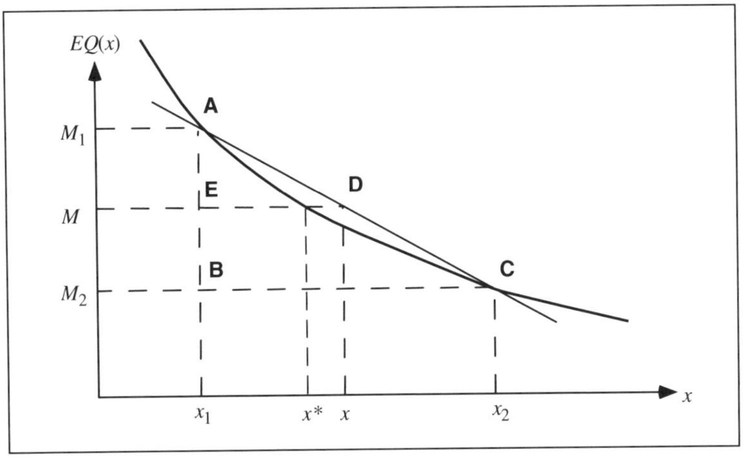

Cette technique repose sur une approximation du premier ordre et nécessite que x_1 et x_2 soient relativement rapprochés.

La recherche du taux effectif par itération

(103) La méthode de recherche itérative d'un taux effectif consiste à essayer une suite de valeurs $x_1, x_2, \ldots, x_n$, qui converge vers la solution de l'équation $EQ(x) = M$. On se contente généralement d'une valeur approchée, exprimée en pourcentage avec deux décimales. C'est ce type de technique qu'utilisent les calculatrices scientifiques en mode « équation » et les logiciels de type « tableur ». Le principe consiste à prendre la moyenne de deux valeurs encadrant le taux comme nouveau taux à intégrer dans l'équation afin de resserrer progressivement l'intervalle.

Le calcul approché du taux effectif

Les deux méthodes précédentes nécessitent que l'on choisisse au départ deux valeurs numériques x_1 et x_2 encadrant la solution x^*. Du choix de ces valeurs dépend la qualité de l'interpolation linéaire ou la rapidité de la convergence de l'itération. Il est donc intéressant de pouvoir déterminer dès le départ une valeur approchée du taux effectif. Nous indiquons ci-dessous quelques méthodes permettant d'y parvenir, qui donnent des résultats d'autant plus précis que la durée de l'opération est courte et que le taux est peu élevé.

a. Détermination d'un taux approché par réduction à deux du nombre de flux

Nous proposons une méthode de calcul d'un taux approché pour des opérations à flux constants que nous généralisons ensuite.

a.1 – Hypothèse de flux périodiques constants

(104) Imaginons une opération financière consistant à encaisser (décaisser) une somme M à l'instant 0 puis à décaisser (encaisser) n flux constants F aux dates 1, 2, ..., n. Nous définissons son taux approché x_a comme le taux de l'opération consistant à encaisser M à l'instant 0 puis à décaisser la valeur totale nF des flux à la date moyenne des versements initiaux, c'est-à-dire à la date :

$$d_m = \frac{1+2+\ldots+n}{n} = \frac{n+1}{2}$$

L'application de la formule (2.4) conduit alors à :

$$x_a = \left[\frac{nF}{M}\right]^{\frac{2}{n+1}} - 1 \qquad (5.9)$$

Exemple 5.3 – Détermination du taux approché d'un emprunt indivis

Un emprunt indivis de 100 000 € est remboursé au moyen de trois annuités constantes de 38 105,17 € chacune. Estimer au moyen d'une méthode approchée le taux auquel l'emprunt a été consenti.

Le taux approché que nous allons calculer correspond au taux effectif d'une opération qui consisterait à verser la même somme totale mais au bout de deux

ans, qui est la date moyenne de versement des trois flux. Par rapport à l'échéancier initial, la première annuité serait versée un an plus tard alors que la dernière serait versée un an plus tôt, l'avantage procuré par un premier versement plus tardif étant approximativement compensé par l'inconvénient d'un décaissement de la dernière annuité un an plus tôt.
L'application de la formule (5.9) conduit alors à :

$$x_a = \left(\frac{3 \times 38\,105{,}77}{100\,000}\right)^{\frac{2}{3+1}} - 1 = 6{,}92\,\%$$

Le lecteur peut vérifier que, en réalité, l'emprunt a été consenti au taux de 7 %.

a.2 – Généralisation à des flux quelconques

Nous pouvons généraliser au cas où les flux sont inégaux et interviennent à des dates quelconques. Il convient alors de déterminer la date moyenne des encaissements (ou des décaissements), pondérée par la valeur de ces flux. Pour n flux $F_1, F_2, \ldots, F_n$, versés à des dates $d_1, d_2, \ldots, d_n$, la moyenne pondérée de ces dates est :

$$d_m = \frac{d_1F_1 + d_2F_2 + \ldots + d_nF_n}{F_1 + F_2 + \ldots + F_n} = \frac{\sum_{k=1}^{n} d_kF_k}{\sum_{k=1}^{n} F_k}$$

La formule (5.9) devient alors :

$$x_a = \left[\frac{\sum_{k=1}^{n} F_k}{M}\right]^{\frac{1}{d_m}} - 1 \qquad (5.10)$$

Exemple 5.4 – Détermination du taux approché d'un placement

Un placement de 10 000 € permet d'obtenir 1 000 € dans trois ans, puis 7 000 € dans cinq ans et enfin 12 000 € dans six ans. Estimer au moyen d'une méthode approchée le taux actuariel de ce placement.
Nous déterminons d'abord la date moyenne d_m d'encaissement des trois flux obtenus grâce à ce placement, pondérée par leurs valeurs respectives :

$$d_m = \frac{3 \times 1\,000 + 5 \times 7\,000 + 6 \times 12\,000}{1\,000 + 7\,000 + 12\,000} = 5{,}5$$

La somme des flux est :

$$1\,000 + 7\,000 + 12\,000 = 20\,000 \text{ €}$$

Le taux approché x_a cherché est le taux d'un placement qui, suite au versement de 10 000 €, aurait permis d'obtenir 20 000 € à la date 5,5, c'est-à-dire après cinq ans et demi. On obtient alors par la formule (5.10) :

$$x_a = \left(\frac{20\,000}{10\,000}\right)^{\frac{1}{5{,}5}} - 1 = 13{,}43\,\%$$

Le taux actuariel de ce placement est en réalité égal à 13,53 %.

b. Taux effectif approché pour le taux d'un emprunt obligataire

Rappelons les notations introduites au chapitre précédent :

Ci le produit de la valeur nominale par le taux nominal, qui représente le coupon ;

v_m la vie moyenne de l'obligation ;

R la valeur de remboursement de l'obligation ;

P le prix de l'obligation (cours de Bourse ou prix d'émission).

Les calculs de taux effectifs de rendement ou de revient peuvent être facilités en calculant un taux approché à l'aide de la formule suivante :

$$x_a = \frac{Ci \times v_m + R - P}{P \times v_m} \quad \text{soit : } x_a = \frac{Ci + \frac{R-P}{v_m}}{P} \qquad (5.11)$$

- Dans le cas d'un calcul de taux de revient pour l'émetteur (calculé à l'émission), le taux approché tiendra compte éventuellement du montant f des frais occasionnés pour chaque titre par le paiement du coupon annuel (frais supportés par l'émetteur). Dans les formules précédentes, Ci sera donc remplacé par $Ci + f$ et de même P sera remplacé par $E - f_e$ si E représente le prix d'émission et f_e les frais d'émission par obligation émise.
- Dans le cas d'un calcul de taux de rendement pour un souscripteur, nous avons évidemment $f = 0$ et $f_e = 0$.
- Le résultat est d'autant plus précis que P et R sont proches de C.

II. Exemples de détermination de taux effectifs

Dans cette section, nous appliquons la définition du taux effectif à différentes opérations financières à moyen et long terme puis à court terme.

II.1. Application aux opérations de moyen et long terme

Le coût actuariel net d'un emprunt indivis pour une entreprise

(105) Les entreprises se doivent de déterminer avec précision le coût de leurs différentes sources de financement, que ce soit pour arbitrer entre des solutions de financement alternatives, pour suivre l'évolution du coût de leurs ressources, ou pour réaliser des opérations d'évaluation. Le coût réellement supporté doit tenir compte de la fiscalité. Retenons le cas des entreprises soumises à l'impôt sur les sociétés[1] (IS). Ce statut fiscal permet de déduire du résultat comptable les charges d'intérêt des emprunts. Ainsi, plus l'entreprise constate de charges d'intérêt, moins elle paie d'impôt.

Considérons l'exemple simplifié d'une entreprise qui réalise un chiffre d'affaires de 1 000 et qui présente des charges, hors intérêts des emprunts,

1. Encore appelé impôt sur les bénéfices ; les entreprises soumises à l'IS sont imposées sur leur résultat (produits – charges). L'impôt est calculé en appliquant un taux d'imposition à ce résultat.

de 400. Nous supposons que le taux de l'impôt sur les sociétés (noté τ) est égal à 1/3, soit $\tau = (33 + 1/3)\,\%$. Étudions ce qui se passe selon que l'entreprise n'est pas endettée (pas de charges d'intérêts), ou qu'elle est endettée et paie 300 d'intérêts. Le tableau 5.1 synthétise ces deux situations. On remarque qu'une charge d'intérêts de 300 entraîne une baisse du résultat après impôt (ligne 6) de 200. Les charges d'intérêts produisent donc des économies d'impôt. Formellement, en notant I le montant des intérêts, l'économie d'impôt est $I \times \tau$, et la charge d'intérêts réellement supportée par l'entreprise est :

$$I - I\tau = I(1 - \tau)$$

Tableau 5.1 – Influence des charges d'intérêt sur le montant de l'impôt et le résultat

	Sans charges d'intérêt	Avec charges d'intérêt
(1) Chiffre d'affaires	1 000	1 000
(2) Charges diverses	400	400
(3) Charges d'intérêts	0	300
(4) Résultat avant impôt = (1) - (2) - (3)	600	300
(5) Montant de l'IS payé = (4) $\times \tau$	200	100
(6) Résultat après impôt = (4) - (5)	400	200

Cet impact de la fiscalité n'est pas limité aux intérêts. Il s'applique à toutes les charges déductibles, c'est-à-dire les charges que l'administration des impôts accepte de prendre en compte dans le calcul du résultat imposable. En particulier, il en va ainsi de tous les frais et commissions connexes aux opérations financières. Nous devons en tenir compte pour calculer le coût effectif d'un emprunt.

Le coût effectif sera donc défini comme le taux actuariel annuel discret égalisant la valeur actuelle des encaissements et décaissements après impôt. Il s'agit donc d'un coût net (d'impôt). La démarche de détermination d'un coût net au moment de l'initiation d'un emprunt est la suivante :

- construire le tableau d'amortissement de l'emprunt ;
- en déduire l'échéancier des encaissements et des décaissements nets ;
- écrire puis résoudre l'équation du taux effectif.

Remarquons que le coût actuariel net d'un emprunt contracté sans autres frais que les intérêts est :

$$x = i(1 - \tau)$$

Exemple 5.5 – Coût effectif net d'un emprunt indivis pour une entreprise

L'entreprise Eustache souhaite calculer le coût effectif d'un emprunt bancaire dont les modalités sont les suivantes : le montant est de $K_0 = 150\,000$ €, amortissable par cinq annuités constantes sur cinq ans au taux nominal de 6 %. Pour le calcul du coût, nous devons tenir compte des frais de dossier de 300 € prélevés sur le principal et de frais de prélèvements de 15 € par annuité. Le taux de l'IS est de (36 + 2/3) %, supposé constant sur la durée de l'emprunt.

a – *Tableau d'amortissement :*

L'annuité constante est :

$$a = K_0 \frac{i}{1-(1+i)^{-n}} = 150\,000 \frac{0,06}{1-1,06^{-5}} = 35\,609,46 \text{ €}$$

Le tableau d'amortissement est donc :

Période	Capital dû en début de période	Amortissement	Intérêt	Annuité
1	150 000,00	26 609,46	9 000,00	35 609,46
2	123 390,54	28 206,03	7 403,43	35 609,46
3	95 184,51	29 898,39	5 711,07	35 609,46
4	65 286,12	31 692,29	3 917,17	35 609,46
5	33 593,83	33 593,83	2 015,63	35 609,46

b – *Échéancier des encaissements et des décaissements :*

Les frais (nets) de dossier et de prélèvements s'élèvent respectivement à :

$$300\left(1-\left(36+\frac{2}{3}\right)\%\right) = 190 \text{ € et } 15\left(1-\left(36+\frac{2}{3}\right)\%\right) = 9,5 \text{ €}$$

Le tableau des encaissements (+) et des décaissements (–) ci-dessous reprend la colonne amortissement du tableau précédent et intègre les frais nets, ainsi que les intérêts nets.

Dates	Principal	Intérêts nets	Frais nets	Amortis-sement	Enc. ou déc.
0	150 000,00		−190,00		149 810,00
1		−5 700,00	−9,50	−26 609,46	−32 318,96
2		−4 688,84	−9,50	−28 206,03	−32 904,37
3		−3 617,01	−9,50	−29 898,39	−33 524,90
4		−2 480,87	−9,50	−31 692,29	−34 182,66
5		−1 276,57	−9,50	−33 593,83	−34 879,90

c – *Calcul du coût effectif :*

L'équation du coût effectif s'écrit :

$$149\,810 = \frac{32\,318,96}{1+x} + \frac{32\,904,37}{(1+x)^2} + \ldots + \frac{34\,879,90}{(1+x)^5}$$

Il est possible d'utiliser un calcul approché du taux mais, plus simplement, nous savons qu'en l'absence de frais le taux net serait :

$$0,06\left(1-\left(36+\frac{2}{3}\right)\%\right) = 3,80\,\%$$

Le taux sera supérieur à 3,80 %. Avec les bornes 3,8 % et 4 %, il vient :

$$EQ(3{,}80\,\%) = 150\,042{,}53$$
$$EQ(3{,}96\,\%) = 149\,189{,}59$$

En utilisant la formule d'interpolation (5.8), on trouve :

$$x = 3{,}8\,\% + (4\,\% - 3{,}8\,\%)\left[\frac{150\,042{,}53 - 149\,810}{150\,042{,}53 - 149\,189{,}59}\right] = 3{,}85\,\%$$

Le coût actuariel net d'une opération de crédit-bail

(106) Le crédit-bail est souvent considéré comme un substitut à l'emprunt. La loi bancaire du 24 janvier 1984 l'assimile d'ailleurs à une opération de crédit. Il s'analyse comme un moyen de financement associant la location d'un bien à usage professionnel et une promesse unilatérale de vente en fin de contrat. Le bien est choisi par le preneur, acheté par la société de crédit-bail, puis loué. Concrètement, le preneur reçoit le bien en date 0 ; il paie ensuite des loyers pendant la durée du contrat, puis peut opter pour l'achat du bien à l'échéance. S'il ne lève pas cette option, le bien est repris par la société financière.

Il est utile de pouvoir comparer le coût d'un emprunt au coût d'une opération de crédit-bail. Pour cela, ces deux opérations doivent être traitées de façon homogène. D'un point de vue fiscal, les loyers de crédit-bail sont déductibles et créent donc pour les entreprises, comme les intérêts, des économies d'impôt sur les sociétés. Néanmoins, le bien n'étant pas propriété de l'entreprise, elle ne peut pas l'amortir[1] et perd donc des économies d'impôt sur les dotations aux amortissements.

Le coût actuariel net du crédit-bail est le taux actuariel discret annuel égalisant la valeur actuelle des encaissements et des décaissements nets des économies d'impôt créées par les loyers et réintégrant les pertes d'économies d'impôt issues de l'interdiction d'amortir le bien.

Exemple 5.6 – Coût effectif net d'une opération de crédit-bail

Considérons une entreprise réalisant une opération de crédit-bail portant sur un bien d'une valeur $K_0 = 150\,000$ €. Le contrat prévoit le paiement en date 0 de frais de dossier (150 €) et le versement de cinq loyers annuels $L = 34\,000$ €, premier loyer payable un an après la mise à disposition du bien. En fin de cinquième année, le locataire a la possibilité d'acheter le bien pour un montant égal à 5 % de la valeur d'origine. Calculer le coût net de cette opération, en supposant que l'option d'achat est levée et compte tenu d'un taux d'IS égal à (36 + 2/3) %.

1. Le procédé comptable de l'amortissement permet d'étaler la valeur d'achat d'un bien durable sur sa durée de vie, en constatant chaque année un montant de charges égal par exemple à la valeur du bien divisée par la durée de vie prévisionnelle de ce bien (amortissement linéaire). Ainsi, un bien d'un montant de 500 € dont la durée de vie est de cinq ans peut être amorti à raison de 100 € par an. Le montant annuel est appelé dotation aux amortissements.

Comparer ce coût avec le coût de l'emprunt bancaire proposé à l'entreprise Eustache dans l'exemple 5.5.

En date 0, à réception du bien, l'entreprise encaisse l'équivalent de 150 000 € et décaisse les frais de dossier nets d'IS, soit $150(1-T) = 95$ €. Aux dates 1, 2, ..., 5, elle décaisse le montant après impôt du loyer, soit :

$$L(1-T) = 34\,000\left(1-\left(36+\frac{2}{3}\right)\%\right) = 21\,533{,}33 \text{ €}$$

Elle perd la possibilité d'amortir le bien. La dotation théorique aux amortissements est :

$$\frac{K_0}{n} = \frac{150\,000}{5} = 30\,000 \text{ €}$$

La perte d'économies d'impôt est donc de :

$$30\,000 \times \left(36+\frac{2}{3}\right)\% = 11\,000 \text{ €}$$

Enfin, l'option d'achat en fin de contrat étant levée, la société décaisse en date 5 la somme de $150\,000 \times 5\,\%$, soit 7 500 €. Ce montant n'est pas une charge, il n'est donc pas déductible. Il peut en revanche être amorti, ce que nous négligeons dans cet exemple. On obtient finalement le tableau récapitulatif des encaissements et décaissements suivant :

Dates	Opérations sur le bien	Loyers nets	Frais nets	Perte d'éco. d'IS	Enc. ou déc.
0	150 000		−95		149 905,00
1		−21 533,33		−11 000	−32 533,33
2		−21 533,33		−11 000	−32 533,33
3		−21 533,33		−11 000	−32 533,33
4		−21 533,33		−11 000	−32 533,33
5	−7 500	−21 533,33		−11 000	−40 033,33

Il y a quatre décaissements égaux en dates 1 à 4 ; l'équation du coût effectif s'écrit :

$$149\,905 = 32\,533{,}33\frac{1-(1+x)^{-4}}{x} + \frac{40\,033{,}33}{(1+x)^5}$$

Retenons une détermination par itération. L'application de (5.10) permet de trouver une valeur approchée. La somme non actualisée des flux est 170 167 € (à 1 € près). Nous obtenons pour la durée moyenne :

$$d_m = \frac{(1+2+3+4)\times 32\,533 + 5\times 40\,033}{170\,167} = 3{,}08815$$

Le taux approché est :

$$\left(\frac{170\,167}{149\,905}\right)^{\frac{1}{3,08815}} - 1 = 4{,}19\%$$

Commençons l'itération avec 4,2 %. Le tableau ci-dessous récapitule les valeurs obtenues.

x	$EQ(x)$
4,20 %	150 127,97
4,30 %	149 696,36

x	$EQ(x)$
4,25 %	149 911,93
4,26 %	149 868,77

149 911,93 est plus proche de 149 905 que 149 868,77 ; on retient donc un coût effectif net de 4,25 %. L'emprunt de l'exemple précédent portant sur le même montant, l'entreprise qui aurait à choisir entre ces deux modes de financement devrait (en termes de coût) préférer l'emprunt au crédit-bail.

Le taux effectif global d'un emprunt à périodicité infra-annuelle

(107) Dans les exemples qui précèdent, nous avons travaillé avec des exposants entiers dans la mesure où les flux de capital et d'intérêts avaient une périodicité annuelle. Le taux effectif était donc naturellement exprimé en base annuelle. Nous abordons maintenant le cas d'une périodicité inférieure à l'année. Deux méthodes peuvent être employées.

• La première consiste à déterminer le taux effectif de période, puis à en déduire le taux annualisé. En considérant à titre d'exemple un emprunt de montant K_0 avec des frais de dossier f, donnant lieu à trois versements semestriels F_1, F_2 et F_3, le taux effectif, exprimé en base semestrielle, noté x_s, est tel que :

$$M = K_0 - f = \frac{F_1}{1 + x_s} + \frac{F_2}{(1 + x_s)^2} + \frac{F_3}{(1 + x_s)^3}$$

Les durées sont exprimées en semestres, le taux obtenu est un taux actuariel semestriel. Pour obtenir le taux annualisé conforme à la définition d'un taux effectif, il convient de prendre le ***taux annuel équivalent***. Dans notre cas, le taux effectif est :

$$x = (1 + x_s)^2 - 1$$

• On peut également calculer directement le taux annualisé en exprimant les durées en années. L'équation du taux effectif est alors :

$$M = K_0 - f = \frac{F_1}{(1 + x)^{0,5}} + \frac{F_2}{(1 + x)^1} + \frac{F_3}{(1 + x)^{1,5}}$$

Ces deux méthodes sont équivalentes mais, en termes de mise en œuvre, la première est souvent plus simple que la seconde.

Nous avons évoqué l'obligation pour les organismes de crédit aux particuliers de calculer et de publier un taux effectif global ou TEG (voir p. 106). La directive européenne 98/7/CE propose des modalités de calcul conformes à ce qui vient d'être dit. Le TEG est donc bien un taux actuariel discret annuel équivalent au taux de période. Néanmoins, la réglementation française mise en place en 2002, exclut de son champ d'application plusieurs types d'opérations de crédit, en particulier le cédit immobilier. Pour ces dernières, le TEG reste calculé selon l'ancienne méthode qui préconise que le passage du taux de période au taux annualisé se fasse selon la méthode proportionnelle. Les banques conservent souvent l'appellation TEG pour les taux calculés selon cette ancienne méthode et TAEG (Taux Annuel Effectif Global) pour ceux calculés selon les nouvelles règles.

Exemple 5.7 – TEG (ou TAEG) d'un emprunt remboursable par mensualités constantes

Un particulier étudie une proposition de crédit à la consommation sur deux ans d'un montant de 10 000 €, remboursable par mensualités constantes. Le taux annuel est de 9,6 %, les frais de dossier sont de 25 €, le coût de l'assurance[1] est de 0,6 %. Il faut également ajouter des frais de virement de 0,5 € par mensualité. Calculer le TAEG sans et avec assurance.

a – *Calcul de l'annuité et du montant perçu :*

- Le taux mensuel retenu est généralement un taux proportionnel, soit ici :

$$\frac{9{,}6\,\%}{12} = 0{,}8\ \%\ \text{sans assurance, et}\ \frac{9{,}6\,\% + 0{,}6\ \%}{12} = 0{,}85\ \%\ \text{assurance comprise}$$

- Avec la formule de l'annuité, en retenant un capital emprunté de 10 000 €, une durée de vingt-quatre mois et un taux de 0,8 % ou 0,85 %, il vient :
  – sans assurance : mensualité = 459,61 €, soit 460,11 € avec frais de virement ;
  – avec assurance : mensualité = 462,37 €, soit 462,87 € avec frais de virement.
- Enfin, le montant perçu est 10 000 – 25 = 9 975 €.

b – *Calcul du taux effectif :*

Pour le calcul du taux effectif mensuel, nous devons égaliser la valeur actuelle de l'encaissement (9 975 €) à la valeur actuelle des décaissements qui forment une rente constante de 24 mensualités.

- Commençons par le TAEG sans assurance. L'équation du taux effectif mensuel (x_m) est :

$$9\,975 = 460{,}11\frac{1-(1+x_m)^{-24}}{x_m}$$

Il convient d'être assez précis dans la détermination de x_m, qui doit ensuite être ramené en base annuelle. Nous retenons une précision de six décimales. Un calcul de taux approché à l'aide de la formule (5.9) donne :

$$x_a = \left(\frac{460{,}11 \times 24}{9\,975}\right)^{\frac{2}{24+1}} - 1 = 0{,}817\,\%$$

Essayons 0,82 % comme première borne d'interpolation. Il vient $EQ(0{,}82\,\%) = 9\,986{,}95$, qui est supérieur à M. En prenant 0,85 %, il vient $EQ(0{,}85\%) = 9\,951{,}06$. Nous pouvons maintenant réaliser l'interpolation qui donne :

$$x = 0{,}82\,\% + (0{,}85\,\% - 0{,}82\,\%)\left(\frac{9\,986{,}95 - 9\,975}{9\,986{,}95 - 9\,951{,}06}\right) = 0{,}829\,989\,\%$$

Le taux annuel effectif global est donc :

$$\text{TAEG} = 1{,}008\,299\,89^{12} - 1 = 10{,}43\,\%$$

1. Le TEG est souvent annoncé hors assurance. Dans la mesure où celle-ci n'est pas toujours obligatoire, les organismes de crédit ne l'intègrent pas au coût, à la différence des autres frais.

Le TEG calculé en taux proportionnel aurait donné 9,96 %, ce qui est assez différent. Nous préférons respecter la directive européenne et en rester à 10,43 %.

- En tenant compte de l'assurance, l'équation du taux effectif mensuel devient :

$$9\,975 = 462{,}87 \frac{1-(1+x_m)^{-24}}{x_m}$$

On obtient dans ce cas : $x_m = 0{,}880\%$ et TAEG $= 11{,}09\,\%$.

Remarquons à partir de cet exemple que le calcul d'un taux mensuel destiné à calculer un taux annuel doit faire l'objet d'une précision d'au moins quatre décimales. Dans ce cas, le calcul itératif peut être long et fastidieux. Il est donc préférable de recourir à la technique de l'interpolation linéaire.

Les taux actuariels des obligations à taux fixe

Un avis de l'AMF (autorité des marchés financiers), organisme qui a succédé à la COB, recommande aux émetteurs faisant appel public à l'épargne d'annoncer dans leur document d'information le taux de rendement actuariel (TRA) à la date de jouissance. Sur le marché secondaire, le taux de rendement actuariel brut est également un indicateur important pour les investisseurs.

a. Taux de rendement actuariel d'une obligation à l'émission

(108) Pour le calcul du taux de rendement à l'émission, il faut prendre en compte l'éventualité d'un remboursement avant l'échéance si les obligations détenues sont tirées au sort avant le terme de l'emprunt. Ce problème ne se pose que pour les emprunts dont le principal est remboursé en plusieurs fois (amortissement par séries égales, amortissement par annuités constantes). Le plus souvent, le ***taux de rendement actuariel brut à l'émission (TRABE)*** est calculé dans l'hypothèse où un investisseur détiendrait tous les titres, ou, ce qui revient au même, dans le cas d'un investisseur dont la proportion de titres tirés au sort chaque année est égale à la proportion de titres effectivement remboursés chaque année. L'AMF invite les émetteurs à préciser une fourchette de taux selon que le titre est tiré au sort au premier ou au dernier amortissement.

Exemple 5.8 – Taux de rendement actuariels en fonction de la date de remboursement

Nous retenons un emprunt obligataire constitué de titres de 1 000 € de nominal, remboursable au pair par séries égales sur cinq ans. Le taux nominal est de 5 %. Le souscripteur bénéficie d'une prime d'émission de 25 €.

- Si le titre est tiré au sort la dernière année, le taux de rendement actuariel x est tel que :

$$975 = \frac{50}{1+x} + \frac{50}{(1+x)^2} + \frac{50}{(1+x)^3} + \frac{50}{(1+x)^4} + \frac{1050}{(1+x)^5}$$

On peut calculer un taux approché à l'aide de la formule (5.11). L'emprunt étant supposé remboursé *in fine*, sa vie moyenne est de cinq ans. La formule du taux approché donne :

$$x_a = \frac{50 \times 5 + 1\,000 - 975}{975 \times 5} = 5{,}64\,\%$$

Le tableau ci-dessous récapitule les itérations permettant la détermination de x, en commençant par un taux à 5,60 % :

x	$EQ(x)$
5,60 %	974,45
5,55 %	976,55

x	$EQ(x)$
5,58 %	975,29
5,59 %	974,87

975 étant plus proche de 974,87 que de 975,29, nous retenons $x = 5{,}59\,\%$.

• Si le titre est tiré au sort la première année, l'équation du taux effectif est :

$$975 = \frac{1\,050}{1 + x}$$

On en déduit aisément :

$$x = \frac{1\,050}{975} - 1 = 7{,}69\,\%$$

• Le lecteur pourra vérifier que, en faisant les hypothèses d'un remboursement du titre au bout de deux, trois ou quatre ans, les taux de rendement actuariels bruts constatés sont respectivement de 6,37 %, de 5,93 % et de 5,72 %.

b. Taux de rendement actuariel sur le marché secondaire

(109) Nous nous proposons de calculer le taux de rendement actuariel brut pour un investisseur qui achète une obligation sur le marché secondaire. Il faut tenir compte du délai de règlement-livraison (trois jours ouvrés), autrement dit du fait que les fonds sont décaissés trois jours ouvrés après l'exécution de l'ordre en Bourse.

Exemple 5.9 – Taux de rendement actuariel d'une obligation achetée sur le marché secondaire

Considérons l'emprunt Cofiroute 6,8 % N + 8 remboursable au pair *in fine*. Le mercredi 8 décembre N, on extrait de la cote les informations suivantes[1] :

Désignation de la valeur	Cours du jour	Coupon couru	Prochain coupon
COFIROUTE 6,8 % N+8	107,55	2,675	22.07.N + 1

Supposons qu'un ordre d'achat soit passé le 8 décembre et honoré à ce cours et précisons que N + 1 est bissextile. Calculer le taux de rendement actuariel de ce placement avec la méthode CNO classique universelle.

1. À titre d'exercice, le lecteur pourra vérifier le coupon couru entre le 22 juillet et le 8 décembre N.

La date de règlement-livraison est située trois jours ouvrés après la date de l'ordre, soit le lundi 13 décembre N. On calculera donc le TRA à cette date. Le graphique ci-après détaille le calcul des durées et des montants à prendre en compte.

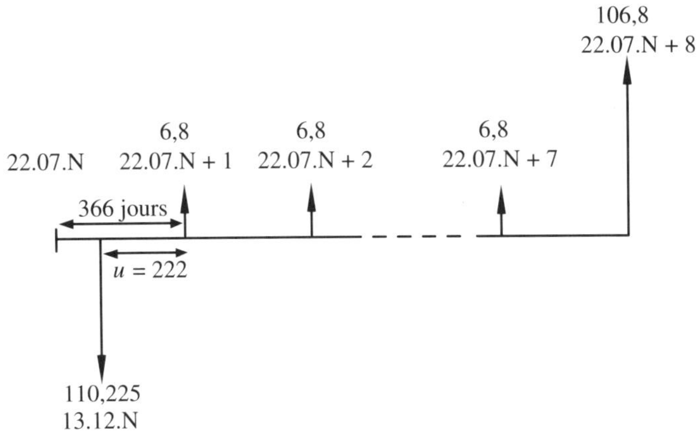

Le prochain coupon sera encaissé le 22.07.N+1, soit 222 jours après le 13.12.N. L'année N + 1 étant bissextile, la période brisée sera de 222/366. Les coupons suivants arrivent à un an d'intervalle. Enfin, le 22.07.N+8 correspond à l'échéance de l'obligation ; à cette date, le dernier versement comprend le dernier coupon et le remboursement du principal, puisque l'obligation est *in fine*. L'équation du taux de rendement actuariel est :

$$\left[6{,}8+\frac{6{,}8}{1+x}+\frac{6{,}8}{(1+x)^2}+\ldots+\frac{106{,}8}{(1+x)^7}\right]\frac{1}{(1+x)^{\frac{222}{366}}}=110{,}225$$

Nous avons conservé le raisonnement en pourcentage retenu par la cote et avons considéré que le titre était acheté (pied de coupon + coupon couru) à 110,225 % du nominal, qu'il versait un coupon de 6,8 % du nominal et était remboursé *in fine* au pair, c'est-à-dire à 100 % du nominal. En remarquant que les coupons forment une rente constante sur huit ans, il vient :

$$\left[6{,}8+6{,}8\,\frac{1-(1+x)^{-7}}{x}+\frac{100}{(1+x)^7}\right]\frac{1}{(1+x)^{\frac{222}{366}}}=110{,}225$$

Nous résolvons cette expression de façon itérative en retenant un taux approché comme première valeur. Le calcul utilise la formule (5.11), mais, comme il s'agit d'une approximation, on va négliger le coupon couru et retenir une vie moyenne entière, égale à huit ans. Il vient :

$$x_a=\frac{6{,}8\times 8+100-107{,}55}{107{,}55\times 8}=5{,}45\ \%$$

L'itération peut commencer à ce taux et donne :

x	$EQ(x)$
5,45 %	110,86
5,55 %	110,22
5,54 %	110,28

110,22 étant plus proche de 110,225 que de 110,28, nous retenons $x = 5{,}55\%$.

c. *Taux de revient brut d'une émission d'obligations*

(110) Intéressons-nous maintenant au coût actuariel brut pour un émetteur. Nous devons prendre en compte les éventuelles primes d'émission ou de remboursement ainsi que les frais d'émission, les frais de service des coupons et toutes autres charges supportées par l'émetteur.

Exemple 5.10 – Taux effectif de revient brut d'une émission obligataire

Soit un emprunt obligataire de 10 millions d'euros, composé de titres de 1 000 € de nominal. Le taux facial est de 4,5 %. L'emprunt est remboursable *in fine* dans dix ans. Il bénéficie d'une prime de remboursement de 10 €. Les frais d'émission s'élèvent à 2 % du nominal et le paiement de chaque coupon engendre un coût de 0,5 € par titre. Calculer le taux de revient effectif brut de cet emprunt pour l'émetteur et le taux de rendement actuariel brut à l'émission (TRABE) pour le souscripteur.

Le taux à calculer étant brut, nous ne tenons pas compte de la fiscalité. Nous raisonnons pour un titre qui, à l'émission, procurera à son émetteur compte tenu des frais :

$$1\,000 - 2\,\%\,(1\,000) = 980\ €$$

L'intérêt versé pour un titre est de 45 €, mais l'émetteur décaisse 45,5 € en comptant le coût du service du coupon. Enfin, le titre est remboursé 1 010 €. L'équation du taux effectif s'écrit :

$$980 = \frac{45{,}5}{(1+x)} + \frac{45{,}5}{(1+x)^2} + \ldots + \frac{45{,}5 + 1\,010}{(1+x)^{10}}$$

La suite des coupons forme une rente constante que l'on peut exprimer à l'aide de la formule (2.21). L'équation se transforme alors ainsi :

$$980 = 45{,}5\left(\frac{1-(1+x)^{-10}}{x}\right) + \frac{1\,010}{(1+x)^{10}}$$

Recherchons d'abord deux taux encadrant la solution afin de procéder à une interpolation linéaire. Un calcul de taux approché avec (5.11) donne :

$$x_a = \frac{45{,}5 \times 10 + 1\,010 - 980}{980 \times 10} = 4{,}95\,\%$$

Nous essayons 5 %. Il vient :

$$45{,}5\left(\frac{1-1{,}05^{-10}}{x}\right) + \frac{1\,010}{1{,}05^{10}} = 971{,}39$$

Le taux est donc compris entre 4,5 % (taux nominal) et 5 %. Nous retenons 4,5 % comme deuxième borne, ce qui permet d'obtenir :

$$EQ\,(4{,}5\,\%) = 1\,010{,}40$$

L'interpolation donne :

$$x = 4{,}5\,\% + (5\,\% - 4{,}5\,\%)\,\frac{1\,010{,}4 - 980}{1\,010{,}4 - 971{,}39} = 4{,}89\,\%$$

Rendement et coût des capitaux propres

(111) Nous nous sommes jusqu'à présent concentrés sur l'analyse du coût des ressources financières de type emprunt à moyen ou long terme. Nous traiterons des emprunts à court terme dans le paragraphe suivant mais, auparavant, nous abordons la question du coût des capitaux propres. Retenons sans perte de généralité le cas d'une société anonyme (SA). Une SA émet des actions qui, du fait de leur statut juridique, ne sont pas remboursables. Les actionnaires ont acheté les titres et espèrent une rémunération. Celle-ci peut être obtenue au travers de versements de dividendes ou d'une plus-value en cas de revente.

Le rendement peut être calculé à l'aide de (5.1) sur une période ou (5.3) sur deux périodes. En notant P_0 le prix d'achat de l'action, P_k le prix de revente en date $k, D_1, \ldots, D_k$ les dividendes perçus aux dates $1, \ldots, k$ et r le rendement de l'investisseur, une généralisation évidente de (5.3) donne :

$$P_0 = \frac{D_1}{1+r} + \frac{D_2}{(1+r)^2} + \ldots + \frac{D_k}{(1+r)^k} + \frac{P_k}{(1+r)^k} \qquad (5.12)$$

Cette expression correspond bien à la définition d'un taux de rendement effectif (brut), obtenu par égalisation des valeurs actuelles des encaissements et des décaissements. Cela étant, s'il est facile de constater *ex post* les dividendes et la valeur de revente du titre, ces valeurs sont *a priori* inconnues en date 0.

• Nous retenons dans un premier temps une hypothèse simpliste selon laquelle les dividendes restent constants dans le temps $(D_1 = D_2 = \ldots = D_k = D)$. L'expression (5.12) devient :

$$P_0 = \frac{D}{1+r} + \frac{D}{(1+r)^2} + \ldots + \frac{D}{(1+r)^k} + \frac{P_k}{(1+r)^k} = D\frac{1-(1+r)^{-k}}{r} + \frac{P_k}{(1+r)^k} \qquad (5.13)$$

Nous pouvons également considérer que P_k est égal à la valeur actualisée des dividendes perçus après la date k et de la valeur de revente future. Nous avons à la limite :

$$P_0 = \lim_{n\to+\infty}\left(D\frac{1-(1+r)^{-n}}{r} + \frac{P_n}{(1+r)^n}\right) = \lim_{n\to+\infty} D\frac{1-(1+r)^{-n}}{r} + \lim_{n\to+\infty}\frac{P_n}{(1+r)^n}$$

La deuxième limite est nulle ; quant à la première, il s'agit de la valeur actuelle d'une rente constante, donnée par la formule (2.22). On en déduit :

$$P_0 = \frac{D}{r} \Longleftrightarrow r = \frac{D}{P_0}$$

Nous avons ainsi une expression pour le calcul du rendement effectif *ex ante* d'une action (ou des capitaux propres). Il suffit de connaître le montant du dividende et le prix (données que l'on peut constater sur le marché financier), pour en déduire le rendement. Cette formule souffre néanmoins de l'hypothèse fort réductrice d'un dividende constant.

• Il apparaît plus réaliste de considérer que le dividende augmente année après année. Notons g le taux de croissance du dividende tel que :

$$D_k = D_{k-1}(1+g)$$

Ce taux de croissance est donc supposé constant ; la suite des dividendes forme une progression géométrique de raison $1+g$ et de premier terme D_1. La valeur actuelle d'une telle rente est donnée par (2.24′) qui, compte tenu de nos notations, s'écrit :

$$P_0 = D_1 \left[\frac{1-\left(\frac{1+g}{1+r}\right)^n}{1+r-(1+g)}\right]$$

Pour $g < r$, nous obtenons une limite finie pour P_0 lorsque n tend vers l'infini. Il vient :

$$\lim_{n\to+\infty} P_0 = \frac{D_1}{r-g}$$

On tire de cette expression :

$$r = \frac{D_1}{P_0} + g \qquad (5.14)$$

La formule (5.14) est appelée ***formule de Gordon et Shapiro*** ; elle donne le rendement que procure l'entreprise émettrice des titres à l'actionnaire. On peut également considérer que r représente le coût des fonds propres pour l'entreprise. C'est d'ailleurs dans ce cadre que la formule de Gordon et Shapiro est la plus utilisée. En pratique, on supposera que g est un taux de croissance moyen et qu'il peut être estimé en calculant la moyenne des taux de croissance passés. Quant à D_1, qui est le prochain dividende versé, il peut être calculé à partir du dernier dividende connu noté D_0, sachant que $D_1 = D_0(1+g)$.

Exemple 5.11 – Estimation du coût des fonds propres par la formule de Gordon et Shapiro

Afin de calculer le coût des fonds propres, vous avez relevé le dernier cours de Bourse de l'action Maugiron, égal à 1 000 €. Les dividendes par action entre N – 5 et N sont récapitulés dans le tableau ci-dessous et permettent le calcul des taux de croissance observés.

	N – 5	N – 4	N – 3	N – 2	N – 1	N
Dividendes	36,7	39	41,5	44	47	50
Taux de croissance		6,267 %	6,410 %	6,024 %	6,818 %	6,383 %

Pour le taux constaté en N – 4, il vient :

$$\frac{39 - 36{,}7}{36{,}7} = 6{,}267\,\%$$

Les autres taux sont calculés de la même façon. L'étude de leur évolution permet de considérer comme acceptable l'hypothèse d'un taux de croissance constant. Le

lecteur vérifiera que leur moyenne arithmétique est 6,38 %. Cette valeur est considérée comme un estimateur du taux de croissance futur g.
On obtient D_1 de la façon suivante :

$$D_1 = D_0\,(1+g) = 50\,(1{,}0638) = 53{,}19$$

Finalement l'application de la formule (5.14) conduit au coût des fonds propres suivant :

$$r = \frac{D_1}{P_0} + g = \frac{53{,}19}{1\,000} + 6{,}38\,\% = 11{,}70\,\%$$

II.2. Application aux opérations de court terme

Nous présentons dans un premier sous-paragraphe le principe de transformation d'un taux d'intérêt simple en taux actuariel. Les sous-paragraphes qui suivent illustrent cette démarche.

Le passage d'un taux d'intérêt simple à un taux actuariel

(112) Supposons pour l'instant que les opérations à court terme n'engendrent pas d'autres revenus que les flux d'intérêt et de principal et analysons successivement deux cas, un emprunt à taux post-compté (i) et un à taux précompté (i_e). Le montant de l'emprunt est toujours noté K_0 ; la durée, exprimée en années, est notée $T\,(T<1)$ pour le calcul en intérêt simple (base exact/360) et $T'\,(T'<1)$ pour le calcul en intérêt composé (base exact/exact). T et T' représentent donc la durée d'une même opération, mais sont calculées selon des bases différentes.

- *Cas n° 1*

Un emprunt à taux post-compté engendre deux flux : un flux en début de période (K_0) et un flux en fin de période $(K_0 + K_0 iT)$. Le taux actuariel annuel, noté x, de cette opération est donné par :

$$K_0 = \frac{K_0(1+iT)}{(1+x)^{T'}} \Longleftrightarrow (1+x)^{T'} = 1 + iT$$

soit encore :

$$x = (1+iT)^{\frac{1}{T'}} - 1 \qquad (5.15)$$

- *Cas n° 2*

Lorsque l'intérêt est précompté, les deux flux sont $K_0 - K_0 i_e T$ en début de période et K_0 en fin de période. Le taux actuariel annuel est donné par :

$$K_0 - K_0 i_e T = \frac{K_0}{(1+x)^{T'}} \Longleftrightarrow (1+x)^{T'} = \frac{1}{1 - i_e T}$$

Il vient :

$$x = \left(\frac{1}{1 - i_e T}\right)^{\frac{1}{T'}} - 1 \tag{5.16}$$

Les expressions (5.15) et (5.16) donnent l'équivalence entre taux actuariel et taux en intérêt simple (post- et précompté). Nous allons maintenant appliquer ces principes à deux types d'opérations à court terme.

Taux de rendement d'un compte à terme

(113) Un compte à terme est un compte de dépôt pour lequel il est stipulé que les sommes déposées resteront bloquées jusqu'à une date fixée au moment du dépôt. En plus du taux nominal, le contrat doit préciser le taux de rendement actuariel du placement.

Il n'y a généralement pas de frais liés à l'ouverture d'un compte à terme. En revanche, la durée est calculée en nombre de jours exact ramené à une année commerciale (base exact/360). *A contrario*, un taux actuariel s'exprime en base exact/exact. Si j désigne la durée en jours de l'opération de placement (entre la date d'ouverture et le terme du contrat), la valeur acquise d'un placement de montant K_0 est :

$$K_0\left(1 + i\frac{j}{360}\right)$$

Le taux effectif x retenant une année civile (ici de 365 jours), nous avons :

$$K_0 = \frac{K_0\left(1 + i\frac{j}{360}\right)}{(1 + x)^{\frac{j}{365}}}$$

On en déduit :

$$x = \left(1 + i\frac{j}{360}\right)^{\frac{365}{j}} - 1 \tag{5.17}$$

L'expression (5.17) est un cas particulier de (5.15) lorsque les durées ne sont pas calculées de façon homogène.

Exemple 5.12 – Taux de rendement effectif d'un compte à terme

Madame Ernaut de Beauléande dépose sur un compte à terme le 27 décembre 2003 une somme de 8 500 €, bloquée jusqu'au 30 juin 2004. Le taux nominal du placement est 4,8 %. Calculer le taux effectif de ce placement.

La durée du placement est de 186 jours, l'année 2004 étant bissextile. L'équation du taux effectif s'écrit :

$$8\,500 = \frac{8\,500\left(1 + 4{,}8\,\%\frac{186}{360}\right)}{(1 + x)^{\frac{186}{366}}} \Longleftrightarrow 8\,500 = \frac{8\,710{,}80}{(1 + x)^{\frac{186}{366}}}$$

Il vient :

$$x = \left(\frac{8\,710{,}80}{8\,500}\right)^{\frac{366}{186}} - 1 = 4{,}94\,\%$$

Coût actuariel d'une opération d'escompte d'effets de commerce

(114) Il est important de savoir calculer le coût effectif d'une opération d'escompte dans la mesure où nous avons vu qu'en plus de l'intérêt se greffaient un ensemble de commissions et la comptabilisation de jours de banque venant gonfler les agios. La méthode de calcul consiste toujours à calculer et à dater précisément les décaissements et les encaissements.

Exemple 5.13 – Coût effectif d'une opération d'escompte

L'entreprise Favilla remet le 12 mars N à sa banque un effet d'échéance 30 avril N, d'un montant égal à 6 500 €. La banque applique un taux d'intérêt $i_e = 8,75\ \%$ et compte deux jours de banque. La commission d'endos est de 0,60 %. Le total HT des commissions fixes se monte à 10 €. Calculer les coûts effectifs brut et net de cette remise à l'escompte.

a – *Calcul du coût brut :*
La durée de l'opération est de 49 jours effectifs. Les intérêts seront calculés, compte tenu des deux jours de banque, sur 51 jours. Nous avons :

montant des intérêts : $$6\,500 \times 8{,}75\ \% \times \frac{49+2}{360} = 80{,}57\ €$$

montant des commissions : $$6\,500 \times 0,60\ \% \times \frac{49+2}{360} + 10 = 15,53\ €$$

Le total des agios est donc de 96,10 €. L'entreprise reçoit le 12 mars N le montant de l'effet minoré des agios, soit :

$$6\,500 - 96{,}10 = 6\,403{,}90\ €$$

49 jours après, le client honore son effet et paie à la banque 6 500 €. Cette opération s'analyse comme si le client payait sa dette à l'entreprise qui, à son tour, remboursait la banque. L'équation du coût effectif brut est :

$$6\,403{,}90 = \frac{6\,500}{(1+x)^{\frac{49}{365}}}$$

Il vient :

$$(1+x)^{\frac{49}{365}} = \frac{6\,500}{6\,403{,}90} \Longleftrightarrow x = \left(\frac{6\,500}{6\,403{,}90}\right)^{\frac{365}{49}} - 1 = 11{,}73\ \%$$

On s'aperçoit que les commissions et les jours de banque conduisent ici à un taux effectif augmenté de plus d'un tiers par rapport au taux nominal annoncé.

b – *Calcul du coût net :*
Pour le calcul du coût net, qui est ce que supporte effectivement l'entreprise soumise à l'impôt sur les sociétés, il convient de ne prendre en compte que la part non déductible des agios.
Avec un taux de l'IS supposé égal à (36 + 2/3) %, il vient :

$$96{,}10\left(1 - \left(36 + \frac{2}{3}\right)\%\right) = 60{,}86\ €$$

En supposant que les agios génèrent une économie d'impôt immédiate, l'entreprise encaissera le 12 mars N : 6 500 – 60,86 = 6 439,14 €. L'équation du coût effectif net est :

$$6\,439{,}14 = \frac{6\,500}{(1+x)^{\frac{49}{365}}}$$

soit :

$$x = \left(\frac{6\,500}{6\,439{,}14}\right)^{\frac{365}{49}} - 1 = 7{,}26\,\%$$

Nous avons souhaité insister sur les calculs de taux effectifs parce qu'ils préludent à la décision financière. En effet, les coûts effectifs constituent des critères primordiaux de choix d'une source de financement (même s'ils ne sont pas exclusifs). Il en est de même pour les rendements des opérations de placement. Ces indicateurs entrent également dans le tableau de bord des variables suivies régulièrement par les chefs d'entreprise. Enfin, les notions de taux effectif de rendement et de coût effectif interviennent de façon importante dans les techniques d'évaluation financière que nous abordons au chapitre suivant.

Chapitre 6

Les bases de l'évaluation des investissements

Les professionnels de la finance sont quotidiennement confrontés à des problèmes d'évaluation, qui concernent aussi bien les actifs financiers (actions, obligations...) que les actifs réels matériels (immeubles, terrains...) ou immatériels (brevets, marques, capital humain...). Ils se posent de façon récurrente, par exemple chaque fois qu'une entreprise établit son bilan, ou de façon ponctuelle, comme dans le cas d'une opération d'investissement ou d'acquisition d'une autre entreprise. La majorité des méthodes d'évaluation repose sur la technique de l'actualisation. La théorie de la finance nous apprend en effet que la valeur d'un actif est égale à la somme des flux de profit futurs actualisés.

Ce dernier chapitre constitue une introduction à l'évaluation des investissements, afin de montrer que la mathématique financière est l'instrument privilégié du décideur en entreprise. Une connaissance claire et critique des ***méthodes actuarielles de choix d'investissements*** est alors utile. Le chapitre comprend deux parties :

- La première est consacrée à la définition commentée des deux principaux critères de sélection des investissements réels, la valeur actuelle nette (VAN) et le taux de rendement interne (TRI).
- La seconde propose une analyse critique de ces critères et nous conduit à préciser les conditions de leur utilisation.

I. Les critères d'évaluation des investissements

D'un point de vue financier, l'analyse d'un investissement se réduit à l'analyse de ses conséquences monétaires. À partir d'un ensemble de flux répartis dans le temps, il faut prendre la décision de lancer le projet, ou au contraire d'y renoncer.

Le plus souvent, nous considérons que la réalisation d'un projet implique un décaissement initial en date 0 (noté $-I_0$ avec $I_0 > 0$) et que son exploitation engendre des flux de trésorerie $F_1, F_2, \ldots, F_n$, aux dates $1, 2, \ldots, n$. Ces flux sont généralement positifs (encaissements), mais nous devrons envisager le cas où certains sont négatifs (décaissements).

Pour décider dans ce contexte, il faut disposer de méthodes permettant de mesurer l'impact du projet sur l'entreprise en termes de création de valeur, en comparant les encaissements aux décaissements, sachant que ces flux sont répartis dans le temps (souvent plusieurs années). Ces méthodes utilisent les procédés de l'actualisation ou de la capitalisation des flux et vont permettre de comparer des montants monétaires datés. D'autres critères de choix d'investissement existent (taux de rendement comptable, délai de récupération), qui ne reposent pas sur ces techniques et qui peuvent conduire à des décisions discutables.

1.1. La valeur actuelle nette (VAN)

(115) Pour actualiser des flux, il faut disposer d'un taux, que l'on appelle ***taux d'actualisation***, et non plus taux d'intérêt, dans la mesure où les opérations d'investissement ne donnent pas lieu au versement d'un intérêt contractuel. Nous supposons dans un premier temps que ce taux est connu afin de définir la VAN. Nous tentons ensuite de donner un sens au taux d'actualisation.

Définition

(116) Considérons un taux d'actualisation noté r exprimé en base annuelle et supposons que les flux d'exploitation sont également annuels, constatés en t = 1 an, 2 ans, ..., n ans. La VAN est définie comme la somme des valeurs actualisées en date 0, de l'ensemble des encaissements et des décaissements, soit :

$$V_0(r) = -I_0 + \frac{F_1}{1+r} + \frac{F_2}{(1+r)^2} + \ldots + \frac{F_n}{(1+r)^n} \tag{6.1}$$

La décision d'investissement dépend du signe de la VAN. Si V_0 est positif, l'investissement crée de la valeur pour l'entreprise ; il est donc intéressant. Lorsque la VAN est négative, il doit être rejeté.

La définition (6.1) s'applique à des flux annuels lorsque le taux est exprimé en base annuelle, mais également à des flux de périodicité quelconque, pourvu que le taux retenu soit exprimé en taux équivalent et dans la même base que la durée séparant les flux.

Exemple 6.1 – Calcul d'une VAN

En retenant un taux d'actualisation de 12 %, calculer la VAN d'un investissement de coût initial $I_0 = 1\,000$, rapportant sur cinq ans les flux suivants :

F_1	F_2	F_3	F_4	F_5
200	300	350	350	150

Quelle serait cette VAN si le taux d'actualisation retenu était de 10 % ?
La formule (6.1) s'applique directement. Il vient, pour les deux taux proposés :

$$V_0\,(12\,\%) = -1\,000 + \frac{200}{1{,}12} + \frac{300}{1{,}12^2} + \frac{350}{1{,}12^3} + \frac{350}{1{,}12^4} + \frac{150}{1{,}12^5} = -25{,}60$$

$$V_0\,(10\,\%) = -1\,000 + \frac{200}{1{,}1} + \frac{300}{1{,}1^2} + \frac{350}{1{,}1^3} + \frac{350}{1{,}1^4} + \frac{150}{1{,}1^5} = 24{,}91$$

Avec un taux de 12 %, la VAN est négative, le projet n'est pas intéressant. Si le taux d'actualisation à retenir est de 10 %, alors le projet crée de la valeur.

Exemple 6.2 – La VAN d'un investissement immobilier

Vous étudiez la possibilité d'investir dans l'achat d'un appartement à usage locatif. Le prix d'achat est de 120 000 €. Les loyers vous sont versés trimestriellement à raison de 2 340 € pendant les trois premières années et 2 460 € les années suivantes. Vous envisagez de revendre l'appartement au bout de six ans en réalisant une plus-value de 10 %. Cet investissement est-il intéressant si le taux d'actualisation requis pour cette opération est de 8 % en base annuelle ?
La périodicité des loyers est trimestrielle, nous allons donc travailler avec le taux trimestriel équivalent au taux annuel de 8 % :

$$1{,}08^{\frac{1}{4}} - 1 = 1{,}942\,77\,\%$$

Le graphique ci-dessous présente le diagramme des flux trimestriels liés à cette opération.

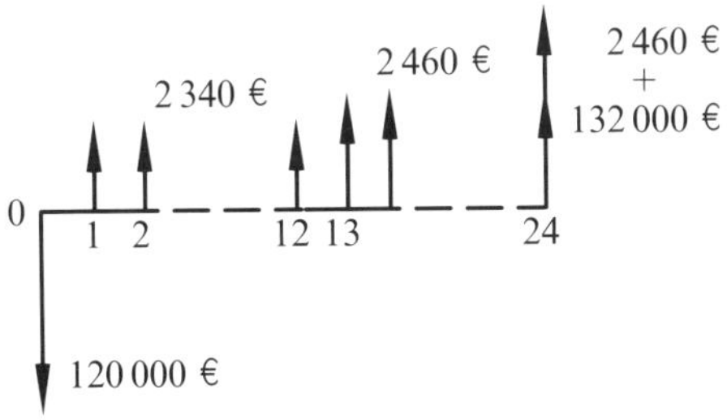

Après un décaissement initial (achat de l'appartement) de 120 000 €, le propriétaire touche douze loyers trimestriels de 2 340 €, puis douze loyers trimestriels de 2 460 € de la fin du 13e trimestre à la fin du 24e. Au bout de six ans (24 trimestres), il revend au prix de :

$$120\,000 \times (1 + 10\%) = 132\,000\ €$$

L'équation (6.1) de la VAN permet d'écrire :

$$V_0 = -\,120\,000 + \frac{2\,340}{1{,}019\,427} + \frac{2\,340}{1{,}019\,427^2} + \ldots + \frac{2\,340}{1{,}019\,427^{12}} + \frac{2\,460}{1{,}019\,427^{13}} + \ldots + \frac{132\,000 + 2\,460}{1{,}019\,427^{24}}$$

On reconnaît dans cette expression deux rentes constantes, de 2 340 entre les dates 1 à 12 et de 2 460 entre les dates 13 et 24. On peut donc simplifier l'expression précédente ainsi :

$$V_0 = -120\,000 + \frac{2\,340[1 - 1{,}019\,427^{-12}]}{0{,}019\,427} + \frac{2\,460[1 - 1{,}019\,427^{-12}]}{0{,}019\,427}\left(\frac{1}{1{,}019\,427^{12}}\right)$$

$$+ \frac{132\,000}{1{,}019\,427^{24}}$$

Le premier terme est le coût initial ; le second correspond à la valeur actuelle des douze premiers loyers ; le troisième représente la valeur actualisée des loyers 13 à 24 en date 12, qui est ensuite actualisée en date 0 ; le dernier terme est la valeur actuelle du prix de revente. Il vient :

$$V_0 = 8\,739{,}68\text{ €}$$

Le projet est financièrement intéressant.

Taux d'actualisation et taux d'intérêt psychologique

(117) Le taux d'actualisation peut être interprété comme permettant de ***quantifier le rapport d'échange entre des revenus monétaires survenant à des dates différentes***. Considérons l'instant présent 0, un instant futur T et supposons qu'un agent économique soit disposé à échanger un capital K_0 versé aujourd'hui contre un capital K_T versé en T. On suppose $K_T > K_0 > 0$. On peut donc toujours écrire :

$$\frac{K_T}{K_0} = 1 + \psi \text{ avec } \psi > 0$$

ψ présente les propriétés d'un taux d'intérêt. Cette variable caractérise la façon dont un agent économique déprécie le futur. On appelle donc ψ un ***taux d'intérêt psychologique***. Il peut varier en fonction des individus, en fonction des durées ou encore des montants engagés. Il permet également de prendre en compte le risque du projet, ou encore l'inflation anticipée. Lorsque la décision d'investir se fait en dehors de toute contrainte concurrentielle, le taux d'actualisation et le taux d'intérêt psychologique se confondent ($\psi = r$). On analyse également le taux d'actualisation comme une mesure du degré de ***préférence pour le présent*** (ou de ***dépréciation du futur***). Plus le taux est élevé, plus les flux futurs sont dépréciés et donc plus grande est la préférence pour le présent.

Exemple 6.3 – Taux d'intérêt psychologique et taux d'actualisation

Mme Benigssen est disposée à échanger 10 000 € aujourd'hui contre 15 000 € dans trois ans ou 25 000 € dans cinq ans. Quel est son taux d'intérêt psychologique à trois ans ? à cinq ans ? Les résultats seront exprimés en taux annuels équivalents. Serait-elle disposée à engager un projet d'investissement qui la conduirait à investir 5 000 € en date 0, sachant que cet investissement lui rapporterait 4 000 € dans trois ans et 5 800 € dans cinq ans ?

- On écrit le rapport d'échange à trois ans. Nous avons :

$$\frac{15\,000}{10\,000} = 1 + \psi \Longrightarrow \psi = 50\,\%$$

Ce taux est en base 3 ans, il faut le ramener à un taux annuel équivalent :

$$(1+50\,\%)^{\frac{1}{3}}-1=14{,}47\,\%$$

La même démarche conduit pour l'horizon de cinq ans à :

$$\frac{25\,000}{10\,000}=1+\psi' \Longrightarrow \psi'=150\,\% \text{ et } (1+1{,}5)^{1/5}-1=20{,}11\,\%$$

On en déduit que le taux d'intérêt psychologique de Mme Benigssen varie en fonction des montants ou de l'échéance envisagée.

- En supposant que seule l'échéance influe sur le taux d'actualisation, nous retenons les taux obtenus précédemment et nous écrivons la VAN du projet :

$$V_0=-5\,000+\frac{4\,000}{1{,}144\,7^3}+\frac{5\,800}{1{,}201\,1^5}$$

Remarquons que cette expression est équivalente à :

$$V_0=-5\,000+\frac{4\,000}{1{,}5}+\frac{5\,800}{2{,}5}=-13{,}33\text{ €}$$

La VAN est négative, Mme Benigssen n'investira pas dans ce projet.

L'expérience montre que le taux ψ est souvent une fonction du terme annoncé, ce qu'illustre l'exemple précédent. On peut donc considérer que l'expression de la VAN (6.1) est réservée au cas particulier d'un taux d'actualisation constant quelle que soit l'échéance. Une expression plus générale de la VAN serait donc :

$$V_0\left(r_1, r_2, \ldots, r_n\right)=-I_0+\frac{F_1}{1+r_1}+\frac{F_2}{\left(1+r_2\right)^2}+\ldots+\frac{F_n}{\left(1+r_n\right)^n} \quad (6.2)$$

Dans cette expression, chaque flux est actualisé à un taux dont la valeur dépend de la date d'occurrence de ce flux. Le taux r_1 est utilisé à l'horizon d'un an, le taux r_2 à l'horizon de deux ans... On retrouve ici une méthode d'évaluation similaire à celle retenue pour calculer la valeur de marché d'une obligation dans laquelle les flux sont actualisés à l'aide des taux zéro-coupon.

L'expression (6.2) est donc plus précise que (6.1), mais également plus difficile à mettre en œuvre, dans la mesure où il est nécessaire de déterminer autant de taux d'actualisation qu'il y a de flux. Nous n'allons pour l'instant pas plus loin dans l'interprétation et les modalités de détermination du (des) taux d'actualisation. Nous y reviendrons dans la section suivante.

1.2. Le taux de rendement interne (TRI)

Dans sa définition financière, un projet d'investissement se réduit à un échéancier d'encaissements et de décaissements. Dans le chapitre précédent, nous avons travaillé sur des chroniques de flux afin de déterminer des taux effectifs. Appliquée à un projet d'investissement, cette méthode permet de définir un TRI (taux de rendement interne), encore appelé TIR (taux interne de rentabilité).

Nous précisons cette définition dans un premier temps, puis nous indiquons le critère de décision qui lui est attaché.

Définition

(118) Le ***taux de rendement interne*** est un taux effectif. Il est donc défini comme le taux actuariel qui égalise la valeur actuelle des encaissements et des décaissements. En notant x ce TRI, il vient :

$$I_0 = \frac{F_1}{1+x} + \frac{F_2}{(1+x)^2} + \ldots + \frac{F_n}{(1+x)^n} \qquad (6.3)$$

En rapprochant (6.3) de la définition (6.1) de la VAN, nous pouvons écrire :

$$-I_0 + \frac{F_1}{1+x} + \frac{F_2}{(1+x)^2} + \ldots + \frac{F_n}{(1+x)^n} = 0 \Longleftrightarrow V_0(x) = 0$$

Le taux interne de rentabilité se définit donc également comme le taux d'actualisation qui annule la VAN. La détermination de x peut se faire par itération ou par interpolation linéaire, comme dans le chapitre précédent.

Le TRI et la décision d'investir

Il n'est pas nécessaire de disposer d'un taux d'actualisation pour calculer un TRI ; néanmoins, la décision d'investir ou de ne pas investir nécessite que l'on connaisse le taux d'actualisation requis par l'investisseur, afin de le comparer au taux interne de rentabilité obtenu. Pour montrer cela, nous partons du critère de la VAN et nous considérons deux taux d'actualisation différents r_a et r_b, de telle sorte que :

$$V_0\left(r_a\right) > 0 \text{ et } V_0\left(r_b\right) < 0$$

Si la VAN est une fonction strictement décroissante du taux d'actualisation, nous avons la représentation ci-après (graphique 6.1).

Graphique 6.1 – Sélection d'un projet à l'aide d'un TRI

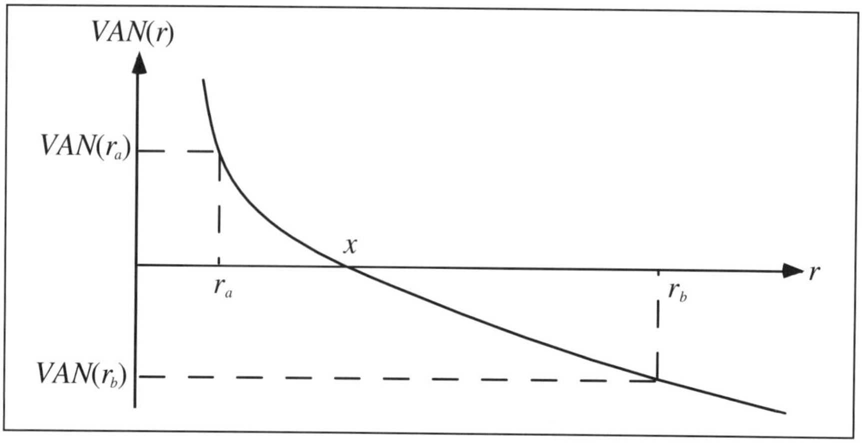

Le TRI se situe par définition à l'intersection de la courbe de la VAN et de l'axe des abscisses. Introduisons maintenant le taux d'actualisation retenu par l'investisseur noté r^*. Si la VAN est positive, alors $r^* < x$; *a contrario*, si la VAN est négative, c'est que $r^* > x$. Autrement dit, sous l'hypothèse d'une courbe $V_0(r)$ strictement décroissante, la règle de sélection d'un projet d'investissement, compte tenu d'un taux d'actualisation requis par l'investisseur r^*, est :

si $x > r^*$, la VAN est positive, donc le projet est intéressant ;

si $x < r^*$, la VAN est négative, donc le projet est à rejeter.

Les deux critères de la VAN et du TRI reposent sur des définitions simples et ne présentent, à première vue, pas de difficultés d'application particulières. La section suivante montre qu'il n'en est pas tout à fait ainsi.

II. Analyse critique de la VAN et du TRI

Nous souhaitons maintenant soulever quelques difficultés liées à la mise en œuvre de ces deux critères, puis proposer des solutions pour les surmonter.

II.1. Divergence possible entre VAN et TRI

(119) Malgré la proximité de leur définition, nous montrons que, lorsque nous avons à comparer deux projets alternatifs, il est des cas où l'application du critère de la VAN et celle du TRI ne conduisent pas à la même décision.

Graphique 6.2 – Divergence entre VAN et TRI dans le cas de projets alternatifs

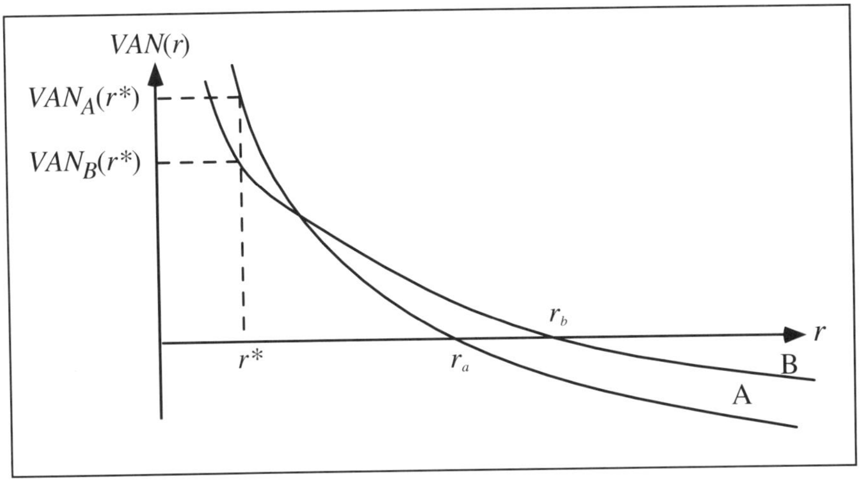

Expliquons cela à partir du graphique 6.2, qui représente, pour deux projets mutuellement exclusifs A et B, l'évolution de leur VAN en fonction du taux d'actualisation. Le taux d'actualisation requis sur ces projets est noté r^*. Compte tenu de la définition du TRI (taux qui annule la VAN), r_a et r_b sont les TRI respectifs des projets A et B. Ils sont tous les deux supérieurs à r^*, ce qui signifie que les deux projets sont créateurs de valeur. Le fait qu'ils soient mutuellement exclusifs impose à l'entreprise de choisir. Puisque $r_a < r_b$, le projet B doit être préféré à A selon ce critère. Si l'on se réfère au calcul de la VAN au taux r^*, on s'aperçoit que la VAN du projet A est supérieure à celle du projet B, et donc que A doit être préféré à B.

Les deux critères conduisent donc à des choix différents et les mathématiques financières ne nous sont d'aucune utilité pour savoir s'il est préférable de se fier à l'un plutôt qu'à l'autre. La réponse se trouve dans la théorie microéconomique qui enseigne que, pour poursuivre un objectif de maximisation de la satisfaction des actionnaires, il faut maximiser une VAN de préférence à un TRI[1].

II.2. L'impact de flux négatifs

Nous avons déjà abordé le sujet de l'existence et l'unicité d'une solution à l'équation d'un taux effectif[2]. Le cas du TRI de projets d'investissement est plus complexe, dans la mesure où la série de flux à actualiser peut prendre des formes variées et en particulier faire apparaître des alternances d'encaissements et de décaissements. L'exemple 6.4 illustre cela.

EXEMPLE 6.4 – TRI multiples

Considérons un projet d'investissement dans un complexe d'exploitation minier. L'acquisition de ce complexe se ferait au prix de 1 500 et permettrait de produire des flux annuels d'exploitation constants sur vingt ans, d'un montant de 800. Dans la détermination des flux, il convient de prendre également en compte les coûts d'entretien, qui se montent à 3 000 tous les cinq ans. Enfin, au bout de vingt ans, le gisement sera épuisé et le contrat prévoit la restauration du site dont le coût est évalué à 8 000.

a – *Calculer la VAN du projet au taux d'actualisation de 6 %.*
Notons x le taux d'actualisation. La valeur actuelle nette de ce projet peut être décomposée en plusieurs parties :

- La valeur actuelle des flux d'exploitation qui forment une rente constante sur vingt ans :

$$A = 800\frac{1-(1+x)^{-20}}{x}$$

- La valeur actuelle des décaissements d'entretien du site qui forment une rente de trois flux constants espacés de cinq ans. En notant X le taux sur cinq ans équivalent au taux annuel x, il vient :

$$B = -3\,000\frac{1-(1+X)^{-3}}{X} \quad \text{avec : } X = (1+x)^5 - 1$$

1. Le lecteur intéressé par ce sujet peut consulter par exemple : J. PEYRELEVADE (1989), *Économie de l'entreprise*, Fayard, p. 261 et *s.*

2. Voir chapitre 5, p. 105, remarque 5.

En remplaçant X par son expression dans B, on obtient :

$$B = -3\,000 \frac{1-(1+x)^{-15}}{(1+x)^{5}-1}$$

- La valeur actuelle des autres flux (décaissement initial et frais de remise en état du site) :

$$C = -1\,500 - \frac{8\,000}{(1+x)^{20}}$$

L'expression de la VAN du projet en fonction du taux x est donnée par $A+B+C$, soit :

$$V_0(x) = -1\,500 + 800\left(\frac{1-(1+x)^{-20}}{x}\right) - 3\,000\left(\frac{1-(1+x)^{-15}}{(1+x)^{5}-1}\right) - \frac{8\,000}{(1+x)^{20}}$$

Pour un taux d'actualisation de 6 %, nous avons une VAN de $12,75 > 0$. Plus généralement, la forme de cette courbe pour des taux d'actualisation positifs est représentée sur le graphique ci-après.

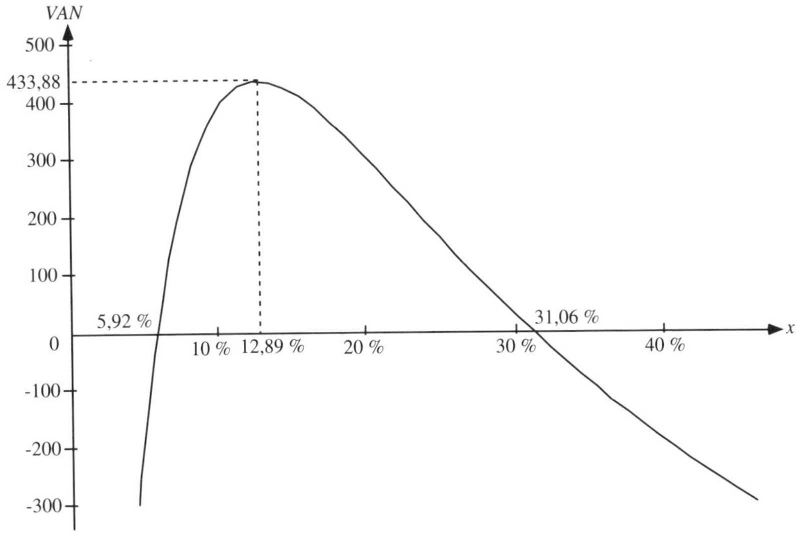

b – *Calculer le ou les TRI du projet.*
En résolvant $VAN(x) = 0$, nous trouvons par itération 5,92 % et 31,06 %. La vérification de ces deux taux est laissée au soin du lecteur. Il y a donc deux TRI. On peut remarquer que la VAN présente un maximum en $x = 12{,}89\ \%$; elle est alors égale à 433,88. Elle est une fonction croissante sur l'intervalle $]0\,;\,0{,}1289[$, puis décroissante sur $]0{,}1289\,;\,+\infty[$.

Cet exemple montre que la VAN peut prendre des formes variées, entraînant l'existence de TRI multiples, qui de ce fait deviennent difficilement interprétables. Il jette un doute sur la possibilité d'appliquer ces critères à tout type de projet. Dans les paragraphes suivants, nous allons proposer une amélioration des méthodes d'évaluation financière des projets d'investissement.

II.3. Taux d'actualisation et coût du capital

(120) Nous avons jusqu'à présent défini le taux d'actualisation comme un taux d'intérêt psychologique qui dépend, comme son nom l'indique, de facteurs propres à chaque individu. Un recours à la théorie économique permettrait de montrer que, en situation de certitude, l'équilibre sur un marché financier de prêts et d'emprunts est caractérisé par l'égalisation du taux d'intérêt psychologique et du taux d'intérêt du marché. Ce résultat conduit à rapprocher taux d'actualisation et taux d'intérêt, ou plus précisément taux d'actualisation et coût de financement. Il est habituel de retenir un indicateur de coût moyen des ressources financières, appelé ***coût moyen pondéré du capital*** (CMPC) ou plus simplement ***coût du capital***. Le taux d'actualisation permet alors de faire le lien entre les flux de trésorerie produits par les actifs (ou flux économiques) et les flux de ressources. Ainsi, le critère d'acceptation d'un projet fondé sur le TRI (TRI du projet supérieur au taux d'actualisation requis) devient clair, puisqu'il s'agit de comparer le taux de rendement des actifs (ou de l'investissement) au taux de revient des ressources financières. Si le rendement du projet est supérieur au coût des ressources, le projet est intéressant ; dans le cas contraire, il doit être rejeté. Notons que le choix d'un coût moyen de financement comme taux d'actualisation implique que les flux à actualiser soient établis en ***faisant abstraction des modalités de financement*** de l'investissement, cela afin d'éviter un double compte ; leur détermination se fait en ignorant les intérêts des emprunts et les dividendes.

Nous donnons dans ce paragraphe une définition du coût du capital et précisons ses modalités de calcul. Nous abordons ensuite les conditions et les limites de son utilisation.

Définition du coût du capital et principes de calcul

a. Définition du CMPC

Considérons une entreprise simplifiée dont les actifs ont une valeur V. Les ressources financières sont composées de capitaux propres (de valeur CP) et de dettes (de valeur D), dont les coûts respectifs sont notés x_C et x_D. Le bilan de cette entreprise peut être schématiquement représenté ainsi :

ACTIF	PASSIF
V	CP
	D

On définit le coût moyen pondéré du capital comme la ***moyenne arithmétique des coûts des ressources financières***, pondérée par le poids de chacune dans le passif de l'entreprise, soit :

$$\text{CMPC} = x_C \frac{CP}{D + CP} + x_D \frac{D}{D + CP} \qquad (6.4)$$

Compte tenu de l'égalité entre actif et passif, on peut encore écrire :

$$\text{CMPC} = x_C \frac{CP}{V} + x_D \frac{D}{V}$$

De manière générale, pour une entreprise ayant k sources de financement de valeurs respectives M_j et de coûts x_j $(j = 1, \ldots, k)$, il vient :

$$\text{CMPC} = x_1 \frac{M_1}{V} + x_2 \frac{M_2}{V} + \ldots + x_k \frac{M_k}{V} = \frac{1}{V} \sum_{j=1}^{k} x_j M_j \qquad (6.5)$$

EXEMPLE 6.5 – Calcul d'un CMPC

Considérons une entreprise dont les ressources financières sont récapitulées dans le tableau ci-dessous :

	Type	Montant (M_j)	Coût (x_j)
1	Capitaux propres	9 000	11,00 %
2	Dette long terme	5 000	8,50 %
3	Dette long terme	2 000	7,00 %
4	Dette moyen terme	1 000	6,50 %
5	Dette court terme	3 000	9,00 %

Le total du passif, égal à l'actif, est :

$$V = 9\,000 + 5\,000 + 2\,000 + 1\,000 + 3\,000 = 20\,000.$$

En utilisant la formule (6.5), il vient :

$$\text{CMPC} = \frac{1}{20\,000}(11\,\% \times 9\,000 + 8{,}5\,\% \times 5\,000 + \ldots + 9\,\% \times 3\,000) = 9{,}45\,\%$$

b. Principes de calcul

Au vu de l'expression (6.5), le calcul du CMPC nécessite que soient connus les coûts des sources de financement (les x_j) et les montants des stocks de ressources (les M_j).

- ***Le calcul des coûts des ressources***

Les coûts sont assimilables à des taux de revient. Nous avons abordé leur détermination au chapitre précédent en ce qui concerne les sources empruntées (emprunts indivis, emprunts obligataires, emprunts à court terme), le substitut à l'emprunt que constitue le crédit-bail et les capitaux propres (formule de Gordon et Shapiro). Les coûts à retenir sont ceux supportés effectivement par l'entité, c'est-à-dire des ***coûts après impôt*** (ou coûts nets).

- ***Les valeurs des stocks de ressources***

(121) Elles doivent être exprimées en ***valeurs de marché***, c'est-à-dire la valeur qui ressortirait d'une négociation sur le marché financier. Elles sont souvent assez différentes des valeurs comptables. Nous traitons successivement le cas des dettes et celui des capitaux propres.

La valeur de marché d'une dette

(122) Le calcul de la valeur de marché (ou d'équilibre) d'une dette a été abordé dans le cas des obligations[1]. En théorie il convient, pour une classe de risque donnée, d'actualiser les décaissements restant à effectuer aux taux des zéro-coupons. Dans la pratique, on retient généralement le taux de rendement actuariel d'une dette de même durée de vie le jour de l'évaluation. Ce problème concerne surtout la dette à moyen ou long terme dont la valeur est sensible aux variations de taux. Pour la dette à court terme, on retient en pratique une valeur de marché égale au capital restant dû.

Exemple 6.6 – Valeur de marché d'une dette à long terme

Le 1er septembre N, vous devez évaluer la valeur de marché d'un emprunt indivis, d'un montant de 200 000 €, contracté le 1er septembre N – 3 au taux de 8 %, remboursable par annuités constantes sur douze ans. On suppose que l'annuité N vient d'être décaissée et qu'il reste donc neuf annuités à servir.

a – *Quel est le capital restant dû au 1er septembre N ?*
On peut construire pour cela le début du tableau d'amortissement de l'emprunt ou plus simplement utiliser (3.14) :

$$2\,000\,000\,\frac{1{,}08^{12}-1{,}08^{3}}{1{,}08^{12}-1}=165\,786{,}18\text{ €}$$

Cette valeur correspond à la valeur comptable de la dette.

b – *Quelle est la valeur de marché de cet emprunt si le taux du marché le 1er septembre N, pour un emprunt de durée résiduelle égale à neuf ans, est de 5,83 % ?*
Le taux de 5,83 % est le taux du marché. Cela signifie que, si l'entreprise devait emprunter sur neuf ans le 1er septembre N, elle le ferait à ce taux. Il y a donc eu une baisse significative des taux d'intérêt depuis le 1er septembre N – 3. La valeur de marché de la dette est égale à la valeur actualisée à ce taux des neuf annuités constantes restant à courir. L'annuité est :

$$a=200\,000\,\frac{0{,}08}{1-1{,}08^{-12}}=26\,539\text{ €}$$

La valeur de marché est :

$$26\,539\times\frac{1-1{,}0583^{-9}}{0{,}0583}=181\,853{,}23\text{ €}$$

On remarque que la valeur de marché et la valeur comptable sont notablement différentes dans la mesure où la variation de taux a été importante.

La valeur de marché des capitaux propres

(123) La valeur de marché des fonds propres est simple à calculer dans le cas d'une société cotée en Bourse. Il suffit de retenir le montant de sa capitalisation

1. Voir chapitre 5, formule (4.8).

boursière, c'est-à-dire le produit du nombre de titres émis par le prix de marché (coté) du titre. Lorsque la société n'est pas cotée, la détermination de cette valeur est beaucoup plus complexe. Elle nécessite de recourir à des techniques d'évaluation d'entreprise qui sortent du cadre de ce manuel.

Les conditions d'utilisation et les limites

L'emploi du CMPC comme taux d'actualisation est soumis à certaines conditions.

1 – Les ressources financières entrant dans le calcul du CMPC sont les ressources totales de l'entreprise et non les ressources spécifiquement mobilisées pour financer l'investissement.

Par ailleurs, le coût du capital doit être calculé après financement de l'investissement. Illustrons cela en considérant une entreprise dont la valeur des actifs est V. Les ressources mobilisées pour financer ces actifs sont des capitaux propres CP et de la dette à long terme D. L'entreprise investit un montant I, financé par de nouveaux capitaux propres CP' et une nouvelle dette à long terme D'. Le graphique 6.3 présente le bilan simplifié de cette entreprise avant et après l'investissement. Dans le cas présent, le CMPC va être calculé en retenant les quatre sources de financement constituant le passif après financement, c'est-à-dire CP, CP', D et D'.

Graphique 6.3 – Bilan d'une entreprise avant et après investissement

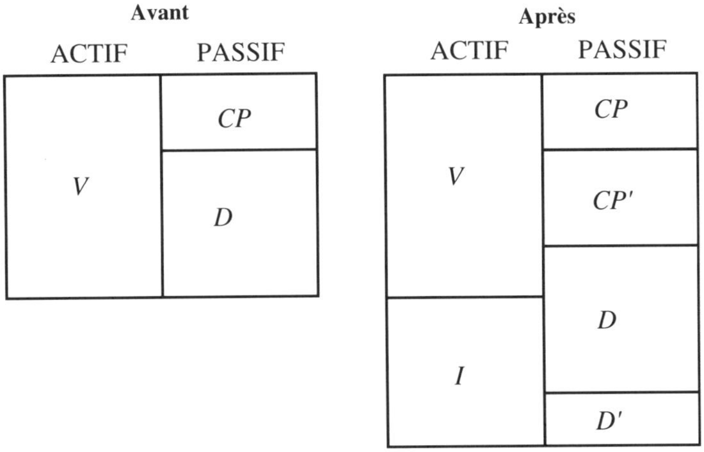

2 – L'investissement projeté ne doit pas modifier le risque des actifs de l'entreprise. En effet, toute modification aurait un impact sur les coûts de financement, en particulier sur le coût des capitaux propres.

3 – L'investissement projeté ne doit pas modifier la structure financière de l'entreprise, c'est-à-dire le rapport des dettes sur les capitaux propres. Là encore, cette modification entraînerait une modification du risque supporté par les actionnaires avec des conséquences sur le coût des fonds propres.

Ces conditions d'utilisation sont autant de limites à l'utilisation du CMPC comme taux d'actualisation. Évoquons maintenant une autre limite, liée au fait que la moyenne arithmétique des coûts de financement ne constitue le plus souvent qu'une approximation du coût effectif des ressources.

Exemple 6.7 – Coût du capital et durées de financement

Considérons deux dettes contractées en date 0. La première est une dette à cinq ans, d'un montant de 200 000 € remboursable par annuités constantes au taux de 6,90 %. La seconde est une dette à un an, de montant égal à 200 000 €, contractée au taux post-compté de 8,40 %. Si le taux de l'impôt sur les sociétés est $\tau = 1/3$, les coûts nets de ces deux emprunts sont respectivement[1] :

$$6{,}90\,\%(1-\tau) = 6{,}90\,\% \times \frac{2}{3} = 4{,}60\,\%$$

$$8{,}40\,\%(1-\tau) = 8{,}40\,\% \times \frac{2}{3} = 5{,}60\,\%$$

Le coût moyen pondéré de ces deux sources de financement est :

$$\text{CMPC} = \frac{4{,}60\,\% + 5{,}60\,\%}{2} = 5{,}1\,\%$$

Raisonnons maintenant en termes de flux décaissés pour l'ensemble de la dette. Le lecteur pourra vérifier que les encaissements et les décaissements après impôt liés à ces deux emprunts sont les suivants :

	Date 0	Date 1	Date 2	Date 3	Date 4	Date 5
Dette 1	200 000	−44 047,60	−44 849,10	−45 705,90	−46 621,82	−47 600,93
Dette 2	200 000	−211 200,00				
Cumul	400 000	−255 247,60	−44 849,10	−45 705,90	−46 621,82	−47 600,93

La dernière ligne du tableau fait le cumul des encaissements et des décaissements des deux dettes. Le coût de financement global (x_D) est le taux qui égalise la valeur actuelle des encaissements et des décaissements. Il est tel que :

$$400\,000 = \frac{255\,247{,}60}{1+x_D} + \frac{44\,849{,}10}{(1+x_D)^2} + \ldots + \frac{47\,600{,}93}{(1+x_D)^5}$$

La résolution de cette équation donne $x_D = 4,85\,\%$, soit un résultat assez différent de celui obtenu en faisant la moyenne des coûts.

Cet exemple prouve que le coût moyen pondéré du capital n'est qu'un indicateur très approximatif du taux de revient réel d'un pool de ressources.

Formalisons le problème et supposons qu'une entreprise envisage une structure financière sur le long terme, composée de capitaux propres (de montant CP et de coût x_C) et de dette (de montant D et de coût x_D). En économie stationnaire, c'est-à-dire en supposant constants les coûts et les montants, l'entreprise décaissera alors chaque année :

1. Rappelons que, en l'absence de frais, le coût après impôt est égal au coût avant impôt multiplié par le facteur $(1-\tau)$.

- pour les capitaux propres, un montant $F_C = x_C CP$
- pour la dette, un montant $F_D = x_D D$

Le coût moyen pondéré du capital est :

$$\text{CMPC} = \frac{x_C CP + x_D D}{CP + D}$$

En raisonnant sur un horizon n, le coût effectif de financement est x, tel que :

$$CP + D = \frac{F_C + F_D}{1 + x} + \frac{F_C + F_D}{(1 + x)^2} + \ldots + \frac{F_C + F_D}{(1 + x)^n}$$

Lorsque n tend vers l'infini, le membre de droite est égal à la valeur actuelle d'une rente perpétuelle. Compte tenu de (2.22), il vient :

$$CP + D = \frac{F_C + F_D}{x} \quad \text{soit : } x = \frac{F_C + F_D}{CP + D} = CMPC$$

Le concept de coût du capital n'est donc égal au coût effectif des ressources que sous l'***hypothèse d'une économie stationnaire*** (constance des coûts de financement, stabilité de la structure financière, autrement dit constance du rapport CP/D et raisonnement sur un horizon infini).

II.4. La prise en compte d'un taux de placement

(124) Rappelons que l'emploi des techniques actuarielles suppose qu'il est possible de réinvestir les revenus au taux d'actualisation[1]. Cette hypothèse implicite affecte autant le TRI que la VAN. Il est possible de contourner ce biais en modifiant la définition de ces deux critères, afin de prendre en compte des possibilités futures de réinvestissement des flux positifs. Retenons un taux d'actualisation noté r et analysons un projet de coût initial I_0, dont l'exploitation est prévue sur n années.

Les flux d'exploitation sont positifs

(125) Nous supposons dans un premier temps que tous les flux d'exploitation sont positifs ($\forall\, t = 1, \ldots, n,\ F_t > 0$). On estime que ces flux pourront être réinvestis sur le marché financier à un taux de placement noté i. Chaque flux va donc pouvoir être capitalisé à ce taux jusqu'à l'échéance. On obtient en n la valeur capitalisée suivante :

$$F_1(1 + i)^{n-1} + F_2(1 + i)^{n-2} + \ldots + F_n$$

On peut alors calculer une VAN ou un TRI par rapprochement de la valeur acquise de ces flux et du décaissement initial I_0.

1. Voir chapitre 5, p. 105, remarque 4.

- On obtient pour la VAN :

$$V_0(r,i) = -I_0 + \frac{F_1(1+i)^{n-1} + F_2(1+i)^{n-2} + \ldots + F_n}{(1+r)^n} \tag{6.6}$$

formule que l'on peut réécrire de façon synthétique en notant pour simplifier F_T la valeur des flux capitalisés :

$$V_0\,(r,i) = -\,I_0 + \frac{F_T}{(1+r)^n} \tag{6.7}$$

- Pour le taux de rendement, que nous notons y, l'équation à résoudre est :

$$-I_0 + \frac{1}{(1+y)^n}\sum_{t=1}^{n} F_t(1+i)^{n-t} = 0 \text{ soit : } -\,I_0 + \frac{F_T}{(1+y)^n} = 0 \tag{6.8}$$

On en déduit après un bref calcul :

$$y = \left(\frac{F_T}{I_0}\right)^{\frac{1}{n}} - 1 \tag{6.9}$$

Le taux y ainsi calculé est appelé ***taux de rendement à l'échéance*** (TRE).

Exemple 6.8 – Taux de réinvestissement

Un projet d'investissement de coût initial $I_0 = 600$ et rapportant des flux d'exploitation annuels constants égaux à 100 pendant dix ans est analysé en retenant un taux d'actualisation de 8 %.

- Le calcul de la VAN donne, à une unité près :

$$V_0\,(8\,\%) = -\,600 + 100\frac{1 - 1{,}08^{-10}}{0{,}08} = 71$$

Selon ce critère, l'investissement est intéressant.

- Supposons que les flux d'exploitation soient réinvestis sur le marché financier au taux de 5 %. La valeur acquise des flux d'exploitation dans dix ans est :

$$F_T = 100\frac{1{,}05^{10} - 1}{0{,}05} = 1\,258$$

La VAN est donc maintenant :

$$V_0\,(8\,\%, 5\,\%) = -\,600 + \frac{1\,258}{1{,}08^{10}} = -\,17$$

En tenant compte des possibilités de réinvestissement des flux, le projet doit être rejeté.

- On peut calculer le taux de rendement à l'échéance y. L'équation en est :

$$-\,600 + \frac{1\,258}{(1+y)^{10}} = 0 \Longrightarrow (1+y)^{10} = \frac{1\,258}{600} \Longrightarrow y = \left(\frac{1\,258}{600}\right)^{\frac{1}{10}} - 1 = 7{,}68\,\%$$

Ce taux est inférieur au taux d'actualisation requis.

Cet exemple illustre l'importance de la prise en compte des conditions de réinvestissement des flux. Les taux de placement étant toujours inférieurs au

CMPC, les résultats obtenus en termes de VAN ou de TRI seront toujours minorés par rapport à ceux obtenus en ignorant ces conditions.

Le cas de flux d'exploitation négatifs

(126) Il se peut que certains flux d'exploitation soient négatifs ; ceux-ci ne peuvent évidemment pas être placés et doivent être financés. On retient comme taux de financement le coût moyen pondéré du capital. Dans ce cas, la démarche d'évaluation d'un investissement consiste à constater à chaque fin de période si les flux cumulés et capitalisés sont positifs ou négatifs. Le taux de capitalisation à retenir est le taux de financement pour les flux négatifs et le taux de placement pour les flux positifs. On obtient ainsi une valeur acquise en fin de vie que l'on pourrait appeler ***valeur acquise nette***.

Exemple 6.9 – Traitement d'un projet à flux négatifs

Considérons un investissement exploitable sur cinq ans et donnant lieu à la séquence de flux ci-dessous :

Dates (années)	0	1	2	3	4	5
Flux	– 10 000	1 000	– 2 000	7 000	7 000	5 000

Le taux de financement de l'entreprise est de 6 %. Les excédents de trésorerie peuvent être placés à 4 %. Donner un avis sur l'intérêt du projet.

- En date 1, ayant financé son décaissement initial (– 10 000) au taux de 6 %, l'entreprise présente une dette de :

$$10\,000 \times 1{,}06 = 10\,600$$

- Elle affecte le flux 1 à ce remboursement et ne doit plus que 9 600, montant qui doit être financé jusqu'en date 2. Le solde à cette date de l'opération de financement et du flux 2 (négatif) donne une dette de :

$$9\,600 \times 1{,}06 + 2\,000 = 12\,176$$

- En date 3, la dette devient :

$$12\,176 \times 1{,}06 - 7\,000 = 5\,906{,}56$$

- En date 4, l'entreprise se retrouve pour la première fois avec un excédent de trésorerie. En effet, sa dette s'élève à $5\,906{,}56 \times 1{,}06 = 6\,260{,}95$; elle peut être entièrement remboursée par le flux n° 4 de 7 000. Le solde de trésorerie est positif, égal à 739,05 ; il peut être placé au taux de 4 %.
- En date 5, la valeur acquise nette du projet est :

$$739{,}05 \times 1{,}04 + 5\,000 = 5\,768{,}61$$

Elle est positive ; le projet est donc intéressant.

Le calcul s'effectue période après période en capitalisant le solde de trésorerie de l'investissement à un taux de financement ou de placement, selon qu'il est négatif ou positif. Appliquée aux données de l'exemple 6.4, cette technique aurait conduit (avec des taux de 6 % et 4 %) à une valeur acquise nette de – 1 073 et donc à rejeter le projet.

Remarquons pour terminer que le taux de placement futur est normalement inconnu au moment de l'analyse du projet. En faisant l'hypothèse que les taux à terme implicites à la structure des taux[1] constituent des estimateurs des taux futurs, il est possible de les utiliser comme taux de placement pour le calcul de la valeur acquise des flux (voir exercice 6.3 p. 186).

1. Voir chapitre 4, p. 85-86.

Deuxième partie

L'évaluation des connaissances

Conseils méthodologiques généraux

La réussite aux examens repose d'abord sur une bonne compréhension des tenants et des aboutissants de la matière et sur une aptitude au calcul formel et numérique. Ces compétences peuvent s'acquérir rapidement avec un peu de méthode. Les lignes qui suivent sont conçues comme un petit guide d'accès au domaine traité dans cet ouvrage, en proposant un certain nombre de conseils pour aborder les mathématiques financières et quelques recommandations spécifiques pour préparer un examen.

Conseils pour aborder les mathématiques financières

La résolution d'un problème de mathématiques financières consiste à traiter, à l'aide du calcul formel[1] et numérique, une ***opération financière concrète***. Les capacités requises pour cela sont celles exigées par d'autres types d'enseignements universitaires, comme la microéconomie ou l'économie mathématique en général, la gestion industrielle, les statistiques, etc. La décision d'investissement ou de financement est le résultat d'un processus en trois étapes :

- une analyse de l'opération financière et de son environnement ;
- une formalisation de celle-ci à l'aide des mathématiques ;

1. Avant d'aborder un programme de mathématiques financières, il peut être utile de réviser quelques notions élémentaires d'analyse et en particulier les fonctions puissance, exponentielle, logarithme, ainsi que les suites réelles. Le lecteur pourra par exemple consulter à cet effet PUPION Georges et POULALION Gabriel (2001), *Les mathématiques de l'économiste*, Vuibert, ou ESCH Louis (1999), *Mathématiques pour économistes et gestionnaires*, De Bœck Université.

- une résolution débouchant sur un résultat à partir duquel découle la décision.

Retenons à titre d'exemple, une entreprise qui souhaite emprunter une somme de 1 000 sur six mois du 1er juillet au 31 décembre. Cette opération est extrêmement simple, mais nécessite de connaître les conditions dans lesquelles l'emprunt va se dérouler. Supposons qu'il se fasse auprès d'une banque, à intérêt précompté. L'analyse de l'opération commence donc par situer l'environnement (ici le domaine bancaire et l'intérêt simple précompté). Ensuite, si l'entreprise a besoin de 1 000 et que l'intérêt est précompté, elle doit emprunter un capital d'un montant supérieur à 1 000 car elle sait que du capital emprunté est déduit immédiatement le montant de l'intérêt. Pour aller plus loin, il faut formaliser. On obtient la formule de la valeur actuelle à intérêt précompté. Connaissant le taux pratiqué, sa résolution permet d'obtenir le capital de l'opération.

Nous détaillons maintenant ces trois étapes.

Comprendre les opérations financières sous-jacentes

Dans le cadre des opérations de prêts et d'emprunts, l'analyse doit pouvoir déboucher facilement sur l'établissement d'un ***échéancier de flux***, c'est-à-dire un tableau ou un graphique (diagramme des flux) permettant de situer des encaissements et des décaissements dans le temps. Les flux peuvent être des flux d'intérêts, des flux de capitaux, ou éventuellement des frais (frais de dossier, assurances, rémunération d'intermédiaires, impôts...).

Bien qu'un placement et un emprunt soient les deux aspects d'une même opération, il faut ***retenir un point de vue*** pour l'analyse des flux (celui de l'emprunteur ou du prêteur). En effet, il est des cas où la fiscalité et le calcul des dates entraînent des asymétries entre les parties. Reprenons l'exemple précédent d'une opération de prêt (emprunt) à six mois, à intérêt précompté, et retenons un taux de 5 %. La banque calcule les intérêts sur la base d'une année commerciale ; la durée est exprimée en nombre de jours exact en tenant compte du fait que l'établissement applique deux jours de banque. La durée de l'opération de son point de vue est de 185/360 année (183 jours entre le 1er juillet et le 31 décembre + 2 jours de banque). Du point de vue de l'entreprise, la durée est de 183/365 année. Le taux de 5 % est le taux proposé par le banquier. Il permet de calculer l'intérêt qui est :

$$1\,000 \times 5\,\% \times \frac{185}{360} = 25{,}69$$

Ce montant est encaissé par le banquier et décaissé par l'entreprise. En prenant en compte la fiscalité pour l'entreprise et en considérant que l'intérêt est déductible du résultat imposable, il produit une économie d'impôt qui vient diminuer le coût effectif de l'emprunt. Dans ce cas, en supposant que la déductibilité est immédiate et que le taux de l'impôt est de 1/3, l'intérêt effectif pour l'entreprise est :

$$25{,}69 - \frac{1}{3} \times 25{,}69 = 17{,}13$$

Le diagramme des flux pour les deux parties est représenté par le graphique 1.

Graphique 1 – Diagramme de flux du point de vue du banquier et de l'entreprise

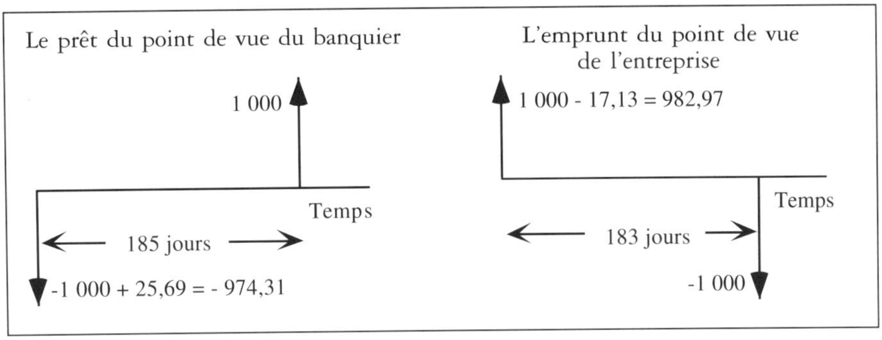

Ainsi, pour analyser correctement une opération financière, il faut non seulement avoir compris son fonctionnement général, mais aussi prendre en compte ses spécificités en répondant aux principales questions suivantes :

- Le calcul se fait-il en intérêt simple (pré ou post-compté), en intérêt composé ou selon un système mixte ?
- L'inventaire de tous les encaissements et décaissements est-il exhaustif ?
- Sur quelle base se fait le calcul de la (ou des) durée(s) : exact/360, exact/365, exact/366[1], années entières, mois entiers, etc. ?
- Comment est calculé le taux (méthode proportionnelle, méthode du taux équivalent, taux continu) ?

Formaliser

Les mathématiques financières reposent sur deux formules fondamentales, celle de l'intérêt simple et celle de la capitalisation des intérêts. Appliquées à des opérations de nature variée, ces formules permettent d'en déduire d'autres expressions. Pour éviter un apprentissage exhaustif et fastidieux, la méthode d'application de formules simples à des opérations plus ou moins complexes mais bien assimilées est la bonne attitude pour devenir un familier des mathématiques financières. Rappelons une fois encore que la compréhension de l'opération sous-jacente est un passage obligé avant toute formalisation. Elle permet la décomposition d'un problème complexe en éléments simples.

Retenir les principales formules desquelles découle tout le cours

Prenons un exemple pour illustrer ce principe. Dans le cadre de l'intérêt composé, la formule de base est la formule de capitalisation (2.1), donnant la valeur acquise d'un capital initial K_0 au taux i sur n périodes :

$$K_n = K_0(1+i)^n$$

1. S'il y a un 29 février entre le début et la fin de l'opération.

Insistons sur le fait que ***le taux doit être exprimé selon la même périodicité que n*** ; si n est un nombre d'années, le taux sera annuel, si n est un nombre de mois, le taux sera mensuel, etc. Connaissant cette formule et ses modalités d'application, il est simple de trouver la relation entre deux taux de périodes exprimés sur des bases différentes. Recherchons par exemple le taux hebdomadaire (i_h) correspondant à un taux bisannuel de 21 %. Il suffit d'écrire que la valeur acquise sur une période de deux ans au taux de 21 % est égale à la valeur acquise au taux i_h (taux hebdomadaire) sur $2 \times 52 = 104$ semaines :

$$1,21 = (1 + i_h)^{104}$$

C'est ensuite de la résolution analytique pure :

$$1 + i_h = 1,21^{\frac{1}{104}} \text{ soit } i_h = 1,21^{\frac{1}{104}} - 1 = 0,183\,457\ \%$$

D'une manière générale, avec un minimum de formules, on peut mettre en équations tous les problèmes de mathématiques financières de niveau premier et deuxième cycles universitaires.

Retenir les conditions d'application des formules

Il est également capital de se familiariser avec les conditions d'application des formules. Par exemple, l'emploi des expressions donnant les valeurs actuelles de rentes nécessite de connaître les dates des flux ; elles sont valides pour des rentes dont le premier flux est détaché une période après la date d'actualisation. Rappelons que les formules ne peuvent être utilisées qu'avec des données homogènes : à périodes données, taux de période correspondants.

S'imprégner de la démarche de mise en équations

Le candidat doit s'imprégner de la démarche de mise en équations. C'est pour cela que la partie consacrée au cours propose de nombreuses démonstrations et des exemples d'application. Par exemple, les formules (2.5) ou (2.6), qui énoncent une propriété bien connue de la fonction puissance, permettent souvent de simplifier la formalisation. Prenons l'exemple d'un calcul de valeur actuelle en date 0 au taux annuel de 10 % de trois flux F_1, F_2, F_3, encaissés en dates 1 mois, 1 an et 1 mois, 2 ans et 1 mois. La valeur actuelle s'écrit :

$$K_0 = \frac{F_1}{1,1^{\frac{1}{12}}} + \frac{F_2}{1,1^{1+\frac{1}{12}}} + \frac{F_3}{1,1^{2+\frac{1}{12}}}$$

En donnant les valeurs de ces trois flux, il est possible de trouver K_0. Cela étant, le passage à l'application numérique n'est pas très facile, compte tenu des exposants des facteurs d'actualisation. Il est plus simple d'actualiser en deux étapes, par exemple à la date du premier flux, puis en date 0 ou actualiser à la date – 11/12e, c'est-à-dire un an avant le premier flux, puis capitaliser sur onze mois, ce qui donne respectivement :

$$K_0 = \frac{1}{1,1^{\frac{1}{12}}}\left[F_1 + \frac{F_2}{1,1} + \frac{F_3}{1,1^2}\right] \text{ ou } K_0 = \left[\frac{F_1}{1,1} + \frac{F_2}{1,1^2} + \frac{F_3}{1,1^3}\right] \times 1,1^{\frac{11}{12}}$$

Résoudre

Lorsque les équations fondamentales du problème sont posées, il convient de les résoudre. Les résultats demandés peuvent être symboliques ou numériques. Quoi qu'il en soit, il est souvent plus facile de ***conserver les notations symboliques*** durant toute la résolution et de finir par le calcul numérique.

Le choix d'une calculatrice

La qualité de la calculatrice peut constituer un facteur important de réussite dans la mesure où l'acte d'achat est complété par une lecture minutieuse du manuel. On peut hésiter entre deux grands types :

- les ***calculatrices scientifiques*** sont généralement pourvues d'un mode de programmation performant. Leur utilisation nécessite cependant plusieurs heures de lecture du mode d'emploi et d'essais ;
- les ***calculatrices financières*** présentent un certain nombre de fonctions dites « financières ». Il s'agit en fait de petits programmes préétablis adaptés à la résolution de problèmes de finance. Le mode de programmation à disposition de l'utilisateur est souvent plus restreint.

Chacune présente des avantages et des inconvénients. Les calculatrices financières ne peuvent pas présenter l'ensemble des fonctions dont souhaiterait disposer l'étudiant pour répondre à ses exercices. Quant aux calculatrices scientifiques, ***l'investissement intellectuel*** nécessaire à la compréhension du mode de programmation est souvent démesuré, s'il ne trouve pas d'applications dans d'autres enseignements.

Dans les deux cas, il faut veiller à la ***qualité de l'affichage***, ainsi qu'à la ***qualité des touches***, qui doivent présenter un relief et un espacement suffisants afin d'assurer le confort et la précision de la saisie. Il est également souhaitable qu'elles aient une ***touche de correction*** qui permette d'éviter de resaisir totalement une expression lorsque l'on vient de faire une erreur.

Enfin, la majorité des machines à calculer proposent aujourd'hui un ***mode « équation »***, ou ***mode « solve »***, qui permet, une fois saisie une expression de p paramètres dans sa forme symbolique, de résoudre numériquement celle-ci pour un paramètre en ayant entré les valeurs des $p - 1$ autres. On mémorise par exemple l'expression :

$$K_0 = a\frac{1 - (1+i)^{-n}}{i}$$

ce qui permet d'obtenir sans autres calculs :

- la valeur actuelle K_0 d'une rente constante en entrant a, i et n ;
- l'annuité constante d'un emprunt de principal K_0, remboursable sur n périodes au taux (de période) i ;
- le nombre de périodes d'un emprunt de principal K_0, remboursable par annuités constantes a au taux i ;
- le taux i d'un emprunt de K_0 remboursable par n annuités constantes de montant a.

Le mode « équation » est particulièrement efficace lors des calculs de taux effectifs et dispense l'étudiant d'un calcul itératif ou d'une interpolation linéaire.

Retenir quelques propriétés importantes

Toutes les mathématiques financières reposent sur les notions de valeurs acquises et de valeurs actuelles, qui sont des fonctions du taux (taux d'intérêt, taux d'actualisation, taux effectif). On se rappellera que :

- la valeur acquise est une fonction croissante du taux ;
- la valeur actuelle est une fonction décroissante du taux.

Ces deux caractéristiques permettent de comprendre une bonne partie de la ***logique financière***. On peut ainsi comprendre pourquoi le cours des obligations baisse lorsque les taux montent et *vice versa*, ou encore pourquoi un investissement est d'autant moins intéressant que le taux d'actualisation est élevé. Ces deux propriétés sont particulièrement utilisées lors des calculs de taux effectifs. En effet, pour réaliser un calcul itératif de taux à partir d'une équation aux valeurs actuelles, il faut savoir que, si la valeur obtenue pour l'équation aux valeurs actuelles est trop élevée, il faut augmenter le taux et *vice versa*.

La maîtrise de l'épreuve

La maîtrise de la matière de l'épreuve est un gage important de réussite. Elle doit être complétée par une phase de préparation et un comportement adéquat lors de l'examen afin d'optimiser le résultat.

La phase de préparation

La phase de préparation ne doit pas se réduire à une phase de révision. Il convient également de se familiariser avec la nature de l'épreuve qui, en mathématiques financières, relève le plus souvent de l'exercice ou du QCM (questionnaire à choix multiple de réponses). Que l'examen soit de l'une ou de l'autre forme, la préparation peut être similaire. L'épreuve du QCM mérite néanmoins une attention particulière, même si, le plus souvent, elle prend la forme de questions sur un ensemble d'exercices.

Même pour quelqu'un qui pense avoir bien intégré le contenu théorique du cours, il est nécessaire de ***relire ses notes ou les parties de ce manuel*** correspondant aux thèmes traités avant de se lancer dans l'étude d'exercices. Il y a certainement nombre de résultats ou d'astuces qui, passés inaperçus en première lecture, se révèlent lors d'un second passage.

La révision passe par la ***réalisation d'exercices*** anciens (refaire ceux déjà étudiés) ou nouveaux. Il faut savoir que la variété des questions qu'il est possible de poser sur un programme de mathématiques financières n'est pas illimitée. L'exercice étant un complément indispensable du cours, nous conseillons de travailler le cours et les exemples (ou exercices traités en TD) simultanément, puis de conserver pour la dernière phase la réalisation de problèmes que nous proposons dans le chapitre « exercices » et dont certains peuvent être considérés comme des sujets de synthèse. La préparation à une épreuve de QCM mérite que, outre l'étude du cours et la réalisation d'exercices, le candidat prenne le temps de se familiariser avec ce type d'évaluation.

À l'issue de cette phase, l'étudiant doit avoir développé des capacités de compréhension et de résolution de problèmes. L'acquisition de ces capacités doit permettre d'obtenir à la fois la confiance en soi et l'aptitude à la restitution des savoirs.

Le déroulement de l'épreuve

Selon le type d'épreuve, la ***gestion du temps*** imparti et l'***optimisation du sujet*** peuvent prendre des formes particulières. Dans tous les cas, le succès repose sur deux données essentielles : la qualité et la rapidité du raisonnement.

La spécificité d'une épreuve avec problèmes ou exercices

• Il est toujours nécessaire de commencer par une ***lecture attentive des énoncés*** pour repérer les thèmes abordés et le barème (s'il est indiqué). Si le sujet comporte plusieurs exercices, ou un problème plusieurs questions, l'étudiant doit vérifier s'il y a ou non ***indépendance entre ces différentes parties***. Ensuite, et en fonction de ses aptitudes particulières, le candidat organisera le déroulement chronologique de son travail.

• La réalisation des exercices dans l'ordre prévu peut se faire au brouillon, ou directement sur la copie si l'étudiant pense qu'ils ne présentent pas de difficultés particulières. Les résultats obtenus doivent passer « l'épreuve de la ***vraisemblance*** », dans les grandes lignes d'abord [1], puis éventuellement plus en détail, en confrontant le résultat obtenu à un calcul approché. La rédaction devra être soignée et la démarche expliquée ***(pas de résultat brut)***.

• Une rapide ***relecture*** est toujours utile ; elle permet parfois de faire apparaître une erreur de raisonnement ou une incohérence entre des résultats obtenus à des questions différentes.

La spécificité de l'épreuve de QCM

Le questionnaire à choix multiple de réponses est une épreuve ayant pour objectif de faire sélectionner une (ou des) réponse(s) à une question posée parmi plusieurs propositions. Le temps imparti est variable selon les épreuves ; il est cependant toujours nécessaire d'***éviter la précipitation*** et de travailler dans un premier temps au ***crayon à papier***.

(a) – **Les grandes formes de questions constituant un QCM**

Plusieurs types de questions peuvent être proposées dans un même QCM :

• Les ***questions passives***, où seules doivent être cochées les réponses justes. Par exemple : *les intérêts d'un découvert bancaire sont calculés* [2] *:*

A – selon la technique de l'intérêt composé ;

B – selon la technique de l'intérêt simple post-compté ;

---

1. Par exemple, pour un même capital, une valeur actuelle ne peut pas être supérieure à une valeur acquise ; une interpolation linéaire entre 10 % et 11 % ne peut pas donner 12 %...

2. La bonne réponse est B.

C – selon la technique de l'intérêt mixte ;
D – selon la méthode de Newton-Raphson.

• Les ***questions actives simples***, qui imposent un calcul. Par exemple : *une société négocie le 25 septembre auprès de son banquier un effet de commerce d'un nominal de 10 000 € et dont l'échéance est le 31 octobre. Le banquier a versé à la société la valeur actuelle de l'effet, soit 9 940 €. La seule affirmation correcte est*[1] *:*
A – On a pratiqué l'escompte rationnel au taux de 6,2 %.
B – On a pratiqué l'escompte rationnel au taux de 6 %.
C – On a pratiqué l'escompte commercial au taux de 6 %.
D – On a pratiqué l'escompte commercial au taux de 6,2 %.

• Les ***questions actives complexes***, qui nécessitent une analyse particulière de la question et des réponses proposées, ainsi qu'une réflexion et souvent des calculs. Par exemple : *une obligation zéro-coupon de 100 € de nominal est actuellement cotée à 89. Cocher la ou les affirmations correctes parmi les propositions ci-dessous*[2] *:*
A – Si sa maturité est de trois ans, son taux de rendement est 7 %.
B – Si sa maturité est de deux ans et six mois, son coupon couru, compte tenu d'un taux facial de 5 % est de 2,5.
C – Si sa maturité est de deux ans, son taux de rendement est 6 %.
D – Si sa maturité est de deux ans, une obligation in fine *de taux facial 8 % et cotant 103,67 aurait le même rendement que cette obligation zéro-coupon.*

Les questions peuvent donc être de natures active ou passive, à réponse unique ou à réponses multiples ; elles peuvent être enfin plus ou moins complexes comme le montre ce dernier exemple. Notons également qu'une question peut parfois inviter à cocher la (les) bonne(s) réponse(s), ou au contraire désigner la (les) proposition(s) fausse(s).

(b) – **Les facteurs de la réussite**

La réussite à ce type d'épreuve repose sur le respect de quatre principes.

• Une grande ***concentration*** est plus que jamais nécessaire pour lire très attentivement les questions (et repérer l'indice qui va orienter la réponse) et les choix de réponses.

• Un ***entraînement préalable*** à ce type d'épreuve est indispensable, dans les conditions de l'examen, c'est-à-dire sans document et en temps limité.

• La ***gestion du temps*** est évidemment essentielle. Une rapide lecture du sujet permet de repérer le type de questions, le nombre de questions, la structure du QCM (par thème, par difficulté croissante...). Si les questions apparaissent de difficultés sensiblement équivalentes, le calcul de la durée moyenne par question permet de vérifier régulièrement que l'on est « dans les temps ».

• Il faut enfin se rappeler que ***les réponses fausses sont pénalisées*** par des points négatifs et qu'il est souvent préférable de ne pas répondre lorsque l'on ne sait pas, plutôt que de cocher au hasard.

---

1. La réponse correcte est C.
2. Les réponses correctes sont C et D. Remarquons qu'il n'est pas nécessaire de faire des calculs pour éliminer la proposition B, puisque, par définition, une obligation zéro-coupon ne détache pas de coupon.

Le QCM (questionnaire à choix multiple)

Cette partie regroupe deux épreuves de QCM (questions à choix multiple de réponses). Le premier est relativement simple ; il doit être compris comme un outil permettant de constater que le contenu du cours est correctement assimilé. Le second est plus sophistiqué et nécessite des capacités d'analyse et de réflexion plus poussées. Sauf mention contraire, la précision des calculs de taux est à 0,01 % près.

Soixante-dix questions pour évaluer les connaissances

Ce premier questionnaire est destiné à tester l'ensemble des connaissances de base. Il comporte 70 questions. La plupart sont extraites de QCM proposés lors d'examens. Chacune de ces questions n'admet qu'une ***seule réponse exacte*** sur les quatre proposées.

Parfois, il est possible d'éliminer très rapidement une ou plusieurs réponses manifestement fausses. Pour d'autres questions, plutôt que de chercher à tout prix la réponse exacte, il peut être plus facile de tester une ou plusieurs réponses proposées. Si les réponses sont classées dans l'ordre croissant, il est préférable de tester en premier lieu la réponse 2 ou la réponse 3, ce qui permettra, si elle est erronée, d'éliminer également une ou plusieurs autres réponses, suivant que le résultat obtenu est trop petit ou trop grand. Enfin, dans certains cas (par exemple la détermination du TRABE d'une obligation), un calcul approché rapide peut suffire pour déterminer la réponse la plus vraisemblable.

La durée nécessaire pour résoudre une question est variable (entre trente secondes et trois minutes), mais le questionnaire entier doit pouvoir être traité par un bon étudiant en l'espace de deux heures (en une ou plusieurs fois). Cela suppose que l'on dispose d'une calculatrice contenant quelques programmes simples destinés à faciliter les calculs répétitifs. On gagnera du temps en écrivant un minimum d'éléments sur sa feuille de brouillon et l'on évitera d'indiquer les réponses directement sur cet ouvrage, ce qui permettra de refaire le test si le premier essai n'a pas été réussi convenablement.

Le calcul financier en intérêt simple

(Pour les questions 1 à 6, l'intérêt est supposé post-compté.)

1. L'intérêt fourni par le placement de 320 € au taux annuel de 4,25 % du 2 mars au 12 août de la même année est :

A. 6,16 € *B.* 6,17 € *C.* 6,19 € *D.* 6,20 €

2. Le capital qui, placé à intérêt simple à 4 % pendant trois mois, a acquis une valeur de 777 777 €, est :

A. 767 543 € *B.* 769 990 € *C.* 770 000 € *D.* 770 076 €

3. Une personne emprunte 22 400 € le 27 avril. Elle rembourse sa dette le 30 juin. Le taux d'intérêt est 15 %. Le montant qui devra être remboursé est :

A. 22 988,00 € *B.* 22 972,46 € *C.* 22 997,33 € *D.* 23 006,67 €

4. Un particulier a placé une somme S à intérêt simple au taux annuel de 4,5 %. Après six mois et demi, le montant des intérêts s'élève à 118,46 €. La valeur de S est :

A. 3 365 € *B.* 4 860 € *C.* 4 909 € *D.* 7 020 €

5. Une entreprise place le 3 juillet N un million d'euros à intérêt simple. Le capital disponible au 5 janvier N + 1 s'élève à 1 028 416,67 €. Le taux annuel du placement est :

A. 5 % *B.* 5,5 % *C.* 5,65 % *D.* 5,76 %

6. Une personne emprunte le 2 janvier 2004 un capital de 20 000 € à intérêt simple au taux annuel de 5 %. Elle rembourse avec les intérêts 20 177,78 €. La date exacte de remboursement cette même année est le :

A. 5 mars *B.* 6 mars *C.* 7 mars *D.* 8 mars

7. On place 51 567 € à intérêt précompté pendant six mois au taux de 5,50 %. Le taux *in fine* ou taux post-compté du placement est :

A. 5,26 % *B.* 5,36 % *C.* 5,46 % *D.* 5, 66 %

8. On place une somme de 100 000 € à intérêt précompté pendant 91 jours, au taux post-compté de 5,064 %. Le taux précompté est :

A. 4,94 % *B.* 5 % *C.* 5,12 % *D.* 5,26 %

9. Le 10 janvier 2000, une entreprise émet un billet de trésorerie d'un montant nominal de 100 000 €, au taux précompté de 4,2 %, pour une durée de 60 jours. La somme versée par le souscripteur est :

A. 99 300 € *B.* 99 304,87 € *C.* 99 309,59 € *D.* 100 000 €

10. Une traite de nominal 9 000 € à échéance le 13 décembre est escomptée pour une valeur actuelle de 8 850 € au taux de 10 %. On pratique l'escompte commercial. La date de remise à l'escompte est :

A. 13 octobre *B*. 14 octobre *C*. 15 octobre *D*. 16 octobre

11. Un billet à ordre d'une valeur nominale de 15 000 €, à échéance du 29 décembre, est remis à l'escompte le 14 novembre. La valeur actuelle rationnelle de l'effet, pour un taux d'escompte de 4 %, est :

A. 14 925,00 € *B*. 14 925,37 € *C*. 14 992,61 € *D*. 15 075,00 €

12. Le 2 mars, on remplace un effet de commerce à échéance du 30 juin par un effet équivalent à échéance du 29 août. Le taux de l'escompte commercial est 6 %. La valeur nominale du nouvel effet est 100 800 €. La valeur nominale de l'effet à échéance du 30 juin était :

A. 98 771 € *B*. 99 771 € *C*. 100 771 € *D*. 101 771 €

Le calcul financier en intérêt composé

13. On place 3 000 € à intérêt composé au taux annuel de 4,5 % durant six ans. Le montant des intérêts acquis s'élève à :

A. 810,00 € *B*. 899,40 € *C*. 906,78 € *D*. 3 906,78 €

14. Un épargnant place 15 000 € à intérêt composé durant trente mois au taux mensuel de 0,5 %. La valeur acquise à l'issue de cette durée est :

A. 17 365,98 € *B*. 17 250,00 € *C*. 17 421,00 € *D*. 64 829,14 €

15. Un épargnant place à intérêt composé durant un an un capital *C* au taux semestriel de 3 % avec capitalisation semestrielle des intérêts. Les intérêts acquis s'élèvent à 675 €. Le capital *C* placé est :

A. 635,97 € *B*. 716,42 € *C*. 11 083,74 € *D*. 11 250,00 €

16. Un épargnant a placé pendant trois ans une somme *S* à la Caisse d'épargne. Pendant les deux premières années, le taux annuel servi a été 3 %. Ce taux s'est établi à 2,25 % la dernière année. La valeur acquise de ce placement à l'issue de ces trois années est 6 508,62 €. La somme *S* placée était :

A. 6 000,00 € *B*. 6 032,60 € *C*. 7 771,35 € *D*. 7 813,56 €

17. On place un capital de 7 687 € à intérêt composé au taux annuel de 6,01 %. La durée nécessaire pour obtenir un triplement du capital initial est, à 15 jours près :

A. 18 ans *B*. 18 ans 8 mois 15 jours

C. 18 ans 10 mois *D*. 19 ans

18. La durée nécessaire pour que la valeur d'un capital placé à intérêt composé au taux annuel de 2,1 % soit multipliée par huit est d'environ :

A. 4 ans *B*. 8 ans *C*. 16 ans *D*. un siècle

19. La valeur d'un capital placé à intérêt composé a progressé d'environ 1 000 % en quarante ans. Le taux annuel de ce placement était :

A. 2,50 % *B*. 5,65 % *C*. 5,93 % *D*. 6,18 %

20. Un capital est placé à intérêt composé au taux de 8 % pendant neuf ans puis au taux de 7 % pendant dix ans. Sur l'ensemble des dix-neuf années, la progression du capital est d'environ :

A. 142 % *B*. 284 % *C*. 293 % *D*. 393 %

21. Le taux mensuel proportionnel au taux annuel de 10 % est, à 0,001 % près :

A. 0,797 % *B*. 0,833 % *C*. 0,900 % *D*. 1,000 %

22. Le taux semestriel équivalent au taux annuel de 11 % est, à 0,001 % près :

A. 2,643 % *B*. 2,750 % *C*. 5,357 % *D*. 5,500 %

23. Le taux mensuel équivalent au taux semestriel de 4 % est, à 0,001 % près :

A. 0,327 % *B*. 0,333 % *C*. 0,656 % *D*. 0,667 %

24. Le taux trimestriel équivalent au taux mensuel de 2 % est, à 0,001 % près :

A. 6,000 % *B*. 6,121 % *C*. 24,000 % *D*. 26,824 %

25. Un taux d'inflation mensuel de 1 % conduit à une hausse annuelle de :

A. 12,00 % *B*. 12,60 % *C*. 12,68 % *D*. 12,70 %

26. Une SICAV régulière a vu sa valeur liquidative passer de 2 869,46 € à 2 878,06 € sur une durée de trente-quatre jours. Le taux annuel équivalent est :

A. 3,00 % *B*. 3,26 % *C*. 3,60 % *D*. 3,66 %

27. Le 15 janvier 2000, monsieur X a placé dans une banque 2 000 € à intérêt composé au taux i. Le 15 janvier 2001, il a retiré 2 000 €. On suppose que les sommes placées ont produit des intérêts à compter du jour du dépôt et qu'elles ont cessé d'en produire à compter du jour du retrait. Le 15 janvier 2003, le solde de son compte est 92,38 €. Le taux i est :

A. 4,25 % *B*. 4,50 % *C*. 4,75 % *D*. 5 %

28. Un capital a été placé pendant dix ans. Pendant les n premières années, il a été placé au taux annuel de 7 %, puis au terme de ces n années le capital ainsi obtenu a été placé au taux annuel de 6 % pendant $(10 - n)$ années. En dix ans, la valeur du capital a augmenté d'environ 93 %. La valeur de n est :

A. 5 *B*. 6 *C*. 7 *D*. 8

29. Un épargnant a placé pendant dix ans un capital C. Pendant les n premières années, ce capital a été placé au taux annuel de 8 %, puis au terme de ces années le capital initial augmenté des intérêts a été placé au taux annuel de 7 % pendant $(10 - n)$ années. L'épargnant constate que le taux annuel moyen de son placement est 7,40 %. La valeur de n est :

A. 4 *B*. 5 *C*. 6 *D*. 7

(Pour les questions 30 à 42, tous les versements sont supposés intervenir en fin de période.)

30. Une rente perpétuelle rapporte 500 € par an. Le versement initial était de 10 000 €. Le taux d'intérêt offert par cette rente est :

A. 0,5 % *B*. 5 % *C*. 10 % *D*. 50 %

31. On décide de verser 60 mensualités de 60 € chacune sur un compte rémunéré au taux mensuel de 0,437 5 %. La valeur actuelle de cette suite de mensualités est :

A. 77,97 € *B*. 3 160,23 € *C*. 3 600 € *D*. 4 106,50 €

32. En vue de l'achat d'un bien immobilier, un particulier verse chaque trimestre 280 € sur un plan d'épargne rémunéré au taux trimestriel de 1,5 %. La valeur acquise par cette suite de trimestrialités, immédiatement après le vingtième versement, est :

A. 4 807,22 € *B*. 5 600,00 € *C*. 6 313,54 € *D*. 6 474,63 €

33. Un particulier verse durant une année douze mensualités de 200 € chacune, puis l'année suivante douze mensualités de 250 € chacune. Ces versements sont capitalisés à un taux mensuel de 0,4 %. La valeur acquise par cette suite de vingt-quatre mensualités est :

A. 5 376,94 € *B*. 5 529,60 € *C*. 5 640,79 € *D*. 5 655,84 €

34. Un épargnant verse durant quatre ans des trimestrialités constantes de 450 €. Les versements sont capitalisés au taux trimestriel de 1 % les deux premières années et au taux trimestriel de 1,1 % les deux années suivantes. La valeur actuelle de ces trimestrialités est :

A. 6 584,12 € *B*. 6 595,95 € *C*. 6 609,08 € *D*. 7 811,26 €

35. Une suite de dix annuités constantes, capitalisées au taux annuel de 5 %, a une valeur acquise de 4 402,26 €. Le montant de l'annuité constante est :

A. 350,00 € *B*. 440,23 € *C*. 570,11 € *D*. 2 702,61 €

36. En vue de financer l'achat d'un appartement, un particulier désire se constituer un apport personnel de 40 000 € au 2 février 2013. Son compte d'épargne est rémunéré au taux annuel de 5,25 % l'an. Il doit y verser chaque année, du 2 février 2004 au 2 février 2012, une somme de :

A. 3 411,33 € *B*. 3 590,42 € *C*. 3 944,48 € *D*. 4 151,57 €

37. n annuités de 2 600 € chacune, capitalisées au taux annuel de 4,5 %, ont une valeur acquise de 28 085,50 €. La valeur de n est :

A. 8 *B*. 9 *C*. 10 *D*. 11

38. Une suite de quinze mensualités constantes de 100 € a pour valeur actuelle 1 453,07 €. Le taux mensuel de capitalisation est :

A. 0,25 % *B*. 0,40 % *C*. 0,55 % *D*. 0,70 %

39. On effectue chaque année durant douze ans des versements réguliers sur un compte d'épargne rémunéré au taux annuel de 5,5 %. Les annuités sont en progression géométrique de raison 1,055, la première annuité étant d'un montant de 600 €. La valeur acquise par cette suite d'annuités est :

A. 9 831,35 € *B.* 12 975,07 € *C.* 13 555,89 € *D.* 13 688,69 €

40. On effectue chaque année durant huit ans des versements réguliers sur un compte rémunéré au taux annuel de 4,5 %. Les annuités sont en progression géométrique de raison 1,05, la première annuité étant d'un montant de 800 €. La valeur acquise par cette suite d'annuités est :

A. 6 627,95 € *B.* 6 720,00 € *C.* 8 709,52 € *D.* 8 856,77 €

41. On effectue chaque année durant dix ans des versements réguliers sur un compte d'épargne rémunéré au taux annuel de 5 %. Les annuités sont en progression arithmétique de raison 50 € ; la première annuité est de 600 €. La valeur acquise par cette suite d'annuités est :

A. 6 215,64 € *B.* 10 124,63 € *C.* 10 691,21 € *D.* 14 590,36 €

42. Le 31 janvier 2004, à la fin de son contrat, le bénéficiaire d'une d'assurance vie se voit offrir l'alternative suivante :

– « sortie en capital » : l'assuré perçoit alors immédiatement une somme de 84 990 € ;
– « sortie en rente viagère » : l'assuré percevra chaque année, à compter du 31 janvier 2005 et jusqu'à son décès, une somme de 7 410 €.

En adoptant un taux d'actualisation de 6 %, l'espérance de vie minimale nécessaire pour que la seconde solution soit préférable à la première est :

A. 10 ans *B.* 15 ans *C.* 20 ans *D.* 25 ans

Les emprunts indivis

43. Un emprunt indivis d'un montant de 10 000 € est consenti pour une durée de deux ans au taux annuel de 8 %. La première annuité s'élève à 6 000 €. Le montant de la deuxième et dernière annuité est :

A. 4 000 € *B.* 5 184 € *C.* 5 584 € *D.* 6 000 €

44. On fournit les éléments suivants (en €) du tableau d'amortissement d'un emprunt indivis :

Année	Capital dû en début de période	Amortissement	Intérêt	Annuité
1		7 000	2 200	
2			1 500	

Le montant de la deuxième et dernière annuité est :

A. 9 200 € *B.* 15 000 € *C.* 16 500 € *D.* 22 000 €

45. Un emprunt indivis de 15 000 € est accordé le 12 octobre N pour une durée de deux ans. La première annuité, versée le 12 octobre N+1, est 6 000 €. La deuxième et dernière annuité est 10 494 €. Le taux annuel de cet emprunt est :

A. 5,5 % *B.* 6 % *C.* 6,5 % *D.* 7 %

46. Un emprunt de 50 000 € est remboursé par amortissement constant au moyen de dix annuités. Le taux d'intérêt annuel est 8 %. Le montant de la deuxième annuité est :

A. 3 600 € *B*. 5 000 € *C*. 7 451,47 € *D*. 8 600 €

47. Un emprunt est remboursé au moyen de 36 mensualités constantes de 1 013,71 € chacune. Sachant qu'il a été consenti au taux mensuel de 1,1 %, le montant de cet emprunt est :

A. 44 479, 81 € *B*. 30 000 € *C*. 36 895,03 € *D*. 658 837,93 €

48. Afin de lui permettre de créer son entreprise, une banque consent à un de ses clients un prêt de 25 000 €, consenti au taux de 10 % et remboursable au moyen de cinq annuités constantes après un différé de deux ans durant lequel le client n'aura rien à verser (ni intérêt, ni amortissement). Le montant de l'annuité constante sera :

A. 6 594,94 € *B*. 7 979,87 € *C*. 7 913,92 € *D*. 12 163,97 €

49. Un emprunt de 80 000 € a été accordé pour une durée de treize ans. Le remboursement s'effectue au moyen de mensualités constantes. Le taux mensuel est le taux équivalent au taux annuel de 12 %. Le coût de ce crédit s'élève à :

A. 73 628 € *B*. 78 330 € *C*. 80 000 € *D*. 81 904 €

50. Un emprunt est remboursable par annuités constantes. Sachant que le douzième amortissement est le double du premier, le taux d'intérêt annuel est :

A. 5,48 % *B*. 5,95 % *C*. 6,50 % *D*. 7,18 %

51. On vous propose un prêt de 50 000 € remboursable en cinq annuités constantes de 12 991,66 €. Le taux auquel l'emprunt vous est consenti est :

A. 9,41 % *B*. 9,50 % *C*. 9,59 % *D*. 9,68 %

52. Un emprunt indivis d'un montant de 50 000 € est remboursé au moyen de trimestrialités constantes de 3 980,54 €. Le taux annuel est 12 % et le calcul des intérêts se fait en taux proportionnel. Le nombre de trimestrialités versées est :

A. 16 *B*. 17 *C*. 18 *D*. 19

Les obligations

53. Une obligation de nominal 500 € est cotée 114,90 (cours pied de coupon). Le coupon couru est de 8,000. Le prix d'achat d'une obligation, hors frais de transaction, est :

A. 500,00 € *B*. 534,50 € *C*. 574,50 € *D*. 614,50 €

54. Quelle que soit la date d'observation, le coupon couru d'une obligation de taux nominal 6 % :

A. est inférieur à 6 % *B*. est supérieur à 6 %

C. dépend de l'offre et de la demande *D*. se calcule à partir du taux actuariel

55. Le mardi 3 février 2004, le coupon couru d'une obligation de taux nominal 10 % était 9,452. La date de détachement du coupon annuel de ce titre est le :

A. 21 février *B*. 26 février *C*. 25 avril *D*. 25 octobre

56. Une obligation sans coupon remboursable dans dix ans à 100 % de sa valeur nominale est cotée 44,55 (en pourcentage de sa valeur nominale). Son taux actuariel est :

A. 2,24 % *B*. 8,24 % *C*. 8,32 % *D*. 8,42 %

57. Un obligation sans coupon, remboursable dans dix ans à 100 % de sa valeur nominale, offre un taux actuariel de 8,52 %. Son cours (en pourcentage de sa valeur nominale) est :

A. 44,15 *B*. 52,29 *C*. 85,20 *D*. 91,48

58. Un emprunt obligataire présente les caractéristiques suivantes :

- nombre d'obligations émises : 1 000 000 ;
- taux nominal i : 6,30 % ;
- valeur nominale C : 2 000 € ;
- prix d'émission E : 1 980 € ;
- amortissement en huit annuités sensiblement constantes au pair (soit 1000 €).

Le montant de la première annuité est :

A. 126 000 000 € *B*. 200 000 000 €

C. 322 648 000 € *D*. 325 906 000 €

59. Une entreprise émet un emprunt obligataire dont les caractéristiques sont les suivantes :

- nombre d'obligations émises : 50 000 ;
- taux nominal i : 11 % ;
- valeur nominale C : 600 € ;
- prix d'émission E : 594 € ;
- prix de remboursement : 610 €.

L'emprunt est remboursé au moyen de vingt échéances annuelles de montants sensiblement constants. La première part d'amortissement est :

A. 462 380 € *B*. 467 260 € *C*. 475 190 € *D*. 484 950 €

60. Les informations suivantes sont données à la date du mercredi 19 février 2003 :

Obligation	Cours du jour (en %)	Taux actuariel brut	Durée de vie moyenne	Sensibilité	Coupon couru (en %)	Date du prochain coupon
OAT 7,75 % 2010	118,81	4,76 %	7,7 ans	5,81	2,590	25.10.03

Si le taux actuariel brut de l'obligation passe de 4,76 % à 5,76 %, son cours :

A. progressera d'environ 4 % *B*. baissera d'environ 4 %

C. progressera d'environ 6 % *D*. baissera d'environ 6 %

61. Deux obligations sans coupon présentent les caractéristiques suivantes :
- obligation A : maturité un an ; taux zéro-coupon : 5,37 % ;
- obligation B : maturité deux ans ; taux zéro-coupon : 5,46 %.

Le taux à terme implicite (ou taux *forward*) à un an dans un an est :

A. 5,28 % *B.* 5,42 % *C.* 5,55 % *D.* 5,60 %

Les taux effectifs

62. Un organisme de crédit à la consommation annonce, pour les prêts consentis aux particuliers, un taux de 8,60 %. En fait, pour 1 000 € empruntés sur un an, le remboursement s'effectue au moyen de douze mensualités constantes de 87,27 €. Le TAEG (taux annuel effectif global) auquel cet emprunt est consenti est :

A. 4,72 % *B.* 8,25 % *C.* 8,60 % *D.* 8,95 %

63. Un grand distributeur commercialise un produit « multimédia » d'accès à Internet pour 899 €. Les conditions pour l'achat de ce produit à crédit sont un apport personnel initial de 539 € puis 15 € par mois pendant 26 mois. Le TAEG de ce crédit est :

A. 6,02 % *B.* 7,20 % *C.* 7,47 % *D.* 8,33 %

64. Afin de vous permettre de financer la croissance de votre entreprise, une banque vous prête une somme de 150 000 € au taux annuel de 6 % pour une durée de dix ans. Le remboursement s'effectue au moyen d'annuités constantes, la première étant versée un an après la signature du contrat. Lors de cette signature, des frais de dossier vous sont réclamés. Le coût actuariel brut de l'emprunt étant 6,10 %, le montant des frais de dossier s'élève à :

A. 518 € *B.* 708 € *C.* 736 € *D.* 1 223 €

65. Une société emprunte 250 000 € pour une période de dix ans au taux annuel de 5,5 %. 950 € sont exigibles à la signature du contrat au titre des frais de dossier. Le remboursement s'effectue au moyen de dix annuités constantes. Le coût actuariel brut de cet emprunt est :

A. 5,50 % *B.* 5,58 % *C.* 5,66 % *D.* 5,74 %

66. Un emprunt obligataire présente les caractéristiques suivantes :
- nombre N d'obligations émises : 100 000 ;
- taux nominal i : 4 % ;
- valeur nominale C : 1 000 € ;
- prix d'émission E : 990 € ;
- amortissement *in fine* dans huit ans au prix de 1 000 €.

Le taux de rendement actuariel brut à l'émission est :

A. 4,00 % *B.* 4,15 % *C.* 4,24 % *D.* 5,05 %

67. Un emprunt obligataire présente les caractéristiques suivantes :
- nombre N d'obligations émises : 400 000 ;
- taux nominal i : 6 % ;
- valeur nominale C : 1 000 € ;
- prix d'émission E : 990 € ;
- amortissement en cinq annuités sensiblement constantes au pair (soit 1000 €).

Le taux de rendement actuariel brut à l'émission est :

A. 6 % *B.* 6,23 % *C.* 6,37 % *D.* 7,01 %

68. Un emprunt obligataire émis à 980 € et de nominal 1 000 € est remboursé *in fine* au bout de huit ans. Le coupon annuel étant 65 €, le montant de la prime de remboursement permettant d'obtenir un taux de rendement actuariel brut à l'émission de 6,9 % est :

A. 4 € *B.* 6,5 € *C.* 6,8 € *D.* 10,68 €

L'évaluation des investissements

69. Une entreprise envisage d'investir un million d'euros afin de rendre plus performante l'une de ses chaînes de production. On estime que les flux d'exploitation supplémentaires générés par cet investissement, comptabilisés à la fin de chaque année, seront de 130 000 € par an pendant dix ans, puis nuls ensuite. Pour un taux d'actualisation de 4 %, la valeur actuelle nette de cet investissement est, à 100 € près :

A. 52 000 € *B.* 54 400 € *C.* 300 000 € *D.* 560 800 €

70. Un investissement de 90 000 € est réglé à la date 0. Les flux annuels d'exploitation prévus sont les suivants :

Dates	1	2	3	4	5	6
Revenus	15 000	20 000	30 000	20 000	10 000	5 000

Le taux de rendement interne (TRI) de cet investissement est :

A. –6 % *B.* 17 % *C.* –3,40 % *D.* 3,55 %

Quarante questions d'entraînement aux QCM complexes nécessitant un raisonnement financier

Ce second questionnaire a pour objectif de tester vos aptitudes au raisonnement financier, ainsi qu'au calcul formel et numérique. Il comporte 40 questions pour lesquelles il peut y avoir ***plusieurs réponses exactes par question***, avec ***au moins une proposition juste***. Par ailleurs, un petit énoncé peut donner lieu à plusieurs questions. Compte tenu de la forme des questions et des réponses proposées, il est souvent possible de repérer immédiatement celles pour lesquelles un seul choix s'impose. C'est le cas lorsqu'un calcul numérique unique débouche sur un résultat unique. Pour les autres, il convient de lire attentivement la question, de bien comprendre ce que l'on attend du candidat et d'analyser toutes les réponses proposées afin de les retenir ou les éliminer sur des critères numériques (c'est-à-dire après avoir fait des calculs), ou sur des critères formels. Nous ne précisons plus les domaines concernés (intérêt simple, intérêt composé, emprunts indivis...). Cela étant, les questions suivent approximativement la logique du cours.

On considère trois effets de commerce dont les caractéristiques sont les suivantes :

Effet A : valeur nominale : 10 000 € Échéance : 01.02.2003
Effet B : valeur nominale : 20 000 € Échéance : 01.03.2003
Effet C : valeur nominale : 30 000 € Échéance : 01.04.2003

On pratique l'escompte commercial au taux de 3 %.

1. À la date du 14.01.2003, la valeur actuelle de l'effet A est :

A. 9 970 € *B*. 9 985 € *C*. 10 015 € *D*. 10 030 €

2. L'effet B est négocié le 14.01.2003. Le montant de l'escompte est :

A. 15 € *B*. 30 € *C*. 76,67 € *D*. 19 923,33 €

3. On admet qu'à la date de 14.01.2003 la valeur actuelle de l'effet C est 29 807,50 €. La valeur nominale de l'effet unique, échéant le 15.03.2003 et équivalent, à la date du 14.01.2003, aux trois effets précédents, est :

A. 59 715,83 € *B*. 60 000 € *C*. 60 015,91 € *D*. 62 000 €

---

4. Un effet de commerce de 5 000 € de nominal échéant le 17 octobre est porté à l'escompte le 4 septembre de la même année. Le taux de l'escompte commercial est de 9 %. La banque facture une commission fixe de 10 € et applique deux jours de banque. Quelles sont les propositions exactes parmi les affirmations ci-dessous ?

A. Le taux *in fine* correspondant au taux précompté de 9 % est 9,10 %.
B. Le montant des agios est 66,25 €.
C. La valeur actuelle de l'effet est 4933,75 €.
D. Le taux effectif de l'opération est 11,99 %.

---

5. Un billet de trésorerie d'un montant de 10 millions d'euros est émis le 18 janvier 2000, à échéance du 25 mars, au taux précompté de 3,25 %. Quelles sont les affirmations exactes ?

A. Le montant disponible pour l'entreprise le 18 janvier est 9 939 514 €.

B. Le montant remboursé par l'entreprise le 25 mars est 10 060 486 €.

C. La taux *in fine* de cette opération est 3,27 %.

D. Le taux actuariel brut pour le souscripteur est 3,37 %.

Le 30.12.N, un épargnant a placé 1 000 € sur un livret de caisse d'épargne. Le taux d'intérêt annuel est 2,25 %. On rappelle que les sommes placées portent intérêt à partir du début de la quinzaine qui suit le dépôt. Les intérêts sont capitalisés à la fin de chaque année mais, pour les périodes inférieures à l'année, le taux de référence est un taux proportionnel au prorata du nombre de quinzaines.

6. Le capital disponible le 02.01.N+2 sera :

A. 1 022,50 € *B.* 1 024,42 € *C.* 1 025,00 € *D.* 1 045,51 €

7. Le capital disponible le 02.02.N+2 sera :

A. 1 022,50 € *B.* 1 024,42 € *C.* 1 025,00 € *D.* 1 045,51 €

---

8. Un riche laboureur décide de partager sa fortune évaluée à un million de ducats, entre ses deux fils, âgés de 12 ans et 14 ans et demi, de sorte qu'à dix-huit ans, chacun d'eux dispose de la même somme. De quelle façon va-t-il partager sa fortune si le taux de placement est de 10 % ?

A. 44,07 % pour le plus jeune et 55,93 % pour l'aîné.

B. 55,93 % pour le plus jeune et 44,07 % pour l'aîné.

C. 440 711 ducats pour le plus jeune et 559 289 ducats pour l'aîné.

D. 375 721 ducats pour le plus jeune et 624 279 ducats pour l'aîné.

9. Le laboureur de la question précédente a également deux filles. Ne pouvant les déshériter, il refait ses calculs selon les mêmes règles que précédemment et il décide d'attribuer à chacun les montants suivants :

- au fils de 12 ans : 219 174 ducats
- au fils de 14,5 ans : 278 145 ducats
- à la cadette : 149 699 ducats
- à la fille aînée : 352 982 ducats

Quels sont les âges des deux filles ?

A. 13 ans et 16 ans. *B.* 8 ans et 17 ans.

C. 13 ans et 17 ans. *D.* 12 ans et 17,5 ans.

---

10. Retenez les affirmations exactes, parmi les propositions ci-dessous relatives au calcul en taux continu.

A. Le taux continu équivalent au taux annuel discret de 10 % est 9,53 %.

B. La valeur acquise de 100 € capitalisée sur deux ans au taux continu de 5 % est 110,57 €.

C. La valeur actuelle de 10 000 € dans 153 jours au taux continu de 5 %, calculée en base exact/365, est 9 792,59 €.

D. La valeur acquise en fin d'année 4, au taux continu de 5 %, de trois flux constants de 1 000 € versés en fin d'années 1, 2 et 3, est 3 318,28 €.

---

11. L'expression de la valeur actuelle en date 0, au taux annuel continu j, d'une suite de n revenus constants F, versés en années $1, 2, \ldots, n$, s'écrit :

A. $\frac{F}{e^j - 1} - \frac{F}{(e^j - 1)e^{jn}}$ *B.* $\frac{F}{e^j - 1} - \frac{Fe^{jn}}{e^j - 1}$

C. $F\frac{1 - e^{-jn}}{e^j - 1}$ *D.* $F\frac{1 - [1 + \ln(1 + j)]^{-n}}{\ln(1 + j)}$

---

12. Un capital de 1 000 € est placé selon le procédé de la capitalisation mixte. La capitalisation est réalisée en intérêt composé sur des périodes annuelles et en intérêt simple, au même taux, sur la période brisée résiduelle. Au taux de 10 %, la valeur acquise sera de 2 000 € dans :

A. 6,56 années *B.* 7,26 années *C.* 7,28 années *D.* 8,13 années

---

Un emprunt indivis d'un montant de 60 000 € a été consenti pour une durée de huit ans. Il est remboursé au moyen de mensualités constantes, les intérêts étant calculés en taux proportionnel. Voici la première ligne du tableau d'amortissement de cet emprunt :

Mois	Capital dû en début de période	Amortissement	Intérêt	Mensualité
1	60 000,00	448,20	400,00	848,20

13. Le taux mensuel de cet emprunt est, à 0,000 1 % près :

A. 0,466 7 % *B.* 0,566 7 % *C.* 0,666 7 % *D.* 0,766 7 %

14. Le taux annuel effectif global de cet emprunt est :

A. 8,00 % *B.* 8,04 % *C.* 8,30 % *D.* 8,34 %

15. Le montant du dernier amortissement est :

A. 451,19 € *B.* 837,00 € *C.* 842,58 € *D.* 848,20 €

16. Le capital dû au début du 96e mois est :

A. 451,19 € *B*. 837,00 € *C*. 842,58 € *D*. 848,20 €

17. Le coût de ce crédit s'élève à :

A. 21 427 € *B*. 38 400 € *C*. 60 000 € *D*. 81 427 €

---

18. Dans le cadre d'une opération de crédit renouvelable remboursable par mensualités constantes au taux mensuel de 1 %, un particulier dispose d'une capacité mensuelle de remboursement de 400 €. Quelle(s) opération(s) peut-il espérer réaliser ?

A. Un emprunt de 9 000 € sur vingt-quatre mois.

B. Un emprunt de 4 000 € sur douze mois et un emprunt de 2 000 € sur dix-huit mois dans six mois.

C. Un emprunt de 4 000 € sur vingt-quatre mois et un emprunt de 1 000 € sur six mois dans trois mois.

D. Un emprunt de 2 300 € sur six mois et un emprunt de 8 000 € sur vingt-quatre mois dans huit mois.

---

19. Vous disposez d'une capacité mensuelle de remboursement de 2 600 € et souhaitez réaliser, dans le cadre d'un crédit renouvelable remboursable par mensualités constantes au taux mensuel de 1 %, les deux opérations suivantes :

- un emprunt immédiat de 20 000 € sur deux ans ;
- un emprunt de 10 000 € dans six mois sur six mois.

Retenez les affirmations exactes parmi les propositions ci-dessous :

A. Vous ne pouvez réaliser aucune des deux opérations.

B. Vous pouvez réaliser la première sans la seconde.

C. Vous pouvez réaliser la seconde sans la première.

D. Vous pouvez réaliser les deux opérations.

---

20. Un couple de jeunes mariés emprunte à sa famille une somme de 10 000 € au taux i, remboursable en une seule fois au bout de n années. Retenez les affirmations exactes parmi les propositions ci-dessous :

A. Au taux de 5 % sur cinq ans, le montant à rembourser s'élève à 12 762,82 €.

B. Le placement mensuel de 300 €, au taux mensuel de 0,4 %, réalisé en fin de mois, permet de rembourser la valeur acquise due à la famille si $i = 5\,\%$ et $n = 3$ ans.

C. Le placement mensuel de 299 €, au taux mensuel de 0,4 %, réalisé en fin de mois, suffit à rembourser la valeur acquise due à la famille si $i = 5\,\%$ et $n = 3$ ans.

D. Le placement mensuel de 295 €, au taux mensuel de 0,5 %, réalisé en fin de mois, suffit à rembourser la valeur acquise due à la famille si $i = 5\,\%$ et $n = 3$ ans.

---

21. Un capital K_0, remboursable *in fine*, est emprunté au taux i sur n périodes. Un placement de n flux constants (notés F) de fin de périodes au taux r permet de rembourser ce capital à l'échéance si :

A. $(1+i)^{-n} = \dfrac{K_0}{F}\dfrac{r}{(1+r)^n - 1}$ *B*. $K_0(1+i)^n = F\dfrac{1-(1+r)^{-n}}{r}$

C. $K_0(1+r)^n = F\dfrac{(1+i)^n - 1}{i}$ *D*. $K_0(1+i)^n = F\dfrac{(1+r)^n - 1}{r}$

Un emprunt obligataire présente les caractéristiques suivantes :
- nombre d'obligations émises : 1 000 000 ;
- taux nominal : 5,50 % ;
- valeur nominale : 500 € ;
- prix d'émission : 490 € ;
- amortissement en huit annuités sensiblement constantes au prix de remboursement de 500 €.

22. La première part d'intérêt (en millions d'euros) est :
A. 26,95 *B*. 27,50 *C*. 51,4 *D*. 77,4

23. Le montant de la première annuité est (en millions d'euros) :
A. 27,532 *B*. 51,432 *C*. 77,432 *D*. 78,932

24. Le nombre d'obligations remboursées la dernière année est :
A. 125 000 *B*. 149 634 *C*. 157 864 *D*. 748 171

25. Le taux de rendement actuariel brut à l'émission (TRABE) du placement réalisé par un obligataire remboursé au premier tirage est :
A. 5,50 % *B*. 5,82 % *C*. 6,01 % *D*. 7,65 %

26. Le TRABE réalisé par un obligataire remboursé au dernier tirage :
A. 5,50 % *B*. 5,82 % *C*. 6,01 % *D*. 7,65 %

27. Le taux de rendement actuariel brut moyen à l'émission est :
A. 5,50 % *B*. 5,82 % *C*. 6,01 % *D*. 7,65 %

Supposons que le vendredi 28 janvier 2005, l'OAT (obligation assimilable du Trésor) de taux facial 7,5 %, remboursable au pair *in fine* le 25.04.2010, cote en clôture 109,70 (cours pied de coupon) et présente un taux actuariel brut de 5,32 %.

28. Le coupon couru de cette obligation est ce jour-là :
A. 5,32 *B*. 5,697 *C*. 5,799 *D*. 7,5

29. La maturité de l'obligation est, à 0,1 an près :
A. 5 ans *B*. 5,2 ans *C*. 5,4 ans *D*. 5,8 ans

30. Supposons que le lundi 31 janvier 2005, cette même OAT cote 110,20 (cours pied de coupon) et présente un taux actuariel brut de 5,21 %. La sensibilité de l'obligation est, à une unité près :

A. 3 *B.* 4 *C.* 5 *D.* 6

---

31. Sur une cote obligataire, on a relevé les cours suivants pour quatre obligations zéro-coupon :

	Maturité	Cours
1	1 an	94,82
2	2 ans	93,94
3	3 ans	88,02
4	4 ans	83,83

Retenez les affirmations exactes :

A. Le taux zéro-coupon à un an est 5,46 %.

B. Le taux zéro-coupon à deux ans est 3,18 % et la structure des taux est inversée.

C. Le taux zéro-coupon à trois ans est 4,35 %.

D. La courbe des taux est en forme de cuvette.

---

32. La structure par termes des taux zéro-coupon de 1 à 4 ans est donnée ci-dessous :

Maturité (années)	1	2	3	4
STTI en date 0	4,6 %	5 %	5,3 %	5,4 %

Considérons une obligation d'État, remboursable au pair *in fine* dans quatre ans, de taux de coupon égal à 4,25 %. Son cours est 95,88 (pied de coupon + coupon couru). Retenez les affirmations exactes parmi les propositions ci-dessous.

A. L'obligation est sous-cotée.

B. Le prix d'équilibre du titre est 96,03 ; son taux de rendement actuariel d'équilibre est 5,38 %.

C. Le taux de rendement actuariel constaté sur le marché est 5,42 %.

D. L'obligation est à son cours d'équilibre ; son taux actuariel est de 5,42 %.

---

33. À la date de règlement-livraison du 7 mars N (année non bissextile), une OAT amortie *in fine* de taux facial 6 % et d'échéance 25.04.N+3 cote

108,16 (pied de coupon + coupon couru). Retenez les affirmations exactes parmi les propositions ci-dessous.

A. Le coupon couru de cette obligation est 5,195.

B. Le taux de rendement actuariel de cette obligation est 4,95 %.

C. La duration de cette obligation (à 0,1 près) est 2,8 années.

D. La sensibilité (à 0,1 près) est 2,7.

---

34. Une entreprise étudie un contrat de crédit-bail qui présente les caractéristiques suivantes :
– montant du contrat : 1 million d'euros, correspondant à l'achat d'un bien dont la durée d'utilisation prévue est de cinq ans, amortissable en linéaire ;
– durée du contrat : cinq ans, soit cinq loyers annuels constants de 240 000 €, premier loyer payable à la livraison du bien ;
– la valeur de rachat du contrat à la fin de la cinquième année est de 8 % du prix d'achat. L'option de rachat sera considérée comme levée. On ignore la fiscalité sur la levée de l'option et on néglige l'amortissement de la valeur de rachat. Le taux de l'impôt sur les sociétés est un tiers. Retenez les affirmations exactes parmi les propositions ci-dessous.

A. Le loyer net annuel est 160 000 €.

B. L'économie d'impôt perdue à cause de l'impossibilité d'amortir le bien est de 50 000 € par an pendant cinq ans.

C. Le coût net de cette opération de crédit-bail est 8,50 % (à 0,01 % près).

D. L'opération de crédit-bail doit être préférée (en termes de coût) à un emprunt bancaire de coût net égal à 8,85 %.

---

35. Une entreprise qui verse des dividendes en croissance régulière de 8 % et dont le cours de Bourse des actions est 280 € souhaite calculer le coût de ses capitaux propres x_C. Retenez les affirmations exactes parmi les propositions ci-après.

A. Le dernier dividende, versé il y a un an, étant de 14 €, il vient $x_C = 13\,\%$.

B. Le dernier dividende, versé il y a un an, étant de 14 €, il vient $x_C = 13,4\,\%$.

C. Le dernier dividende, versé il y a un an, étant de 14 €, il vient $x_C = 13,83\,\%$.

D. Si le prochain dividende versé dans un an est 16,5 €, nous avons $x_C = 13,89\,\%$.

---

36. La structure par termes des taux zéro-coupon de un à quatre ans est reproduite ci-dessous :

Maturité (années)	1	2	3	4
STTI en date 0	4,3 %	4,7 %	5 %	5,1 %

Un investissement d'un coût initial de 10 millions d'euros permet de produire quatre flux d'exploitation constants, en fin d'années 1, 2, 3 et 4, égaux à 3 millions d'euros. Retenez les affirmations exactes parmi les propositions ci-dessous.

A. Le taux interne de rentabilité de cet investissement est 7,71 %.

B. Le taux à terme implicite prévalant entre les dates 1 et 4 est ${}_1f_4 = 5,37\,\%$.

C. En plaçant les flux d'exploitation aux taux à terme implicites à la structure des taux, leur valeur acquise en date 4 est 13,01 millions d'euros (à 0,01 million d'euros près).

D. La VAN, compte tenu des possibilités de réinvestissement, calculée au taux d'actualisation de 7 %, est – 2,36 millions d'euros (à 0,01 million d'euros près).

---

37. Un investissement de coût initial égal à 60 millions d'euros permet de produire pendant six ans des flux annuels d'exploitation de fin de période en progression arithmétique de raison A = 2 millions d'euros et de premier terme égal à 10 millions d'euros. Retenez les affirmations exactes parmi les propositions ci-dessous.

A. Le taux de rendement interne de cet investissement est 10,59 %.

B. Le coût moyen pondéré du capital de l'entreprise étant de 9 %, la VAN du projet est 5,04 millions d'euros (à 0,01 million d'euros près).

C. Si le réinvestissement des flux peut se faire au taux de 5 %, la VAN du projet devient supérieure à 6 millions d'euros.

D. Le taux de rendement à l'échéance compte tenu de possibilités de réinvestissement à 5 % est 8,90 %.

---

38. Un investissement de coût initial égal à 800 permet d'obtenir des flux d'exploitation en fin d'années 1 à 10 égaux à 150. Des coûts de réparation en fin d'années 2, 4, 6 et 8 s'élèvent à 50. Des coûts de licenciement du personnel de 200 sont à prévoir en fin d'année 10. Le taux d'actualisation adéquat est noté x. Retenez les affirmations exactes parmi les propositions ci-dessous.

A. La VAN est :

$$-800+150\,\frac{1-(1+x)^{-10}}{x}-50\,\frac{1-(1+x)^{-8}}{x}-\frac{200}{(1+x)^{10}}$$

B. La VAN est :

$$-800+150\,\frac{1-(1+x)^{-10}}{x}-50\,\frac{1-(1+x)^{-8}}{(1+x)^{2}-1}-\frac{200}{(1+x)^{10}}$$

C. La VAN est :

$$-800+100\frac{1-(1+x)^{-8}}{(1+x)^2-1}+150\frac{(1-(1+x)^{-10})(1+x)}{(1+x)^2-1}-\frac{50}{(1+x)^{10}}$$

D. Au taux $x = 7\,\%$, la VAN de cet investissement est 7,63.

---

39. Pour un emprunt indivis de durée n, de montant K_0, d'annuités a_p, d'amortissements m_p et versant périodiquement des intérêts I_p (pour $p = 1, \ldots, n$), on définit respectivement l'usufruit (U) et la nue-propriété (P) au taux d'actualisation x comme la valeur actualisée des intérêts au taux x et la valeur actualisée des amortissements à ce même taux x, soit :

$$U=\sum_{p=1}^{n}\frac{I_p}{(1+x)^p} \quad \text{et} \quad P=\sum_{p=1}^{n}\frac{m_p}{(1+x)^p}$$

Nous considérons un emprunt indivis de montant $K_0 = 100\,000$ €, de taux nominal $i = 10\,\%$, remboursable par amortissement constant du capital sur quatre ans. Retenez les affirmations exactes parmi celles proposées ci-dessous :

A. Au taux d'actualisation de 8 %, l'usufruit de cet emprunt est 21 496,04 €.

B. Au taux d'actualisation de 8 %, la nue-propriété de cet emprunt est 80 803,17 €.

C. Au taux d'actualisation de 8 %, la valeur actualisée des annuités est 104 099,21 €.

D. L'usufruit et la nue-propriété vérifient la relation : $xU + iP = iK_0$.

40. En complément des définitions de la question 39, on définit également l'usufruit unitaire (u) et la nue-propriété unitaire (p) ainsi :

$$u=\frac{U}{iK_0} \quad \text{et} \quad p=\frac{P}{K_0}$$

Pour un emprunt indivis remboursable *in fine*, de durée n, de taux i et de capital initial K_0, retenez les affirmations exactes parmi celles proposées ci-dessous :

A. L'usufruit unitaire s'écrit : $\dfrac{1-(1+x)^{-n}}{x}$

B. La nue-propriété unitaire s'écrit : $(1+x)^{-n}$

C. On peut écrire : $xu + p = 1$.

D. La relation de la réponse C s'applique également aux emprunts amortissables selon d'autres procédés.

Les exercices d'application

1.1. Mise en équations

Deux capitaux dont la valeur totale est au départ de 100 000 € ont été placés durant un an à taux post-compté. Le premier a été placé au taux i, tandis que le second a été placé au taux $(i + 1\ \%)$. Sachant que le premier capital a rapporté 1 250 € d'intérêts et le second 4 500 € d'intérêts, calculer les deux taux de placement et les montants initiaux des deux capitaux.

1.2. Renouvellement d'un effet de commerce

On considère un effet de commerce A de valeur nominale 220 000 € et de date d'échéance 30 juin. On pratique l'escompte commercial au taux de 3,50 %. Déterminer la valeur nominale d'un effet B, de date d'échéance le 30 juillet et équivalent à l'effet A, à la date du 20 avril.

1.3. Date d'équivalence de deux effets

Deux effets de commerce de valeurs nominales M_1 et M_2 $(M_1 < M_2)$ ont des dates d'échéance respectives d_1 et d_2, séparées de n jours (d_2 postérieure à d_1).
1 – En notant i_e le taux d'escompte, déterminer la date d'équivalence des deux effets.
2 – Application numérique avec un taux d'escompte de 7,2 % et :

$M_1 = 590\,400$ € $\quad$ $d_1 = 31$ mars 2004
$M_2 = 594\,000$ € $\quad$ $d_2 = 30$ avril 2004

1.4. Échéance moyenne de plusieurs effets

À la date d_0, on remplace deux effets de commerce par un effet unique dont la valeur nominale est la somme des valeurs nominales des effets initiaux. Le problème consiste à déterminer la date d'échéance de cet effet unique. On pratique l'escompte commercial, le taux d'escompte étant noté i_e. On désignera par M_1 et M_2 les valeurs nominales des deux effets et par d_1 et d_2 leurs dates

d'échéance respectives. Les durées séparant la date d_0 des dates d'échéances seront notées n_1 et n_2. On posera : $M = M_1 + M_2$. Enfin, on notera x la durée séparant la date d_0 de la date d'échéance de cet effet unique.
1 – Écrire l'équation traduisant l'équivalence, à la date d_0, des deux premiers effets et de l'effet unique de valeur nominale M.
2 – Démontrer que l'escompte de l'effet unique est égal à la somme des escomptes des deux effets initiaux.
3 – Démontrer que la date cherchée est indépendante du taux d'escompte.
4 – Démontrer que la date cherchée est également indépendante de la date d'origine à partir de laquelle on écrit le principe d'équivalence.
5 – Application numérique : déterminer la date d'échéance de l'effet unique de valeur nominale 1 000 000 € équivalent aux deux effets initiaux, avec :

$M_1 = 300\,000$ € $\quad d_1 = 31$ janvier 2004
$M_2 = 700\,000$ € $\quad d_2 = 10$ février 2004

1.5. Rééchelonnement d'une dette à court terme

L'entreprise Balbastro a contracté le 1er janvier N (année non bissextile) une dette à court terme de 600 000 € remboursable par tranches de 200 000 € aux échéances suivantes : 31 mars N, 30 juin N et 30 septembre N. L'entreprise a émis au bénéfice du prêteur trois billets à ordre pour ces échéances, de montants respectifs égaux à 205 439 €, 211 000 € et 216 622 €.
1 – Vérifier les intérêts facturés par la banque au taux post-compté de 11 %.
2 – Le 1er mars, l'entreprise demande à sa banque, qui accepte, de lui rééchelonner sa dette en deux échéances d'égal montant, payables au 15 novembre et au 15 décembre. La banque propose le même taux, mais les intérêts seront précomptés. La dette sera matérialisée par deux billets à ordre (de même montant nominal).

a – Calculer la valeur de la dette de l'entreprise au 1er mars.
b – Calculer les valeurs nominales et actuelles des deux billets à ordre que devra émettre l'entreprise pour rééchelonner sa dette.

1.6. Bon du Trésor

Le jeudi 25 avril 2002, un investisseur achète un bon du Trésor à taux fixe de taux nominal 3,40 % et dont l'échéance est fixée au jeudi 25 juillet 2002, date à laquelle l'investisseur percevra la valeur nominale du bon, soit un million d'euros. Calculer le montant des intérêts, la valeur d'émission du bon et le taux post-compté ou taux *in fine* de ce placement.

2.1. Doublement d'un capital

1 – On considère un capital de 100 000 $. Quel est le taux i qui permet sur sept ans d'obtenir une valeur acquise de 200 000 $?
2 – Quel taux i permet de doubler un capital sur une durée de n années ?
3 – Quelle durée n permet de doubler un capital placé à un taux i donné ?

2.2. Mise en équations

Un capital K_0 est placé à intérêt composé sur n années au taux i. Le capital acquis est 658 462 € ; les intérêts acquis à la fin de la troisième année sont de 70 249,21 € ; les intérêts acquis à la fin de la sixième année sont de 151 571,44 €. Calculer K_0, i et n.

2.3. Taux continus

1 – Calculer le taux annuel continu équivalent au taux annuel discret de 15 %.
2 – Calculer la valeur acquise de 100 € sur trois ans et demi en taux discret et en taux continu à partir des résultats de la question précédente.
3 – Calculer le taux discret mensuel équivalent au taux continu annuel de 12 %.
4 – Calculer la valeur acquise dans 957 jours d'une somme de 1 000 €, capitalisant ses intérêts au taux annuel continu de 10 %.
5 – Calculer la valeur actuelle au taux continu annuel de 4 % d'un revenu de 1 000 € encaissable dans six mois.

2.4. Taux proportionnels et taux équivalents

1 – Calculer les taux trimestriels proportionnel et équivalent au taux annuel de 5 %. Comparer.
2 – De manière générale, démontrer que, pour un taux annuel donné et pour une période infra-annuelle quelconque, le taux proportionnel est toujours supérieur au taux équivalent.

2.5. Versements et retraits sur un compte rémunéré

Un épargnant a versé régulièrement sur un compte rémunéré des mensualités de 1 000 €. La première mensualité a été versée le 05.03.N et la dernière le 05.02.N + 4.
1 – Quel a été le nombre total de versements ?
2 – Quelle était, au 05.02.N + 4, après le dernier versement, la valeur acquise de cette suite de mensualités, le taux mensuel de capitalisation étant 0,5 % ?
3 – Quel est le taux annuel équivalent au taux mensuel précédent ?
4 – À compter du 05.02.N+4, le compte est rémunéré au taux annuel de 4,90 %. L'épargnant décide d'effectuer à cette date un retrait qui porte le solde à 4 097,83 €. Quelle somme constante maximale pourra-t-il ensuite retirer chaque année (du 05.02.N + 5 au 05.02.N + 8) s'il souhaite que le solde de son compte soit encore positif (de très peu) immédiatement après le dernier retrait ?

2.6. Date de revente d'un immeuble

La compagnie d'assurances Asgar est propriétaire d'un complexe immobilier qui lui rapporte annuellement un loyer de 2 millions de dollars américains. Elle sait que ce complexe immobilier vaut actuellement 40 millions de dollars et que ce prix va progresser de 2 % par an. Les loyers annuels sont placés et capitalisés annuellement au taux de 4 %. Dans combien de temps la compagnie d'assurances doit-elle revendre ses immeubles pour disposer d'un capital au moins égal à 80 millions de dollars ?

2.7. Capitalisation mixte

Nous nous intéressons dans cet exercice à la technique de la capitalisation mixte utilisant le même taux d'intérêt i. L'intérêt composé s'applique à des périodes annuelles dont le nombre (entier) est noté n. L'intérêt simple s'applique à la durée T inférieure à 1 et exprimée en années.

1 – Donner dans ce cadre l'expression de la valeur acquise d'un capital K_0, placé au taux i sur $n + T$ années.

2 – Appliquer cette formule à un capital de 10 000 € placé au taux de 6 % sur cinq ans et quatre mois.

3 – Calculer pour un taux de 6 % la durée (c'est-à-dire le nombre entier d'années n et la période fractionnaire T) permettant de doubler un capital K_0.

3.1. Calcul du taux du prêt

Un prêt de 3 000 € est consenti à un particulier pour une durée de deux ans. À la fin de la première année, il verse au prêteur 1 800 €, puis 1 417,50 € à la fin de la seconde année. Calculer le taux auquel le prêt est consenti et construire le tableau d'amortissement.

3.2. Tableau d'amortissement, coût du crédit

Vous empruntez 300 000 € auprès d'une banque pour une durée de 10 ans, en vue de l'acquisition d'une superbe villa. Le taux est de 8,5 % et le calcul des intérêts se fait en taux proportionnel. Les remboursements s'effectuent par mensualités constantes.

1 – Calculer le taux mensuel proportionnel au taux annuel de 8,5 % avec toute la précision permise par la calculatrice.

2 – Présenter les deux premières lignes et la dernière ligne du tableau d'amortissement.

3 – Calculer le montant du dixième amortissement.

4 – Calculer le coût du crédit, c'est-à-dire le montant des intérêts payés.

3.3. Ligne d'un tableau d'amortissement

Une banque accorde à un particulier un prêt de 30 000 €, remboursable en 36 mensualités constantes. Le taux annuel est fixé à 6 % et le calcul des intérêts se fait en taux équivalent.

1 – Déterminer le taux mensuel de cet emprunt.

2 – Dresser la vingt-cinquième ligne du tableau d'amortissement de l'emprunt.

3.4. Mise en équations

Un emprunt indivis est amorti au moyen de trois annuités constantes. Le premier amortissement est 62 606,97 € et le deuxième amortissement est 66 582,52 €. Calculer le taux annuel de l'emprunt, le troisième amortissement, le capital emprunté et l'annuité constante.

3.5. Emprunt à paliers

En vue d'acquérir un bien immobilier, un particulier s'endette auprès d'un organisme financier à hauteur de 40 000 € au taux annuel de 6,6 %. Les intérêts périodiques sont calculés avec un taux proportionnel. Le remboursement s'effectue au moyen de mensualités variables adaptées aux possibilités de remboursement de l'emprunteur, soit : 500 € par mois les deux premières années ; 600 € par mois les trois années suivantes ; 700 € par mois à partir de la sixième année. Calculer la durée minimale de l'emprunt et le montant de la dernière mensualité.

3.6. Remboursement en progression arithmétique

Un emprunt indivis est remboursé par mensualités en progression arithmétique. On sait que la première mensualité est 1 075,09 € ; la dixième est égale à 1 165,09 € et la dernière à 1905,09 €. Le premier amortissement est 575,09 €. Calculer toutes les caractéristiques de cet emprunt.

3.7. Diverses modalités d'amortissement

Un particulier étudie avec son banquier diverses modalités de remboursement d'un emprunt indivis de 80 000 € sur 10 ans. L'emprunt sera remboursé au moyen de 120 mensualités, le taux mensuel étant fixé à 0,5 %. Il est prévu le paiement de frais de dossier (en date 0) s'élevant à 300 €.

1 – La première modalité est un remboursement par paliers. Les 60 premières mensualités seront d'un montant a, les 60 suivantes d'un montant $2a$. Déterminer la valeur de a, ainsi que le taux effectif de l'emprunt.

2 – La deuxième modalité est un remboursement par mensualités en progression géométrique de raison 1,01. Calculer le montant des trois premières mensualités puis dresser les trois premières lignes du tableau d'amortissement.

3 – La troisième modalité est un remboursement par mensualités en progression arithmétique de raison 10 €. Calculer le montant des trois premières mensualités puis dresser les trois premières lignes du tableau d'amortissement.

3.8. Crédit renouvelable

Une société financière reçoit un client qui dispose d'une capacité mensuelle de remboursement de 200 € et qui souhaite disposer d'un encours de crédit de 3 000 €. Le taux mensuel retenu par l'établissement est 0,85 %. Calculer la durée minimale du crédit.

4.1. Remboursement par séries égales

Un emprunt obligataire d'un montant de 500 millions d'euros (réparti en 500 000 obligations de nominal 1 000 €) est amorti au pair par séries égales sur une durée de six ans. Le taux facial est 6 %. Dresser le tableau d'amortissement de cet emprunt.

4.2. Remboursement au pair par annuités constantes

Un emprunt obligataire de taux nominal 4,50 % est émis aux conditions suivantes :

- nombre d'obligations émises : 10 000 ;
- valeur nominale : 10 000 € ;
- date d'émission et de jouissance : 17 avril 2004 ;
- prix d'émission : 10 000 €.

Il est prévu un amortissement au moyen de trois annuités sensiblement constantes aux dates suivantes : 17 avril 2005 ; 17 avril 2006 ; 17 avril 2007. Le remboursement se fait au pair.

1 – Présenter la première ligne du tableau d'amortissement.

2 – Le cours de clôture pied de coupon du mardi 27 avril 2004 est 100,50.

a – Vérifier qu'à cette date le coupon couru est 0,160.

b – En déduire le cours total de l'obligation en euros.

3 – Exprimer en fonction du taux du marché r, la valeur actuelle des flux à venir à la date du 17 avril 2005, juste avant le versement de la première annuité.

4 – Exprimer en fonction de r la valeur V de ces flux au vendredi 30 avril 2004 (27 avril 2004 + 3 jours ouvrés).

5 – Vérifier qu'à la clôture du 27.04.2004 cet emprunt présentait un taux actuariel de 4,23 %.

4.3. Remboursement au-dessus du pair par annuités constantes

La société Onfroy émet un emprunt obligataire d'une durée de six ans, au taux de 5 %. Les 50 000 obligations émises ont une valeur nominale de 1 000 €. Le prix d'émission est fixé à 990 €. Le remboursement s'effectue au moyen d'annuités sensiblement constantes, le prix de remboursement de chaque obligation étant 1 050 €.

1 – Dresser le tableau d'amortissement de cet emprunt.

2 – Vérifier que le taux de rendement actuariel brut à l'émission est $x = 6,62\,\%$.

3 – Trois ans après l'émission, le taux actuariel brut s'établit à 7 %. Déterminer le prix de l'obligation.

4.4. Évaluation d'obligations

Nous considérons la courbe des taux zéro-coupon suivante :

Maturité (années)	1	2	3	4	5
STTI en date 0	3,5 %	4,6 %	5 %	5,3 %	5,4 %

1 – Évaluer le cours d'équilibre d'une obligation remboursable au pair *in fine*, de maturité cinq ans, de taux nominal 5 %, de coupon annuel avec prochain coupon payable dans un an.

2 – Évaluer à l'émission une obligation de maturité quatre ans, au taux nominal

de 4,6 %, remboursable au pair par amortissement constant du capital. En déduire le montant théorique de la prime d'émission.

4.5. Taux zéro-coupon et taux à terme exprimés en continu

Après une étude statistique, la courbe des taux zéro-coupon, exprimée en taux continus annuels, peut être représentée en date 0 par la fonction suivante :

$$j(T) = 0,09 - 0,05e^{-0,3T}$$

où $j(T)$ est le taux (continu) d'un zéro-coupon d'échéance T (exprimée en années).

1 – Calculer le prix en date 0 d'un zéro-coupon d'échéance dix ans.

2 – Calculer les taux zéro-coupon d'échéance $0, 1, \ldots, 6$ ans.

3 – Représenter graphiquement cette courbe.

4 – Évaluer la valeur de marché d'une obligation de taux facial 5 %, remboursable au pair *in fine*, de durée de vie résiduelle égale à deux ans et cinquante-cinq jours et détachant ses coupons dans cinquante-cinq jours, un an et cinquante-cinq jours, deux ans et cinquante-cinq jours.

5 – Donner l'expression générale du taux à terme continu implicite à la structure des taux entre deux dates t et T, avec $T > t$.

6 – Calculer les taux à terme continus à un an dans un an et à deux ans dans deux ans.

4.6. Réinvestissement des flux sur un compte bancaire rémunéré

Un emprunt obligataire composé de 5 000 obligations de nominal 1 000 € a été émis au taux nominal de 4,5 %.

Le prix d'émission est de 990 € ; le remboursement se fait au pair en quatre annuités sensiblement constantes.

1 – Présenter la première ligne du tableau d'amortissement de cet emprunt.

2 – Combien d'obligations sont amorties lors de chacune des trois échéances suivantes ?

3 – Calculer la durée de vie moyenne de l'emprunt (à 0,1 année près).

4 – On admet que le taux de rendement actuariel brut à l'émission est 4,93 %. Calculer la duration de l'obligation lors de son émission.

5 – Un souscripteur ayant acheté quinze titres lors de l'émission s'est vu rembourser deux titres au bout d'un an, six titres au bout de deux ans, quatre titres au bout de trois ans et enfin trois titres au bout de quatre ans. Il a réinvesti les capitaux (remboursements et coupons) perçus lors des trois premières échéances sur un compte rémunéré à intérêt composé au taux annuel de 4 %. Quel est sur cette période de quatre ans le taux de rendement annuel réel des placements effectués ?

6 – Un an après l'émission, le taux actuariel du marché obligataire se situe à 4 %. La société souhaite procéder à des rachats en Bourse d'obligations encore vivantes. À quel cours maximum doit-elle intervenir ?

4.7. Réinvestissement des flux en zéro-coupon

Une compagnie d'assurance-vie a acheté en 2002 (date de règlement-livraison : 31 octobre) 800 000 obligations de nominal 1 000 €, de taux nominal 8 %, amortissables au pair *in fine* le 31 octobre 2006, pour un montant total de 800 millions d'euros. Le coupon couru de ces obligations était nul et l'on ne tient pas compte des frais de courtage.

1 – Déterminer la duration de ces obligations lors de leur émission, en présentant les calculs dans un tableau. En déduire la sensibilité de ces obligations lors de leur émission.

2 – Quel a été le montant annuel des coupons perçus par la société ?

3 – Chaque année, ce montant a été réinvesti en obligations sans coupon de nominal 1 000 €, dont certaines caractéristiques sont indiquées dans le tableau ci-dessous et qui sont conservées jusqu'à leur échéance.

Dates d'achat	Obligation	Maturité	Prix d'achat	Taux zéro-coupon	Prix de remboursement
31.10.2003	A	3 ans		6 %	100 %
31.10.2004	B	2 ans	91,50 %		100 %
31.10.2005	C	1 an	95,90 %		100 %

Calculer le prix d'achat des obligations A acquises le 31.10.2003 et le taux zéro-coupon des deux autres obligations à leurs dates d'achat respectives.

4 – Combien d'obligations la société achète-t-elle à chacune des trois échéances ?

5 – Déterminer le taux de rendement à l'échéance de cette opération.

4.8. Immunisation d'un portefeuille

Un investisseur a acheté au pair lors de l'émission N obligations de valeur nominale 1 000 €, de taux facial 7,93 %, amortissables au pair *in fine* dans six ans. Suite à une variation du taux du marché, tous les coupons perçus sont réinvestis à un taux r. Les obligations sont revendues à l'issue de n années (n entier inférieur à 6), juste après le paiement du coupon annuel. Au moment de cette vente, les obligations présentent un taux actuariel r égal au taux du marché.

1 – Quel était, à l'émission, le taux de rendement actuariel brut x de ces obligations, ainsi que leur duration D ?

2 – Quelle est, en fonction de n et de r, au moment de la revente des obligations, la valeur acquise des coupons réinvestis au taux r ?

3 – Quel est, en fonction de n et de r, le prix de vente unitaire des obligations ?

4 – Déterminer le taux réel y des placements ainsi effectués (taux de rendement à l'échéance).

5 – Application numérique. On revend les obligations au bout de cinq ans.

a – Calculer y dans les deux cas suivants : $r = 7\ \%$ et $r = 9\ \%$

b – Que constate-t-on ?

5.1. Prêt-relais

Un prêt-relais d'un montant de 200 000 € a été accordé le 20.11.N à un particulier au taux annuel de 9,2 %.
1 – Ce prêt a été remboursé le 12.12.N. Calculer le montant des intérêts dus à cette date (le calcul s'effectue en intérêt simple post-compté).
2 – En réalité, ce particulier a supporté des frais de dossier (2 500 €) et des frais d'assurance (1 050 €) payés lors du déblocage des fonds, soit le 20.11.N. Calculer dans ces conditions la somme réellement mise à disposition le 20.11.N ainsi que la somme remboursée (avec les intérêts dus) le 12.12.N.
3 – Calculer le taux de revient annuel (ou coût actuariel) de ce prêt-relais.

5.2. Coût d'une opération d'escompte d'effets de commerce

Une entreprise souhaite escompter un million d'euros de traites à 30 jours et met deux banques en concurrence. La banque A consent un taux précompté de 4,5 % et applique deux jours de banque. La banque B réclame un taux post-compté de 4,45 % ; elle ne comptabilise qu'un jour de banque mais réclame une commission fixe de 500 € payable à la remise des effets.
1 – Calculer le coût effectif brut des deux propositions et commenter.
2 – La banque B accepte de revoir ses conditions de taux tout en maintenant le paiement des intérêts à terme échu. Quel taux doit-elle consentir pour s'aligner sur le taux effectif proposé par la banque A ?

5.3. Coût prévisionnel d'un découvert

L'entreprise Campeador a négocié avec sa banque un taux d'intérêt de découvert de 9 % et une commission de 0,05 % sur le plus fort découvert du mois. Les agios sont décomptés trimestriellement. Pour déterminer le coût effectif prévisionnel de son découvert, l'entreprise estime que, sur le prochain trimestre, le découvert mensuel moyen sera de 55 000 €, avec un montant mensuel maximal de 90 000 €. Calculer le coût brut du découvert en retenant un trimestre de 91 jours.

5.4. Comparaison de deux emprunts indivis

Une entreprise ayant mis en concurrence deux établissements bancaires se voit proposer deux prêts d'un montant de 480 000 € chacun pour une durée de huit ans. Les intérêts sont calculés en taux proportionnel. Les autres caractéristiques de ces prêts sont précisées dans le tableau ci-dessous.

Prêt A	Prêt B
• taux annuel : 7,8 % ; • frais de dossier à régler à la date 0 (assurance comprise) : 1 % du capital emprunté ; • remboursement au moyen de mensualités constantes.	• taux annuel : 7,2 % ; • frais de dossier à régler à la date 0 : 0,75 % du capital emprunté ; • remboursement au moyen de mensualités comportant des amortissements constants. À chaque mensualité s'ajoutent des frais d'assurance d'un montant égal à 150 €.

1 – Pour chacun des deux emprunts, dresser les lignes 1, 2 et 96 du tableau d'amortissement.
2 – En incluant les frais d'assurance, déterminer le taux annuel effectif global (TAEG) de chaque emprunt. Quel prêt vous semble le plus intéressant ?

5.5. Obligation remboursable par annuités constantes, TRABE

Un emprunt obligataire a été émis dans les conditions suivantes :
- montant : 900 000 000 € répartis en 900 000 obligations de nominal 1 000 € ;
- taux nominal : 6 % ;
- émission à 980 € ;
- remboursement au pair en cinq annuités sensiblement constantes.

1 – Présenter la première ligne du tableau d'amortissement de cet emprunt.
2 – Combien d'obligations seront amorties lors de chacune des quatre échéances suivantes ?
3 – Calculer les probabilités de tirage d'une obligation donnée lors de chaque échéance.
4 – Calculer le TRABE (taux de rendement actuariel brut à l'émission).
5 – Calculer le taux de rendement pour un obligataire remboursé au premier tirage (respectivement au deuxième, au troisième, au quatrième, au cinquième tirage).

5.6. Calcul du taux de revient pour l'émetteur

Un emprunt obligataire est émis par une société dans les conditions suivantes :
- nombre d'obligations émises : 100 000 ;
- date de jouissance : 20.06.2003 ;
- taux nominal : 5 % ;
- valeur nominale : 5 000 € ;
- prix d'émission : 5 000 € ;
- amortissement *in fine* : les obligations seront amorties en totalité le 20.06.2013 par remboursement au prix de 5 500 € par titre.

1 – Montrer qu'un taux approché du rendement de cette obligation à l'émission est 6 %.
2 – Déterminer le taux de rendement actuariel brut à l'émission de cette obligation.
3 – Calculer la sensibilité de cette obligation lors de son émission.
4 – La société supporte lors de l'émission de l'emprunt des frais dont le montant s'élève à 500 000 €. Par ailleurs, lors du paiement des intérêts annuels, 3 % du montant brut des coupons sont réglés par la société aux intermédiaires financiers. Écrire l'équation ***numérique*** d'inconnue x ayant pour solution le taux effectif de revient de cet emprunt, c'est-à-dire le taux effectif supporté par l'émetteur compte tenu des frais indiqués.
5 – Calculer ce taux par itération.

5.7. Taux de rendement actuariel d'une OAT – Duration – Immunisation

L'OAT 5,5 % octobre 2007, de nominal 1 €, amortissable au pair *in fine* le 25.10.2007 (coupon annuel détaché le 25 octobre de chaque année) a coté 106,65 (cours pied de coupon en pourcentage du nominal) le mardi 22.10.2002.
1 – Quel était à cette date le coupon couru de l'emprunt ? Déterminer alors le taux de rendement actuariel brut de l'obligation.
2 – Calculer au moyen d'un tableau la duration du titre, à 0,01 près.
3 – Le 22 octobre 2002, un investisseur a acheté 100 000 titres à 106,65. En formulant l'hypothèse que tous les coupons perçus seront réinvestis au taux annuel de 3 % et que la revente des titres s'effectuera à la date de règlement-livraison du vendredi 4 mai 2007 au cours de 104,024 (coupon couru inclus), quel sera le taux de rendement à l'échéance de l'opération ? Quel sera le taux actuariel offert par les obligations au moment de leur vente ? Que constatez-vous ?

5.8. Étude d'un emprunt obligataire à option de remboursement anticipé

Une société ayant pour objet la location d'immeubles a émis le 8 novembre 2004 sur le marché financier français un emprunt obligataire convertible en actions d'un montant supérieur à cent millions d'euros. Les caractéristiques de ces obligations sont les suivantes :
- nominal = prix d'émission = 1 295 € ;
- date de jouissance et de règlement : 17 novembre 2004 ;
- intérêt annuel : payable le 1er janvier de chaque année à partir de janvier 2006. Pour la période du 17 novembre 2004 au 31 décembre 2005, il sera mis en paiement le 1er janvier 2006 un coupon de 43,58 € par obligation. Pour les années suivantes, l'intérêt est de 3 %, soit 38,85 € par titre ;
- amortissement en totalité le 1er janvier 2012 par remboursement au prix de 1 327,38 € par obligation.

1 – Représenter le diagramme des flux pour le souscripteur d'une obligation.
2 – Calculer le taux de rendement actuariel brut à l'émission (en cas de non-conversion).
3 – La société émettrice se réserve la possibilité (si certaines conditions sont remplies) de rembourser cet emprunt par anticipation à partir du 1er janvier 2008. Le prix de remboursement anticipé sera déterminé de manière à ce que ce prix assure au souscripteur un taux de rendement actuariel annuel brut identique à celui offert en cas de remboursement à l'échéance du 1er janvier 2012. Si le remboursement intervient le 1er janvier 2008, quel sera, à 1 € près, le prix de remboursement de chaque obligation ?

6.1. VAN et traitement du temps

Un projet d'investissement présente un coût initial de 2 300 et sa durée de vie est de cinq ans. Les flux de trésorerie produits annuellement sont de 600. Ils sont répartis de façon équitable sur l'ensemble de l'année. Nous décidons de calculer la VAN du projet au taux annuel de 10 % sous quatre hypothèses différentes, selon que les flux d'exploitation sont répartis en :

H1 : 5 flux annuels égaux de 600	H3 : un flux continu sur cinq ans de 600 par an
H2 : 60 flux mensuels égaux de 50	H4 : un flux annuel de 600 situé en milieu d'année

1 – Calculer le taux mensuel discret et le taux annuel continu équivalents au taux annuel discret de 10 % (avec une précision de 0,000 001 %).
2 – Pour les quatre hypothèses ci-dessus, calculer la VAN. Commenter.

6.2. TRI et taux de rendement à l'échéance

On considère deux projets d'investissements immobiliers A et B, de mêmes durées de vie : dix ans. Les données projetées sur dix ans sont les suivantes :

	A	B
Loyers annuels constants	13	10
Prix d'achat de l'immeuble	100	90
Prix de revente en fin de période	120	135

1 – Calculer les TRI de ces deux projets. Quel projet doit être retenu ?
2 – Calculer les taux de rendement à l'échéance des deux projets en supposant que le taux de réinvestissement des loyers perçus reste constant sur les dix ans, égal à 4 %. Commenter.

6.3. Réinvestissement des flux – taux implicites

Après analyse des conditions d'exploitation d'un investissement, les services financiers ont construit un échéancier de flux annuels :

	1	2	3	4	5
Flux nets de trésorerie	2 700	3 200	4 700	6 500	7 000

On se propose de tenir compte des possibilités de réinvestissement des flux en utilisant la courbe des taux de placement ci-dessous :

Échéances	1	2	3	4	5
Taux de placement	5,8 %	6,3 %	6,8 %	7,1 %	7,4 %

1 – Calculer les taux de réinvestissements implicites à la structure des taux suivants :

$$_1f_5\ ;\ _2f_5\ ;\ _3f_5\ ;\ _4f_5$$

2 – Calculer la valeur acquise des flux à l'échéance en supposant qu'ils peuvent être réinvestis aux taux à terme obtenus à la question précédente.
3 – Calculez le taux de rendement à l'échéance du projet, sachant que l'investissement initial est de 15 000.

6.4. CMPC et évaluation d'entreprise

Pour évaluer la société Aymerillot SA au 01.01.N + 1 (valeur de ses capitaux propres à cette date), vous avez collecté les informations ci-dessous.

- Bilan en valeurs nettes comptables au 31.12.N (millions d'euros) :

Actif économique		Passif financier	
Immobilisations	900	Capitaux propres	600
Besoin financier d'exploitation	550	Dette long terme	400
Disponibilités	50	Dette court terme	500

- Prévisions de flux et de résultats (millions d'euros) :

Années	N + 1	N + 2	N + 3	N + 4	N + 5
Flux net de trésorerie	400	430	450	500	520
Résultat net	100	110	125	138	152

- Caractéristiques de l'endettement :

coût avant impôt de la dette à court terme : 9 % ;
taux nominal de l'emprunt à long terme : 8 % ;
taux actuel du marché pour un emprunt de durée résiduelle équivalente : 5 % ;
tableau d'amortissement de l'emprunt à long terme (millions d'euros) :

Années	CRD	Intérêts	Amortissement	Total
31.12.N – 2	700	56	100	156
31.12.N – 1	600	48	100	148
31.12.N	500	40	100	140
31.12.N + 1	400	32	100	132
31.12.N + 2	300	24	100	124
31.12.N + 3	200	16	100	116
31.12.N + 4	100	8	100	108

1 – La démarche d'évaluation consiste à évaluer les capitaux propres comme la différence : capitaux propres = actifs – dettes.

a – Le calcul de la valeur des actifs se fait par actualisation des flux nets de trésorerie au 01.01.N + 1. On suppose que le taux approprié est 12 % et que les flux produits après la cinquième année sont négligeables. Les dates d'occurrence des flux sont les fins de premier semestre de chaque année. Calculer la valeur V des actifs compte tenu de ces hypothèses.

b – Calculer la valeur de marché de la dette à long terme au 01.01.N + 1.

c – Calculer la valeur des capitaux propres.

2 – Calculer le coût du capital en respectant la démarche ci-dessous.

a – Calculer le coût des fonds propres à l'aide de la formule de Gordon et Shapiro, sachant que le taux de distribution du résultat prévu pour les années à venir est de 60 %.

b – Calculer le coût après impôt de la dette à court terme et celui de la dette à long terme. On retiendra un taux de l'impôt sur les bénéfices d'un tiers.

c – Calculer le coût moyen pondéré du capital de Aymerillot SA.

3 – Porter un jugement sur le taux retenu à la question 1-a et son incidence sur la valeur des capitaux propres.

Réponses aux QCM

Réponses aux 70 questions rapides

1. A	**15.** C	**29.** A	**43.** B	**57.** A
2. D	**16.** A	**30.** B	**44.** C	**58.** D
3. C	**17.** C	**31.** B	**45.** B	**59.** D
4. B	**18.** D	**32.** D	**46.** D	**60.** D
5. B	**19.** D	**33.** C	**47.** B	**61.** C
6. B	**20.** C	**34.** C	**48.** B	**62.** D
7. D	**21.** B	**35.** A	**49.** A	**63.** C
8. B	**22.** C	**36.** A	**50.** C	**64.** B
9. A	**23.** C	**37.** B	**51.** A	**65.** B
10. B	**24.** B	**38.** B	**52.** A	**66.** B
11. B	**25.** C	**39.** B	**53.** D	**67.** C
12. B	**26.** B	**40.** D	**54.** A	**68.** C
13. C	**27.** A	**41.** B	**55.** B	**69.** B
14. C	**28.** D	**42.** C	**56.** D	**70.** D

Réponses aux 40 questions d'entraînement aux QCM complexes

1. B	**9.** B	**17.** A	**25.** D	**33.** A, B, C, D
2. C	**10.** A, C, D	**18.** C, D	**26.** B	**34.** A, C, D
3. C	**11.** A, C	**19.** B, C	**27.** C	**35.** C, D
4. A, B, C, D	**12.** B	**20.** A, B, D	**28.** C	**36.** A, B, C
5. A, C, D	**13.** C	**21.** A, D	**29.** B	**37.** B, D
6. A	**14.** C	**22.** B	**30.** B	**38.** B, C, D
7. B	**15.** C	**23.** D	**31.** A, C, D	**39.** A, D
8. AC	**16.** C	**24.** B	**32.** A, B, C	**40.** A, B, C, D

Corrigés des exercices d'application

1.1 Désignons par K le capital ayant rapporté 1 250 € d'intérêt. Le second vaut donc 100 000 $-K$. Nous pouvons écrire les deux équations suivantes :

$$Ki = 1\,250 \qquad (1)$$

$$(100\,000 - K)\,(i + 0,01) = 4\,500 \qquad (2)$$

(1) s'écrit : $K = 1\,250/i$; en reportant dans l'équation (2), il vient :

$$\left(100\,000 - \frac{1\,250}{i}\right)(i + 0,01) = 4\,500$$

Développons :

$$100\,000\,i + 1\,000 - 1250 - \frac{12,50}{i} = 4\,500$$

En multipliant les deux membres par i et après réduction, nous obtenons :

$$100\,000\,i^2 - 4\,750\,i - 12,50 = 0$$

Le discriminant de l'équation du second degré est :

$$\Delta = (-4\,750)^2 - 4 \times 100\,000 \times (-12,50) = 27\,562\,500 = 5\,250^2$$

L'inconnue étant un taux d'intérêt, nous recherchons la solution positive de l'équation, qui est :

$$i = \frac{4\,750 + 5\,250}{200\,000} = 0,05$$

Les taux de placement sont 5 % et 6 %. Avec $K = 1\,250/i$, on obtient le premier capital. Finalement, nous trouvons pour les deux capitaux : $K = 25\,000$ € et $100\,000 - K = 75\,000$ €.

1.2 Commençons par le calcul des durées :

du 20.04 au 30.04	du 30.04 au 31.05	du 31.05 au 30.06
10 jours	31 jours	30 jours

Il y a donc un total de 71 jours entre le 20.04 et le 30.06 et de $71 + 30 = 101$ jours entre le 20.04 et le 30.07. Le problème se schématise donc de la façon suivante :

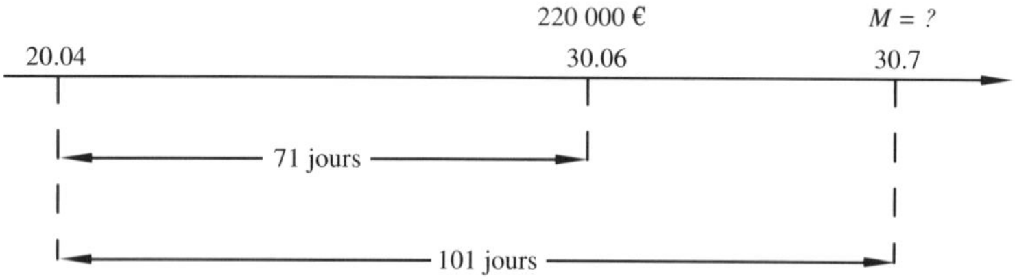

En désignant par M la valeur nominale de l'effet au 30.07 et en utilisant la formule (1.15), l'équivalence des effets au 20.04 s'écrit :

$$220\,000\left(1 - 0,035\frac{71}{360}\right) = M\left(1 - 0,035\frac{101}{360}\right)$$

soit :

$$218\,481,39 = 0,990\,180\,56\,M \text{ d'où } M = 220\,648,03 \text{ €}$$

1.3 1 – Si elle existe, la date d'équivalence d_0 est antérieure à la date d_1. Désignons alors par x la durée en jours séparant cette date d'équivalence de la date d_1. Nous avons graphiquement :

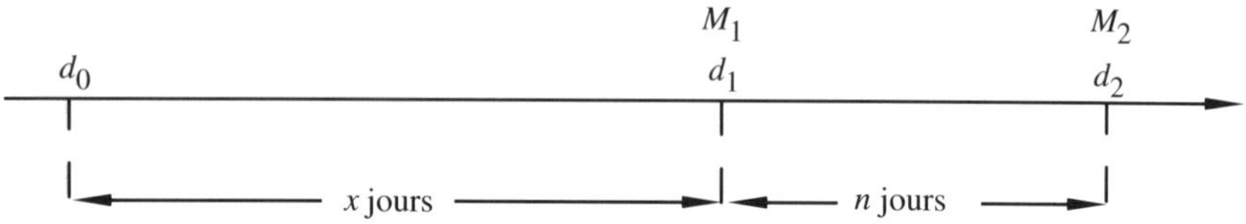

En utilisant la formule (1.15), l'équivalence des effets s'écrit :

$$M_1\left(1 - i_e\frac{x}{360}\right) = M_2\left(1 - i_e\frac{x+n}{360}\right)$$

Multiplions les deux membres par 360 et développons :

$$360\,M_1 - M_1 i_e x = 360\,M_2 - M_2 i_e\,(x+n)$$

En isolant x, il vient :

$$x = \frac{360(M_2 - M_1) - M_2 i_e n}{(M_2 - M_1)i_e}$$

2 – Il y a 30 jours entre d_1 et d_2, soit $n = 30$. On obtient donc :

$$x = \frac{360 \times (594\,000 - 590\,400) - 594\,000 \times 0,072 \times 30}{(594\,000 - 590\,400) \times 0,072} = 50$$

La date cherchée est ainsi le 10 février 2004 (il y a 19 jours du 10.02.2004 au 29.02.2004 et 31 jours du 29.02.2004 au 31.03.2004).

1.4 Le problème peut se schématiser ainsi :

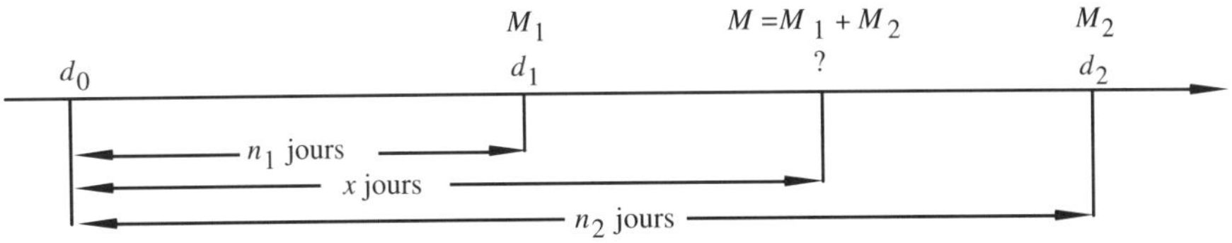

1 – L'équivalence des effets s'écrit :

$$M_1\left(1 - i_e\frac{n_1}{360}\right) + M_2\left(1 - i_e\frac{n_2}{360}\right) = (M_1 + M_2)\left(1 - i_e\frac{x}{360}\right)$$

2 – En retranchant $M_1 + M_2$ aux deux membres et en changeant les signes, il vient :

$$\frac{M_1 i_e n_1}{360} + \frac{M_2 i_e n_2}{360} = (M_1 + M_2)\frac{i_e x}{360}$$

On reconnaît dans le premier membre la somme des escomptes commerciaux des deux premiers effets et dans le second membre l'escompte commercial de l'effet unique. On en déduit le résultat demandé.

3 – En multipliant par 360 les deux membres de la relation précédente, nous obtenons :

$$M_1\, i_e\, n_1 + M_2\, i_e\, n_2 = (M_1 + M_2)\, i_e x$$

d'où :

$$x = \frac{M_1 n_1 + M_2 n_2}{M_1 + M_2}$$

On montre ainsi que la date cherchée est indépendante du taux d'escompte.

4 – Si l'on choisit une autre date d'origine, par exemple antérieure de N jours à la date initiale, n_1 et n_2 sont augmentés de N jours.

$$\frac{M_1 n_1 + M_2 n_2}{M_1 + M_2} \text{ devient ainsi : } \frac{M_1(n_1 + N) + M_2(n_2 + N)}{M_1 + M_2} = x + N$$

La date cherchée est donc bien indépendante de la date choisie pour origine.

5 – Prenons pour origine le 30 janvier. On a alors $n_1 = 1$ et $n_2 = 11$, d'où :

$$x = \frac{300\,000 \times 1 + 700\,000 \times 11}{300\,000 + 700\,000} = 8$$

La date cherchée est le 7 février 2004.

1.5 1 – Les durées en jours pour les trois échéances sont respectivement de 89 jours, de 180 jours et de 272 jours. La valeur capitalisée de 200 000 € au taux de 11 % en intérêt simple post-compté sur la première échéance est :

$$200\,000\left(1 + 0,11\frac{89}{360}\right) = 205\,438,89 \text{ €}$$

Pour les deux échéances suivantes, nous avons :

$$200\,000\left(1 + 0,11\frac{180}{360}\right) = 211\,000,00 \text{ € et } 200\,000\left(1 + 0,11\frac{272}{360}\right) = 216\,622,22 \text{ €}$$

Ces trois valeurs correspondent bien aux montants annoncés.

2.a – La valeur de la dette au 1er mars se calcule sous les conditions de l'accord initial, soit avec un taux post-compté de 11 %. Considérant que l'entreprise n'a encore rien versé, cette valeur est égale à la valeur acquise de 600 000 € sur 59 jours (du 1er janvier au 1er mars). Il vient :

$$600\,000\left(1 + 0,11\frac{59}{360}\right) = 610\,816,67 \text{ €}$$

2.b – On appelle M la valeur nominale des deux effets. Les durées de ces deux billets à ordre sont de 259 jours (du 1er mars au 15 novembre) et de 289 jours (du 1er mars au 15 décembre). On écrit que la valeur actuelle de ces deux effets doit être égale à la valeur de la dette au 1er mars, soit :

$$610\,816,67 = M\left(1 - 0,11\frac{259}{360}\right) + M\left(1 - 0,11\frac{289}{360}\right)$$

ou encore :

$$610\,816,67 = M\left[\left(2 - 0,11\left[\frac{259}{360} + \frac{289}{360}\right]\right)\right]$$

Il vient $M = 333\,314,14$ €. L'entreprise établira donc deux billets à ordre de montants nominaux égaux à 333 314,14 € et d'échéances 15 novembre et 15 décembre. Les valeurs actuelles des deux effets sont :

$$V_1 = 333\,314,14\left(1 - 0,11\frac{259}{360}\right) = 306\,936,03 \text{ €}$$

$$V_2 = 333\,314,14\left(1 - 0,11\frac{289}{360}\right) = 303\,881,65 \text{ €}$$

La somme de ces deux valeurs actuelles, à 0,01 € près, est égale à 610 816,67 €, c'est-à-dire la valeur de la dette au 1er mars. Remarquons que le passage d'un taux post-compté dans l'accord initial à un taux précompté après rééchelonnement crée un avantage pour la banque, au détriment de l'entreprise.

1.6 Il s'agit d'un bon du Trésor à treize semaines (la durée entre le 25.04 et le 25.07 est 91 jours). Le montant I des intérêts s'obtient grâce à la formule fondamentale de l'intérêt simple (1.1) :

$$I = 1\,000\,000 \times 0,034\frac{91}{360} = 8\,594,44 \text{ €}$$

La valeur d'émission E du bon est la valeur nominale diminuée des intérêts I, soit :

$$E = 1\,000\,000 - 8\,594,44 = 991\,405,56 \text{ €}$$

Le taux *in fine* i s'obtient à partir du taux précompté i_e au moyen de la formule (1.10) :

$$i = \frac{0,034}{1 - 0,034\frac{91}{360}} = 3,43\,\%$$

ou en écrivant la relation entre valeur actuelle et valeur acquise en intérêt post-compté si l'on ne souhaite pas apprendre toutes les formules par cœur :

$$991\,405,56\left(1 + i\frac{91}{360}\right) = 1\,000\,000 \Longrightarrow i = \left(\frac{1\,000\,000}{991\,405,56} - 1\right)\frac{360}{91} = 3,43\,\%$$

2.1 1 – Le capital étant multiplié par 2, le taux cherché est tel que :

$$100\,000\,(1+i)^7 = 200\,000$$

d'où :

$$(1+i)^7 = 2 \iff i = 2^{\frac{1}{7}} - 1 \text{ soit } i \approx 10,41\,\%.$$

2 – Le taux i permettant de doubler un capital en n années est donné par :

$$i = 2^{\frac{1}{n}} - 1$$

3 – Recherchons n à partir de la relation précédente qui s'écrit :

$$2^{\frac{1}{n}} = 1 + i$$

Les deux membres étant positifs, écrivons l'égalité de leurs logarithmes népériens :

$$\ln(2^{\frac{1}{n}}) = \ln(1+i) \iff \frac{1}{n}\ln 2 = \ln(1+i)$$

De cette égalité, on tire l'expression demandée :

$$n = \frac{\ln 2}{\ln(1+i)}$$

On peut utiliser cette relation pour déterminer le taux annuel permettant de doubler un capital connaissant n, ou pour déterminer n connaissant le taux.

2.2 À partir des trois informations de l'énoncé, on peut écrire :

$$K_0(1+i)^n = 658\,462 \qquad (1)$$

$$K_0[(1+i)^3 - 1] = 70\,249,21 \qquad (2)$$

$$K_0[(1+i)^6 - 1] = 151\,571,44 \qquad (3)$$

Nous avons un système non linéaire de trois équations à trois inconnues. Remarquons que de (2) et (3), on peut tirer K_0 et i. n sera ensuite déduit de (1). Posons $X = (1+i)^3$ et divisons membre à membre (3) par (2), pour $i \neq 0$. Il vient :

$$\frac{X^2 - 1}{X - 1} = \frac{151\,571,44}{70\,249,21}$$

Avec $X^2 - 1 = (X-1)(X+1)$ et après simplification, on obtient :

$$X + 1 = 2,157\,624\,833$$

d'où :

$$X = (1+i)^3 = 1,157\,624\,833 \Longrightarrow i = 5\,\%$$

Le taux est donc de 5 %. On obtient ensuite facilement K_0 à partir de (2) ou de (3) ; il vient $K_0 = 445\,673$ €. De (1), on obtient :

$$1,05^n = \frac{658\,462}{445\,673} = 1,477\,455\,444$$

soit, en passant aux logarithmes :

$$n \ln 1,05 = \ln 1,477\,455\,444 \iff n = \frac{\ln 1,477\,455\,444}{\ln 1,05} = 8 \text{ ans}$$

2.3 1 – À partir de (2.12), il vient : $\ln(1+15\,\%) = 13{,}9762\,\%$

2 – Il vient successivement en utilisant (2.1) puis (2.14) :

$$100(1,15)^{3,5} = 163{,}0957 \text{ €}$$

$$100e^{3,5\times 0,139762} = 163{,}0957 \text{ €}$$

3 – On peut écrire :

$$(1+i_m)^{12} = e^{0,12}$$

En élevant à la puissance 1/12, on obtient :

$$1+i_m = \left(e^{0,12}\right)^{1/12} = e^{0,01} \text{ soit encore : } i_m = e^{0,01} - 1 = 1{,}005\,\%$$

Ce résultat peut être obtenu directement à partir de la formule (2.13), avec un taux continu mensuel. Sachant que les taux continus sont proportionnels, le taux continu mensuel est :

$$j_m = 12\,\%/12 = 1\,\%$$

On a donc :

$$i_m = e^{j_m} - 1 = e^{0,01} - 1 = 1{,}005\,\%$$

4 – Il vient d'après (2.14), en retenant des années de 365 jours :

$$1\,000e^{\frac{957}{365}\times 0,1} = 1\,299{,}78 \text{ €}$$

En retenant le taux discret équivalent, on aurait :

$$i = e^{0,1} - 1 = 10{,}5171\,\% \text{ et } 1\,000(1{,}105171)^{\frac{957}{365}} = 1\,299{,}78 \text{ €}$$

soit le résultat précédent.

5 – La valeur actualisée en date 0, au taux continu annuel de 4 %, d'un revenu de 1 000 € encaissable dans six mois, est :

$$1\,000e^{-\frac{6}{12}\times 0,04} = 980{,}20 \text{ €}$$

2.4 1 – Le taux trimestriel proportionnel au taux annuel de 5 % est :

$$0{,}05/4 = 1{,}25\,\%.$$

Le taux trimestriel équivalent au taux annuel de 5 % est :

$$1{,}05^{\frac{1}{4}} - 1 = 1{,}227223\,\%$$

Le taux proportionnel est supérieur au taux équivalent. Le calcul en taux proportionnel avantage le prêteur et désavantage l'emprunteur.

2 – Partons d'un taux annuel i et écrivons les expressions du taux proportionnel et du taux équivalent pour une période de durée T donnée, exprimée en années, T pouvant être supérieure ou inférieure à 1. On obtient $t_p = iT$ pour le taux proportionnel et $t_e = (1+i)^T - 1$ pour le taux équivalent. Étudions la différence $f(i) = t_e - t_p$, soit :

$$f(i) = (1+i)^T - 1 - iT$$

Nous avons $f(0) = 0$. En dérivant, il vient :

$$f'(i) = T[(1+i)^{T-1} - 1]$$

• Pour $0 < T < 1$, cette dérivée est négative, la fonction $f(i)$ est donc décroissante et, puisque $f(0) = 0$, la différence est négative. Pour des périodes infra-annuelles, le taux proportionnel est supérieur au taux équivalent.

• Pour $T > 1$, la dérivée est positive, la fonction est croissante, donc la différence est positive. Dans ce deuxième cas, le taux proportionnel est inférieur au taux équivalent.

2.5 1 – Le nombre total de versements a été de 48.

2 – La valeur acquise de cette suite de mensualités se calcule avec (2.20) :

$$K_{48} = 1\,000\frac{1,005^{48} - 1}{0,005} = 54\,097,83\,€$$

3 – Le taux annuel équivalent au taux mensuel de 0,5 % est :

$$i = 1,005^{12} - 1 = 6,17\,\%$$

4 – La valeur actuelle des retraits ne doit pas excéder le solde du compte au 05.02.N + 4. En désignant par a le montant du retrait annuel, nous pouvons écrire :

$$a\frac{1 - 1,049^{-4}}{0,049} \leq 4\,097,83 \text{ soit } a \leq 4\,097,83\frac{0,049}{1 - 1,049^{-4}}$$

d'où : $a \leq 1\,152,95$.

Il est possible de suivre année après année l'évolution du solde du compte :

Année	Solde du compte le 5 février avant le retrait	Solde du compte le 5 février après le retrait
N + 4	54 097,83	4 097,83
N + 5	4 298,62	3 145,67
N + 6	3 299,81	2 146,86
N + 7	2 252,06	1 099,11
N + 8	1 152,96	0,01

2.6 Il faut dans un premier temps écrire l'équation de la valeur acquise, composée de la suite des loyers capitalisés et de la valeur de revente des biens immobiliers qui progresse de 2 % par an. Nous avons, en raisonnant en millions :

$$K_n = \underbrace{2 \times \frac{1,04^n - 1}{0,04}}_{\text{Loyers capitalisés}} + \underbrace{40 \times 1,02^n}_{\text{Prix de revente}}$$

K_n étant fixé à 80, il faut résoudre en $n\,(n > 0)$ l'équation suivante :

$$2 \times \frac{1,04^n - 1}{0,04} + 40 \times 1,02^n = 80 \text{ soit } 50 \times 1,04^n + 40 \times 1,02^n - 50 = 80$$

Nous procédons par tâtonnement pour trouver n. Il vient ainsi pour le membre de gauche :

$n = 10$	72,772
$n = 11$	76,708
$n = 12$	80,781

La société d'assurance devra donc attendre douze ans.

2.7 1 – L'expression de la valeur acquise est $K_0(1 + i)^n(1 + iT)$

2 – Avec $K_0 = 10\,000$, $i = 6\,\%$, $n = 5$ ans et $T = 4/12$, il vient :

$$10\,000 \times 1,06^5\left(1 + 0,06\frac{4}{12}\right) = 13\,649,90\,€$$

3 – Nous retenons sans perte de généralité $K_0 = 1$; nous avons donc :

$$(1+i)^n(1+iT) = 2$$

Nous savons que n est entier et T est un réel inférieur à 1, ce qui permet d'écrire :

$$(1+i)^n \leq (1+i)^n(1+iT) < (1+i)^{n+1}$$

ou encore :

$$1,06^n \leq 2 < 1,06^{n+1}$$

En passant aux logarithmes népériens, il vient :

$$n \ln 1,06 \leq \ln 2 < (n+1) \ln 1,06$$

En divisant par $ln\,1,06$, on obtient :

$$n \leq \frac{\ln 2}{\ln 1,06} < n+1 \text{ soit } n \leq 11,896 < n+1$$

n est la partie entière de 11,896, soit : $n = 11$. On réintègre cette valeur dans l'expression initiale pour trouver T :

$$1,06^{11} \times (1 + 0,06 \times T) = 2 \text{ d'où : } T = \frac{1}{0,06}\left(\frac{2}{1,06^{11}} - 1\right) = 0,892\,917\,5$$

3.1 Le diagramme des flux est le suivant :

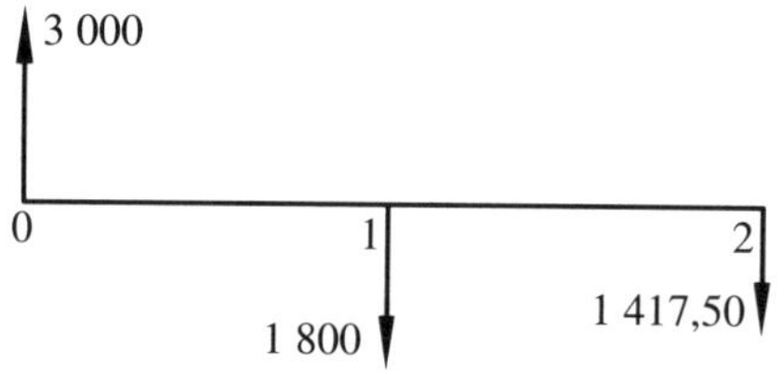

Le taux d'intérêt est donc solution de l'équation aux valeurs actuelles suivantes :

$$3\,000 = \frac{1\,800}{1+i} + \frac{1\,417,50}{(1+i)^2}$$

Multiplions les deux membres par $(1+i)^2$:

$$3\,000\,(1+i)^2 = 1\,800\,(1+i) + 1\,417,50$$

Après développement et réduction, nous obtenons :

$$3\,000\,i^2 + 4\,200\,i - 217,50 = 0$$

La seule solution positive est :

$$i = 0,05$$

Vérifions en construisant le tableau d'amortissement que le taux de cet emprunt est bien 5 % :

Année	Capital dû en début de période	Amortissement	Intérêt	Annuité
1	3 000,00	1 650,00	150,00	1 800,00
2	1 350,00	1 350,00	67,50	1 417,50

3.2 1 – Le taux mensuel proportionnel au taux annuel de 8,5 % est $8,5\,\%/12 = 0,708\,333\,\%$. Il est conseillé de stocker la valeur de i (sans l'arrondir davantage) dans une mémoire de la calculatrice.

2 – La mensualité constante a se calcule avec la formule (3.7), dans laquelle n représente le nombre de périodes (ici 120 mois) et i le taux de période.

$$a = K_0 \frac{i}{1-(1+i)^{-n}} = 300\,000 \frac{0,007\,083\,33}{1-1,007\,083\,33^{-120}} = 3\,719,57\text{ €}$$

La première part d'intérêt est : $300\,000 \times i = 2\,125,00$ €

Le premier amortissement est donc : $A_1 = 3\,719,57 - 2\,125,00 = 1\,594,57$ €

Le deuxième amortissement est : $A_2 = A_1(1+i) = 1\,605,87$ €

Le dernier amortissement est [formule (3.12)] :

$$A_{120} = \frac{a}{1+i} = 3\,693,41\text{ €}$$

Les autres éléments demandés dans le tableau d'amortissement se calculent facilement.

Année	Capital dû en début de période	Amortissement	Intérêt	Annuité
1	300 000,00	1 594,57	2 125,00	3 719,57
2	298 405,43	1 605,87	2 113,70	3 719,57
:	:	:	:	:
120	3 693,41	3 693,41	26,16	3 719,57

3 – La suite des amortissements formant une progression géométrique de raison $1+i$, le 10e amortissement est donné par :

$$A_{10} = A_1 \times (1+i)^9 = 1\,699,15\text{ €}$$

4 – Le coût du crédit (c) est égal à la somme des mensualités diminuée du montant emprunté :

$$c = 120 \times 3\,719,57 - 300\,000 = 146\,348,40\text{ €}$$

3.3 1 – Le taux mensuel équivalent au taux annuel de 6 % est donné par la formule (2.9) :

$$i = 1,06^{\frac{1}{12}} - 1 = 0,486\,755\,06\,\%$$

2 – La mensualité constante a se calcule avec la formule (3.7) :

$$a = 30\,000 \frac{0,004\,867\,550\,6}{1-1,004\,867\,550\,6^{-36}} = 910,50\text{ €}$$

Le capital dû après paiement des 24 premières échéances (noté K_{24}) est donné par (3.14) :

$$K_{24} = 30\,000 \frac{(1+i)^{36} - (1+i)^{24}}{(1+i)^{36} - 1}$$

Avec $i = 0,486\,755\,06\,\%$, il vient $K_{24} = 10\,588,01$ €. On en déduit la vingt-cinquième part d'intérêt :

$$iK_{24} = 51,54\text{ €}$$

puis le 25e amortissement :

$$A_{25} = a - iK_{24} = 858,96 \text{ €}$$

Remarquons qu'il est possible de calculer directement le vingt-cinquième amortissement à partir du premier, puis d'en déduire le capital restant dû au début de la période. Mais cette seconde méthode requiert une grande précision dans les calculs et nécessite donc de conserver un plus grand nombre de chiffres significatifs ; il faut ainsi utiliser :

$$a = 910,499\,2 \text{ et } A_1 = 764,472\,7$$

3.4 La formule (3.8) permet d'écrire :

$$A_2 = A_1(1+i) \text{ soit : } i = \frac{A_2}{A_1} - 1 = \frac{66\,582,52}{62\,606,97} - 1 = 6,35\,\%$$

Le troisième amortissement A_3 s'obtient en multipliant A_2 par le facteur $(1+i)$:

$$A_3 = 66\,582,52 \times 1,063\,5 = 70\,810,51 \text{ €}$$

Le capital emprunté K_0 est la somme des trois amortissements. D'où :

$$K_0 = 62\,606,97 + 66\,582,52 + 70\,810,51 = 200\,000 \text{ €}$$

L'annuité constante a peut être obtenue à l'aide de (3.7), mais, plus simplement, c'est la somme de la première part d'intérêt et du premier amortissement :

$$a = iK_0 + A_1 = 0,063\,5 \times 200\,000 + 62\,600,97 = 75\,306,97 \text{ €}$$

3.5 Le particulier versera 24 mensualités de 500 €, puis 36 mensualités de 600 € puis n mensualités de 700 € et enfin une dernière mensualité a que l'on calculera et qui permet de solder l'emprunt. Le diagramme des flux est donc le suivant :

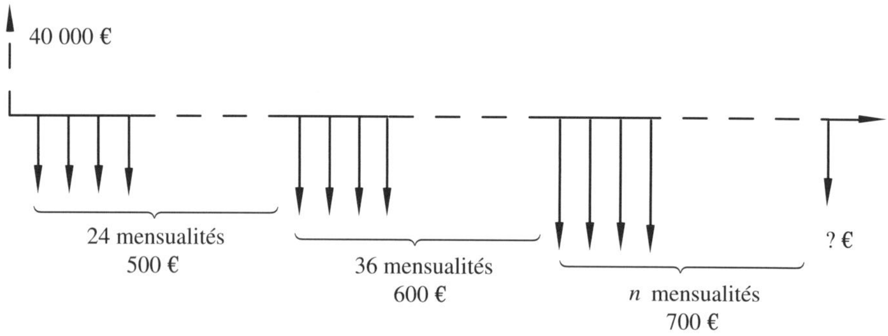

1 – Calculons la durée en supposant provisoirement nulle la dernière mensualité. L'équation aux valeurs actuelles s'écrit (avec $i = 6,6\,\%/12 = 0,55\,\%$) :

$$40\,000 = 500\frac{1-(1+i)^{-24}}{i} + 600\frac{1-(1+i)^{-36}}{i} \times \frac{1}{(1+i)^{24}} + 700\frac{1-(1+i)^{-24}}{i} \times \frac{1}{(1+i)^{60}}$$

La valeur des 36 mensualités de 600 € a été calculée à la date 24 (une période avant le premier versement de 600 €) puis actualisée sur deux ans, de même pour les n annuités de 700 €, actualisées sur cinq ans. Après calculs, l'équation aux valeurs actuelles s'écrit :

$$40\,000 = 11\,212,91 + 17\,136,43 + 700\frac{1-(1+i)^{-n}}{i} \times \frac{1}{(1+i)^{60}}$$

La valeur de n devant être déterminée à une unité près, il est possible d'arrondir quelque peu. Après réduction, on obtient :

$$1,005\,5^{-n} = 0,873$$

Les deux membres étant positifs, écrivons l'égalité de leurs logarithmes :

$$\ln 1,005\,5^{-5} = \ln 0,873 \text{ soit : } n = -\frac{\ln 0,873}{\ln 1,005\,5} = 24,8$$

En adoptant pour n la valeur approchée par défaut 24, on est donc conduit à verser 24 mensualités de 700 €.

2 – En notant m la 85e et dernière mensualité permettant de solder l'emprunt, l'équation aux valeurs actuelles est :

$$40\,000 = 500\frac{1-(1+i)^{-24}}{i} + 600\frac{1-(1+i)^{-36}}{i} \times \frac{1}{(1+i)^{24}} + 700\frac{1-(1+i)^{-24}}{i} \times \frac{1}{(1+i)^{60}} + \frac{m}{(1+i)^{85}}$$

La résolution en m de l'expression ci-dessus donne :

$$m = 565,43 \text{ €}$$

En conclusion, le particulier versera durant deux ans des mensualités de 500 €, durant trois ans des mensualités de 600 €, durant deux ans encore des mensualités de 700 €, puis enfin une dernière mensualité de 565,43 €.

3.6 En notant F_1 et F_{10} respectivement la première et la dixième mensualité et puisque les mensualités sont en progression arithmétique de raison A, on peut écrire :

$$F_{10} = F_1 + 9A \text{ soit : } A = \frac{F_{10} - F_1}{9} = 10 \text{ €}$$

La dernière mensualité F_n est telle que :

$$F_n = F_1 + (n-1)A \iff n = \frac{F_n - F_1}{A} + 1 = 84 \text{ mois}$$

La différence entre la première mensualité et le premier amortissement donne le premier intérêt iK_0 :

$$iK_0 = F_1 - A_1 = 500 \text{ €}$$

Il est maintenant possible d'intégrer toutes ces informations dans l'expression (3.17), donnant la première mensualité :

$$F_1 = -\frac{A}{i} - nA + \frac{iK_0 + nA}{1-(1+i)^{-n}} \text{ soit : } 1\,075,09 = -\frac{10}{i} - 840 + \frac{1\,340}{1-(1+i)^{-84}}$$

ou encore :

$$1\,915,09 = -\frac{10}{i} + \frac{1\,340}{1-(1+i)^{-84}}$$

Nous obtenons une équation non linéaire. Il est préférable de la résoudre par itération. i étant un taux mensuel, essayons des valeurs réalistes, soit par exemple 1 %. La valeur du membre de droite est : 1 365,47. Avec 0,5 %, il vient 1 915,09. Le taux mensuel de l'emprunt est donc de 0,5 %.

Pour terminer, connaissant le premier intérêt, on en déduit le principal de l'emprunt :

$$K_0 = \frac{500}{i} = 100\,000 \text{ €}$$

3.7 1 – Remboursement par paliers :

Le particulier verse 60 mensualités d'un montant a puis 60 mensualités d'un montant $2a$.

Le diagramme des flux est simple à construire. L'équation aux valeurs actuelles s'écrit :

$$K_0 = a\,\frac{1-(1+i)^{-n}}{i} + 2a\,\frac{1-(1+i)^{-n}}{i}(1+i)^{-n}$$

Avec : $K_0 = 80\,000$; $i = 0,005$ et $n = 60$, on obtient numériquement :

$$80\,000 = a \times 51,725\,561 + 2a \times 38,347\,893$$

$$80\,000 = 128,421\,346\,a \text{ soit : } a = 622,95$$

Le particulier verse donc 60 mensualités de 622,95 € puis 60 mensualités de 1 245,90 €.

Le taux effectif mensuel x est solution de l'équation aux valeurs actuelles :

$$K_0 - f = a\frac{1-(1+x)^{-n}}{x} + 2a\frac{1-(1+x)^{-n}}{x}(1+x)^{-n}$$

où f représente le montant des frais de dossier. L'application numérique conduit à :

$$79\,700 = 622,95\,\frac{1-(1+x)^{-60}}{x} + 1\,245,90\frac{1-(1+x)^{-60}}{x}(1+x)^{-60}$$

En l'absence de frais de dossier, le taux effectif de l'emprunt serait égal à 0,50 %. Donc, pour x égal à 0,50 %, le second membre de l'équation vaut 80 000. Pour x égal à 0,52 %, le second membre de l'équation vaut 78 976.

D'où, par interpolation linéaire :

$$x = 0,50\,\% + 0,02\,\%\,\frac{80\,000 - 79\,700}{80\,000 - 78\,976} = 0,505\,86\,\%$$

Le taux effectif mensuel est donc 0,505 86 %.

$$1,005\,058\,6^{12} - 1 = 1,062\,4$$

Le taux annuel effectif global (TAEG) est égal à 6,24 %.

2 – Remboursement par mensualités en progression géométrique :
Nous sommes dans le cas où la raison G de la progression géométrique est différente de $1 + i$. En notant F le montant de la première mensualité, la formule (3.16) permet d'écrire :

$$F = 80\,000 \frac{1,01 - 1,005}{\left(\frac{1,01}{1,005}\right)^{120} - 1}$$

$$F = 491,40\,€$$

On en déduit facilement que les mensualités suivantes sont 496,31 € et 501,28 € et que les trois premières lignes du tableau d'amortissement se présentent ainsi :

Mois	Capital restant dû	Intérêt	Amortissement	Mensualité
1	80 000,00	400,00	91,40	491,40
2	79 908,60	399,54	96,77	496,31
3	79 811,83	399,06	102,22	501,28
...	...	...	...	...

On notera que les amortissements ne forment pas une progression géométrique.
3 – Remboursement par mensualités en progression arithmétique de raison 10 € :
En notant à présent F' le montant de la première mensualité, la formule (3.17) donne :

$$F' = -\frac{10}{0,005} - 120 \times 10 + \frac{0,005 \times 80\,000 + 120 \times 10}{1 - 1,005^{-120}} = 352,66\,€$$

Les trois premières lignes du tableau d'amortissement se présentent ainsi :

Mois	Capital restant dû	Intérêt	Amortissement	Mensualité
1	80 000,00	400,00	– 47,34	352,66
2	80 047,34	400,24	– 37,58	362,66
3	80 084,92	400,42	– 27,76	372,66
...	...	...	...	...

On remarque que les premiers amortissements sont négatifs mais on pourra vérifier que dès la sixième ligne du tableau d'amortissement, ceux-ci deviennent positifs.

3.8 Écrivons l'équation aux valeurs actuelles pour un capital de 3 000 € et une mensualité constante de 200 €. Il vient :

$$3\,000 = 200 \frac{1 - 1,008\,5^{-n}}{0,008\,5}$$

La solution de cette équation donne la durée (en mois). Après réduction, il vient :

$$0,872\,5 = \frac{1}{1,008\,5^{n}} \Longrightarrow 1,008\,5^{n} = \frac{1}{0,872\,5}$$

On obtient n en passant aux logarithmes népériens :

$$n \ln 1,0085 = \ln \frac{1}{0,8725} \quad \text{soit : } n = \frac{\ln \frac{1}{0,8725}}{\ln 1,0085} = 16,1143$$

L'établissement proposera donc un crédit sur dix-sept mois, avec des mensualités telles que :

$$3\,000 = a\frac{1 - 1,0085^{-17}}{0,0085} \Longrightarrow a = \frac{3\,000 \times 0,0085}{1 - 1,0085^{-17}} = 190,28\ €$$

4.1 Le nombre théorique d'obligations à amortir chaque année est :

500 000/6 = 83 333,33.

On amortira donc par exemple 83 333 obligations lors des échéances 1, 2, 4 et 5 et 83 334 lors des échéances 3 et 6. Le tableau d'amortissement de l'emprunt est ainsi :

Année p	d_{p-1}	Capital dû en début de période	m_p	Amortissement	Intérêt	Annuité
1	500 000	500 000 000	83 333	83 333 000	30 000 000	113 333 000
2	416 667	416 667 000	83 333	83 333 000	25 000 020	108 333 020
3	333 334	333 334 000	83 334	83 334 000	20 000 040	103 334 040
4	250 000	250 000 000	83 333	83 333 000	15 000 000	98 333 000
5	166 667	166 667 000	83 333	83 333 000	10 000 020	93 333 020
6	83 334	83 334 000	83 334	83 334 000	5 000 040	88 334 040

4.2 1 – L'annuité théorique a est donnée par la formule (3.7) :

$$a = 10\,000 \times 10\,000 \frac{0,045}{1 - 1,045^{-3}} = 36\,377\,336\ € \text{ (à 1 € près)}$$

Le premier amortissement théorique est égal à l'annuité théorique diminuée des intérêts versés la première année :

$$A_1 = 36\,377\,336 - 10\,000 \times 10\,000 \times 0,045 = 31\,877\,336\ €$$

Ces montants doivent être arrondis afin de tenir compte de la valeur nominale des titres (10 000 €). On obtient ainsi pour la première ligne du tableau d'amortissement :

Année p	d_{p-1}	Capital dû en début de période	m_p	Amortissement	Intérêt	Annuité
1	10 000	100 000 000	3 188	31 880 000	4 500 000	36 380 000

2.a – La date de cotation est le mardi 27 avril 2004. La date de règlement-livraison est donc le vendredi 30 avril 2004, soit treize jours après la date de naissance de l'emprunt. On a donc $j = 13$. Le coupon couru de l'obligation se calcule à partir de (4.5). On l'exprime ici en pourcentage et il est égal à :

$$CC = \frac{4,5 \times 13}{365} = 0,160$$

2.b – Le cours total (en pourcentage) résulte de l'addition du cours pied de coupon et du coupon couru, soit :

$$100,50 + 0,160 = 100,66$$

La conversion donne un cours en euros égal à :

$$100,66\,\% \times 10\,000 = 10\,066\,€$$

3 – En utilisant l'annuité théorique a calculée plus haut, la valeur actuelle des flux à venir à la date du 17 avril 2005 est :

$$a + \frac{a}{1+r} + \frac{a}{(1+r)^2}$$

4 – À la date du 30.04.2004, cette valeur actuelle devient :

$$V = \left(a + \frac{a}{1+r} + \frac{a}{(1+r)^2}\right)\frac{1}{(1+r)^{\frac{352}{365}}}$$

Nous avons en effet décompté 13 jours entre le 17.04.2004 et le 30.04.2004, il en reste donc 352 entre le 30.04.2004 et le 17.04.2005.
5 – Pour $r = 4,23\,\%$, le calcul de la valeur actuelle des flux conduit à 100 659 774 €. À cette date, les 10 000 obligations sont encore vivantes et le cours théorique de l'emprunt est bien :

$$\frac{100\,659\,774}{10\,000} = 10\,066\,€$$

4.3 1 – Il convient en premier lieu de calculer à partir de la formule (4.2) le taux fictif i' qui, appliqué au prix de remboursement R, fournit le montant Ci du coupon annuel :

$$i' = \frac{Ci}{R} = \frac{1\,000 \times 0,05}{1\,050} = 4,761\,905\,\%$$

L'annuité théorique a et le premier amortissement théorique A_1 peuvent alors être calculés au moyen des formules (4.3) et (4.4). On obtient :

$$a = 50\,000 \times 1\,050 \frac{i'}{1-(1+i')^{-6}} \approx 10\,264\,793\,€$$

$$A_1 = 50\,000 \times 1\,050\,\frac{i'}{(1+i')^6 - 1} \approx 7\,764\,793\,€$$

Compte tenu de la valeur de remboursement des titres, on amortira à la première échéance :

$$\frac{A_1}{1\,050} = 7\,395 \text{ obligations}$$

Les amortissements théoriques suivants, en progression géométrique de raison $(1 + i')$, s'en déduisent facilement, ainsi que les nombres m_p d'obligations amorties chaque année :

$$\begin{array}{ll} A_2 \approx 8\,134\,545 & m_2 = 7\,747 \\ A_3 \approx 8\,521\,904 & m_3 = 8\,116 \\ A_4 \approx 8\,927\,709 & m_4 = 8\,503 \\ A_5 \approx 9\,352\,838 & m_5 = 8\,907 \\ A_6 \approx 9\,798\,211 & m_6 = 9\,332 \end{array}$$

Le tableau d'amortissement de l'emprunt est le suivant :

Année p	d_{p-1}	Capital dû en début de période	m_p	Amortis-sement	Intérêt	Annuité
1	50 000	52 500 000	7 395	7 764 750	2 500 000	10 264 750
2	42 605	44 735 250	7 747	8 134 350	2 130 250	10 264 600
3	34 858	36 600 900	8 116	8 521 800	1 742 900	10 264 700
4	26 742	28 079 100	8 503	8 928 150	1 337 100	10 265 250
5	18 239	19 150 950	8 907	9 352 350	911 950	10 264 300
6	9 332	9 798 600	9 332	9 798 600	466 600	10 265 200

2 – En retenant le montant de l'annuité théorique, l'équation aux valeurs actuelles s'écrit :

$$50\,000 \times 990 = 10\,264\,793\ \frac{1-(1+x)^{-6}}{x}$$

On vérifie facilement que cette équation est bien satisfaite (aux arrondis près) par $x = 6,62\,\%$.

3 – La durée de vie résiduelle étant trois ans, la valeur actuelle des trois flux à venir est :

$$10\,264\,793\ \frac{1-1,07^{-3}}{0,07} = 26\,938\,061\ €$$

26 742 obligations sont encore vivantes. Le quotient donne un prix de :

$$\frac{26\,938\,061}{26\,742} = 1\,007,33\ €$$

4.4 1 – En raisonnant en pourcentage du nominal, ce titre procure à son détenteur quatre flux de 5 et un cinquième et dernier flux de 105 (dernier coupon + remboursement du capital au pair). Sa valeur exprimée en pourcentage est donc, compte tenu de (4.8) :

$$P_0 = \frac{5}{1,035} + \frac{5}{1,046^2} + \frac{5}{1,05^3} + \frac{5}{1,053^4} + \frac{105}{1,054^5} = 98,51$$

2 – Nous pouvons retenir le point de vue de l'émetteur ou du souscripteur.

• Du point de vue de l'émetteur, nous raisonnons sur le montant total de l'emprunt normalisé à 100. Le tableau d'amortissement en termes de flux est le suivant :

Années	Capital dû en début de période	Amortissement	Intérêt
1	100	25	4,60
2	75	25	3,45
3	50	25	2,30
4	25	25	1,15

Les décaissements (amortissements + intérêts) sont donc :

Années	1	2	3	4
Flux	29,60	28,45	27,30	26,15

La valeur d'équilibre, exprimée en pourcentage, est :

$$P_0 = \frac{29,6}{1,035} + \frac{28,45}{1,046^2} + \frac{27,3}{1,05^3} + \frac{26,15}{1,053^4} = 99,45$$

• Du point de vue du souscripteur, il faut prendre en compte la probabilité que son titre soit tiré au sort avant la quatrième année. À chaque échéance, la probabilité est égale au rapport de l'amortissement sur le capital total à rembourser, soit ici une probabilité constante de 0,25. Une méthode simple consiste à inventorier les scénarios possibles. Nous les récapitulons ci-dessous.

	Probabilité	Flux en date 1	Flux en date 2	Flux en date 3	Flux en date 4
Scénario n° 1	0,25	4,60	4,60	4,60	104,60
Scénario n° 2	0,25	4,60	4,60	104,60	0
Scénario n° 3	0,25	4,60	104,60	0	0
Scénario n° 4	0,25	104,60	0	0	0
Espérances de flux		29,60	28,45	27,30	26,15

L'espérance de flux en date 1 est calculée ainsi :

$$E(F_1) = 0,25 \times 4,60 + 0,25 \times 4,60 + 0,25 \times 4,60 + 0,25 \times 104,60 = 29,60$$

Pour l'espérance de flux en date 2, il vient :

$$E(F_2) = 0,25 \times 4,60 + 0,25 \times 4,60 + 0,25 \times 104,60 + 0,25 \times 0 = 28,45$$

On obtient pour le souscripteur la même chronique de flux que pour l'émetteur, à la différence près qu'elle est exprimée en termes d'espérance mathématique. L'actualisation aux taux zéro-coupon donne évidemment le même résultat.

Nous en déduisons que, pour être émises au prix du marché, ces obligations doivent présenter une prime d'émission (en pourcentage) de :

$$100 - 99,45 = 0,55$$

4.5 1 – Avec $T = 10$, il vient :

$$j(10) = 0,09 - 0,05e^{-0,3\times 10} = 8,75\,\%$$

Le prix d'un zéro-coupon, exprimé en pourcentage, est égal à la valeur actuelle suivante :

$$Z_0(10) = 100e^{-0,0875\times 10} = 41,69$$

2 – $j(T)$, pour $T = 1, \ldots, 6$ est donné ci-dessous :

T	0	1	2	3	4	5	6
$j(T)$	4 %	5,30 %	6,26 %	6,97 %	7,49 %	7,88 %	8,17 %

3 – La représentation graphique est la suivante :

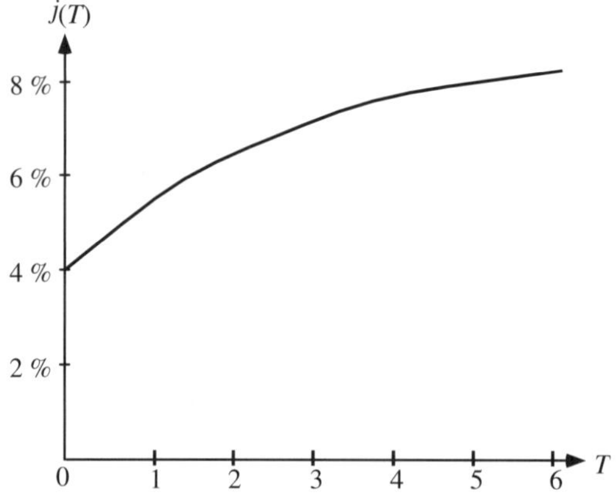

4 – Nous devons calculer les taux zéro-coupon d'échéances respectives $T_1 = 55$ jours, $T_2 = 1$ an et 55 jours, $T_3 = 2$ ans et 55 jours. Il vient :

$$j(T_1) = 0,09 - 0,05e^{-0,3\times\frac{55}{365}} = 4,22\,\%$$

$$j(T_2) = 0,09 - 0,05e^{-0,3\times\left(1+\frac{55}{365}\right)} = 5,46\,\%$$

$$j(T_3) = 0,09 - 0,05e^{-0,3\times\left(2+\frac{55}{365}\right)} = 6,38\,\%$$

La valeur de marché du titre s'obtient en actualisant les flux aux taux des zéro-coupon :

$$P_0 = 5e^{-0,0422\times\frac{55}{365}} + 5e^{-0,0546\times\left(1+\frac{55}{365}\right)} + 105e^{-0,0638\times\left(2+\frac{55}{365}\right)} = 101,20$$

5 – Nous partons de (4.7) que nous exprimons à l'aide de taux continus[1] :

$$e^{\,{}_tf_T(T-t)} = \frac{e^{\,Tj(T)}}{e^{\,tj(t)}} = e^{\,Tj(T)-tj(t)}$$

En prenant le logarithme népérien des deux membres, on tire :

$${}_tf_T = \frac{Tj(T)-tj(t)}{T-t}$$

6 – L'application de la formule précédente conduit à :

$${}_1f_2 = \frac{2j(2)-j(1)}{2-1} = 2\times 6,26\,\% - 5,30\,\% = 7,22\,\%$$

$${}_2f_4 = \frac{4j(4)-2j(2)}{4-2} = \frac{4\times 7,49\,\% - 2\times 6,26\,\%}{2} = 8,72\,\%$$

1. Nous conservons ici la notation ${}_tf_T$ pour le taux à terme, bien qu'il s'agisse maintenant d'un taux continu.

4.6 1 – L'annuité théorique a est donnée par la formule (3.7) :

$$a = 5\,000 \times 1\,000 \frac{0,045}{1 - 1,045^{-4}} \quad \text{soit : } a = 1\,393\,718 \text{ € (à 1 € près)}$$

La première part d'intérêt est : $NCi = 225\,000$ €.
Le premier amortissement théorique est : $A_1 = a - NCi = 1\,168\,718$ €.
Cela conduit à amortir la première année : $m_1 = 1\,169$ obligations.
La première ligne du tableau d'amortissement est :

Année p	d_{p-1}	**Capital dû en début de période**	m_p	**Amortissement**	**Intérêt**	**Annuité**
1	5 000	5 000 000	1 169	1 169 000	225 000	1 394 000

2 – Le nombre d'obligations amorties lors de chaque échéance est, aux arrondis près, en progression géométrique de raison $(1 + i)$. On obtient facilement :

$$m_2 = 1\,221;\ m_3 = 1\,276;\ m_4 = 1\,334$$

Lors du choix des arrondis, il faut veiller à ce que le nombre total d'obligations remboursées soit bien égal au nombre d'obligations émises.
3 – La vie moyenne est la quantité [formule (4.11)] :

$$v_m = \frac{\sum_{p=1}^{n} p m_p}{N}$$

On obtient numériquement :

$$v_m = \frac{1 \times 1\,169 + 2 \times 1\,221 + 3 \times 1\,276 + 4 \times 1\,334}{5\,000} = 2,6 \text{ années}$$

4 – Calculons la duration au moyen d'un tableau. Le flux annuel total (noté F_t) sera supposé constant et égal à l'annuité théorique arrondie à 1 € près.

t	F_t	$F_t\,(1+x)^{-t}$	$tF_t\,(1+x)^{-t}$
1	1 393 718	1 328 236	1 328 236
2	1 393 718	1 265 831	2 531 662
3	1 393 718	1 206 357	3 619 071
4	1 393 718	1 149 678	4 598 712
Total		4 950 102	12 077 681

La troisième colonne contient la valeur actuelle des différents flux. La somme fournit donc la valeur des obligations à la date d'émission. On obtient un total très voisin de 4 950 000, la légère différence étant due à l'erreur d'arrondi sur le taux actuariel. La duration s'obtient en divisant par ce montant le total de la quatrième colonne :

$$D = \frac{12\,077\,681}{4\,950\,000} = 2,44 \text{ années}$$

5 – Le tableau ci-dessous indique les flux perçus au cours des quatre années et leur valeur capitalisée quatre ans après l'émission au taux annuel de 4 %.

t	Flux de coupons	Flux de capital	Flux total	Durée de capitalisation	Valeur acquise en $t=4$
1	15 × 45	2 × 1 000	2 675	3	3 009,01
2	13 × 45	6 × 1 000	6 585	2	7 122,34
3	7 × 45	4 × 1 000	4 315	1	4 487,60
4	3 × 45	3 × 1 000	3 135	0	3 135,00

La valeur acquise est 17 753,95 € pour un investissement initial de $15 \times 990 = 14\,850$ €. Le taux de rendement réel du placement noté y (taux de rendement à l'échéance) est tel que :

$$14\,850 = \frac{17\,753,95}{(1+y)^4} \text{ soit : } y = \left(\frac{17\,753,95}{14\,850}\right)^{\frac{1}{4}} - 1 = 4,57\,\%$$

6 – Raisonnons dans un premier temps sur la valeur de marché de l'emprunt. Il reste d_1 titres à rembourser, de prix P ; la valeur de marché de l'emprunt est d_1P. Cette valeur est égale à la valeur actuelle, calculée au taux de rendement actuariel, des annuités constantes restant à décaisser. Compte tenu du capital restant dû (d_1C) à amortir en n années, la formule (3.7) permet d'écrire :

$$d_1P = d_1Ci\frac{i}{1-(1+i)^{-n}} \times \frac{1-(1+x)^{-n}}{x}$$

soit :

$$P = Ci\frac{i}{1-(1+i)^{-n}} \times \frac{1-(1+x)^{-n}}{x}$$

Avec $x = 4\,\%$ et $n = 3$, on obtient $P = 1\,009,50$ €.

La société peut racheter ses titres en Bourse au cours maximal de 1 009,50 €, soit 100,95 en pourcentage, le coupon couru étant nul.

4.7 1 – Le taux actuariel à l'émission est égal au taux facial 8 % puisqu'il n'y a ni prime d'émission, ni prime de remboursement. Pour le calcul de la duration, les valeurs sont ramenées à une obligation et exprimées en pourcentage.

t	F_t	$F_t(1+x)^{-t}$	$tF_t(1+x)^{-t}$
1	8	7,41	7,41
2	8	6,86	13,72
3	8	6,35	19,05
4	108	79,38	317,52
Total		100,00	357,70

La duration D est égale à :

$$D = \frac{357,70}{100,00} = 3,577 \text{ années}$$

La sensibilité S s'obtient facilement à partir de la duration en utilisant (4.23) :

$$S = \frac{D}{1+x} = \frac{3,577}{1,08} = 3,31$$

2 – Le montant annuel des coupons est, avec nos notations, NCi, soit :

$$800\,000 \times 1\,000 \times 0,08 = 64\,000\,000 \quad €$$

3 – Le prix d'achat (en pourcentage) de l'obligation A est :

$$100 \times 1,06^{-3} = 83,96$$

Les taux zéro-coupon des obligations B et C sont donnés par la formule (4.6) :

$$i_2 = \left(\frac{100}{91,50}\right)^{\frac{1}{2}} - 1 = 4,54\% \text{ et } i_1 = \frac{100}{95,90} - 1 = 4,28\%$$

4 – Les prix en euros des obligations sont :
pour A : 839,60 € ; pour B : 915 € ; pour C : 959 €.
En divisant le montant annuel des coupons (64 000 000 €) par les prix précédents et en arrondissant par défaut (on négligera les liquidités inemployées), on en déduit les quantités achetées :

76 226 obligations A ; 69 945 obligations B ; 66 736 obligations C

soit un total de 212 907 obligations, remboursées en date 4 à la valeur nominale de 1 000 €.

5 – À la date 0, le capital placé est 800 000 000 €. À la date 4, le capital obtenu est composé :

- de la valeur de remboursement des obligations acquises en date 0 : 800 000 000 €
- du versement du dernier coupon : 64 000 000 €
- de la valeur de remboursement (ou nominale) des zéro-coupon : 212 907 000 €

soit un total de 1 076 907 000 €. On en déduit *ex post* le taux de rendement à l'échéance :

$$y = \left(\frac{1\,076\,907\,000}{800\,000\,000}\right)^{\frac{1}{4}} - 1 = 7,71\,\%$$

4.8 1 – L'emprunt étant émis et remboursé au pair, son TRABE est égal à son taux nominal (7,93 %). Le calcul de la duration est détaillé ci-après :

t	F_t	$F_t\,(1+x)^{-t}$	$tF_t\,(1+x)^{-t}$
1	7,93	7,35	7,35
2	7,93	6,81	13,62
3	7,93	6,31	18,93
4	7,93	5,84	23,36
5	7,93	5,41	27,05
6	107,93	68,28	409,68
Total		100,00	499,99

La troisième colonne contient la valeur actuelle des différents flux. La somme fournit donc le prix de l'obligation à l'instant 0 (date d'émission). On obtient logiquement un prix de 100 %. La duration s'obtient en divisant par ce prix le total de la quatrième colonne :

$$D \approx 5 \text{ années}$$

2 – Chaque coupon valant 79,30 €, la valeur acquise est obtenue à partir de (2.20) :

$$F_T = N \times 79,30\,\frac{(1+r)^n - 1}{r}$$

3 – Le prix de vente unitaire P de chaque obligation est la valeur actuelle des flux restant à encaisser au moment de la vente [formule (4.9)]. Avec des coupons constants, il vient :

$$P = 79,30\,\frac{1-(1+r)^{n-6}}{r} + \frac{1\,000}{(1+r)^{6-n}}$$

4 – À la date 0, l'investisseur a déboursé une somme égale à 1 000 N. À la date n, il dispose de la valeur acquise des coupons (F_T) et du montant de la vente des N obligations (NP), soit d'une somme totale égale à :

$$N \times 79,30\,\frac{(1+r)^n - 1}{r} + N \times 79,30\,\frac{1-(1+r)^{n-6}}{r} + N\frac{1\,000}{(1+r)^{6-n}}$$

ou encore :

$$N \times 79,30\,\frac{(1+r)^n - (1+r)^{n-6}}{r} + N\frac{1\,000}{(1+r)^{6-n}}$$

En raisonnant sur une obligation, le taux de rendement à l'échéance des placements effectués (y) vérifie :

$$1\,000\,(1+y)^n = 79,30\,\frac{(1+r)^n - (1+r)^{n-6}}{r} + \frac{1\,000}{(1+r)^{6-n}}$$

5 – Pour $n = 5$ et $r_1 = 7\,\%$, il vient $y_1 = 7,93\,\%$; pour $n = 5$ et $r_2 = 9\,\%$, on a : $y_2 = 7,93\,\%$. Ainsi, en effectuant un placement à l'horizon de cinq ans, c'est-à-dire un placement de durée égale à la duration initiale de l'obligation, on immunise le portefeuille obligataire contre le risque d'une variation des taux d'intérêt. Les sommes perdues (ou gagnées) sur le capital sont compensées par les sommes gagnées (ou perdues) lors des réinvestissements de coupons à un taux supérieur (ou inférieur) au taux de rendement actuariel à l'émission.

5.1 1 – La durée du prêt est vingt-deux jours. Le montant I des intérêts dus est donné par la formule (1.1) :

$$I = 200\,000 \times 0,092 \times \frac{22}{360} = 1\,124,44\,€$$

2 – La somme K_0 réellement mise à la disposition du particulier le 20.11.N est :

$$K_0 = 200\,000 - 2\,500 - 1\,050 = 196\,450\,€$$

La somme K_T remboursée le 12.12.N est :

$$K_T = 200\,000 + 1\,124,44 = 201\,124,44\,€$$

Le taux de revient annuel x de ce prêt-relais est tel que :

$$196\,450 = \frac{201\,124,44}{(1+x)^{\frac{22}{365}}} \quad \text{soit : } x = \left(\frac{201\,124,44}{196\,450}\right)^{\frac{365}{22}} - 1 = 47,72\,\%$$

5.2 1 – Pour la banque A, le taux étant précompté et compte tenu de deux jours de banque, la valeur actuelle des effets est :

$$1\,000\,000\left(1 - 0,045\frac{32}{360}\right) = 996\,000\,€$$

Le coût effectif x_A de l'opération est tel que :

$$996\,000 = \frac{1\,000\,000}{(1+x_A)^{\frac{30}{365}}} \quad \text{soit : } x_A = \left(\frac{1\,000\,000}{996\,000}\right)^{\frac{365}{30}} - 1 = 5\,\%$$

L'opération proposée par la banque B revient à encaisser :

1 000 000 – 500 = 999 500 €

en date 0 et à décaisser le montant nominal des effets et les intérêts trente jours plus tard, soit, avec un jour de banque :

$$1\,000\,000\left(1 + 0,0445\frac{31}{360}\right) = 1\,003\,831,94\,€$$

Le coût effectif x_B de l'opération est tel que :

$$999\,500 = \frac{1\,003\,831,94}{(1+x_B)^{\frac{30}{365}}} \quad \text{soit : } x_B = \left(\frac{1\,003\,831,94}{999\,500}\right)^{\frac{365}{30}} - 1 = 5,40\,\%$$

2 – Pour s'aligner sur son concurrent, la banque B doit consentir un taux post-compté tel que :

$$999\,500 = \frac{1\,000\,000\left(1 + i\frac{31}{360}\right)}{(1+5\,\%)^{\frac{30}{365}}} \quad \text{soit : } i = \left(\frac{999\,500}{1\,000\,000}(1+5\,\%)^{\frac{30}{365}} - 1\right)\frac{360}{31} = 4,08\,\%$$

5.3 Les intérêts facturés en fin de trimestre s'élèvent à :

$$55\,000 \times 9\,\% \times \frac{91}{360} = 1\,251,25\,€$$

La commission de plus fort découvert cumulée sur les trois mois est :

$$90\,000 \times 0,05\,\% \times 3 = 135\,€$$

Le total des agios prélevé en fin de trimestre est 1 386,25 €. L'équation du taux effectif s'écrit :

$$55\,000 = \frac{1\,386,25 + 55\,000}{(1+x)^{\frac{91}{365}}} \quad \text{d'où : } x = \left(\frac{1\,386,25 + 55\,000}{55\,000}\right)^{\frac{365}{91}} - 1 = 10,50\,\%$$

5.4 1 – Le taux mensuel du prêt A est $0,078/12 = 0,65\,\%$. La mensualité constante a est donnée par la formule (3.7) :

$$a = 480\,000\,\frac{0,0065}{1 - 1,0065^{-96}} = 6\,736,91\,€$$

Les amortissements A_1, A_2 et A_{96} se calculent facilement, connaissant l'annuité constante a, le taux périodique i et le capital emprunté K_0 :

$$A_1 = a - iK_0 = 3\,616,91\,€\,;\ A_2 = A_1 \times (1+i) = 3\,640,42\,€\,;$$

$$A_{96} = \frac{a}{1+i} = 6\,693,40\,€$$

Le tableau d'amortissement du prêt A est le suivant :

Mois	Capital dû en début de période	Amortissement	Intérêt	Mensualité
1	480 000,00	3 616,91	3 120,00	6 736,91
2	476 383,09	3 640,42	3 096,49	6 736,91
:	:	:	:	:
96	6 693,40	6 693,40	43,51	6 736,91

Le taux mensuel du prêt B est $0,072/12 = 0,6\,\%$. Les amortissements sont constants et égaux à :

$$\frac{480\,000}{96} = 5\,000\,€$$

Hors incidence des frais d'assurance, le tableau d'amortissement est le suivant :

Mois	Capital dû en début de période	Amortissement	Intérêt	Mensualité
1	480 000,00	5 000,00	2 880,00	7 880,00
2	475 000,00	5 000,00	2 850,00	7 850,00
:	:	:	:	:
96	5 000,00	5 000,00	30,00	5 030,00

2 – Le montant f_A des frais de dossier du prêt A est 4 800 €. En désignant par n le nombre de mensualités, l'équation du taux effectif de l'emprunt s'écrit (x est un taux mensuel) :

$$K_0 - f_A = a\,\frac{1-(1+x)^{-n}}{x}$$

soit numériquement :

$$475\,200 = 6\,736,91\,\frac{1-(1+x)^{-96}}{x}$$

Compte tenu des frais, le taux effectif mensuel est supérieur à 0,65 %. Calculons le second membre de l'équation pour $x_1 = 0,67\,\%$. Nous obtenons à 1 € près 475 871 €. Le second membre étant une fonction décroissante du taux d'intérêt, essayons une valeur x_2 supérieure à x_1 afin d'obtenir un résultat plus petit que 475 871 €. La valeur $x_2 = 0,68\,\%$ conduit à un second membre égal à 473 825 €. Les deux résultats encadrent bien la valeur 475 200 €. Nous pouvons donc à présent déterminer le taux x par interpolation linéaire :

$$x = 0,67\,\% + (0,68\,\% - 0,67\,\%)\,\frac{475\,871 - 475\,200}{475\,871 - 473\,825} = 0,673\,3\,\%$$

Le taux annuel effectif global de l'emprunt A est le taux annuel équivalent au taux mensuel de 0,673 3 %, soit :

$$\text{TAEG}_A = 1,006\,733^{12} - 1 = 8,39\,\%$$

Le montant f_B des frais de dossier du prêt B s'élève à 3 600 €. À chaque mensualité s'ajoutent les frais d'assurance d'un montant égal à 150 €. Le premier décaissement est donc d'un montant F égal à 8 030 €. Les 96 décaissements forment une suite arithmétique de raison $A = -30$. L'équation aux valeurs actuelles s'obtient alors à partir de la formule (2.26) :

$$K_0 - f_B = \frac{1-(1+x)^{-n}}{x}\left(F + \frac{A}{x} + nA\right) - \frac{nA}{x}$$

soit numériquement :

$$476\,400 = \frac{1-(1+x)^{-96}}{x}\left(8\,030 + \frac{(-30)}{x} + 96\,(-30)\right) - \frac{96\,(-30)}{x}$$

Compte tenu des frais de dossier, le taux effectif mensuel est nettement supérieur à 0,6 %. Calculons le second membre de l'équation pour $x_1 = 0,67\,\%$. Nous obtenons à 1 € près 477 346 €. Le second membre étant une fonction décroissante du taux d'intérêt, essayons une valeur x_2 supérieure à x_1. La valeur $x_2 = 0,68\,\%$ conduit à un second membre égal à 475 451 F. Déterminons x par interpolation linéaire :

$$x = 0,67\,\% + (0,68\,\% - 0,67\,\%)\,\frac{477\,346 - 476\,400}{477\,346 - 475\,451} = 0,675\,0\,\%$$

Le taux annuel effectif global de l'emprunt B est ainsi :

$$\mathrm{TAEG_B} = 1,006\,75^{12} - 1 = 8,41\,\%$$

Selon le critère du taux annuel effectif global, le prêt A est légèrement plus intéressant.

5.5 1 – L'annuité théorique constante est :

$$a = 900\,000 \times 1\,000\,\frac{0,06}{1-1,06^{-5}} \approx 213\,656\,760\,€$$

Le premier amortissement théorique est :

$$A_1 = a - 900\,000 \times 1\,000 \times 0,06 \approx 159\,656\,760\,€$$

Le nominal des titres étant 1 000 €, on amortira 159 657 obligations la première année. Les autres éléments de la première ligne du tableau d'amortissement s'obtiennent facilement :

Année p	d_{p-1}	Capital dû en début de période	m_p	Amortissement	Intérêt	Annuité
1	900 000	900 000 000	159 657	159 657 000	54 000 000	213 657 000

2 – Les amortissements théoriques suivants sont :

$$A_2 = A_1 \times 1,06 \approx 169\,236\,166\,€\,;\; A_3 = A_1 \times 1,06^2 \approx 179\,390\,336\,€$$
$$A_4 = A_1 \times 1,06^3 \approx 190\,153\,756\,€\,;\; A_5 = A_1 \times 1,06^4 \approx 201\,562\,982\,€$$

Le nombre d'obligations amorties chaque année s'obtient en divisant les montants précédents par le nominal des titres et en arrondissant à l'entier le plus proche. On s'assure que le nombre total d'obligations amorties est bien égal au nombre d'obligations émises. On a :

$$m_2 = 169\,236\,;\; m_3 = 179\,390\,;\; m_4 = 190\,154\,;\; m_5 = 201\,563$$

3 – La probabilité p_k qu'une obligation donnée soit tirée au sort en vue de son remboursement lors de l'échéance k est :

$$p_k = \frac{m_k}{N}$$

où N désigne le nombre total d'obligations émises. On obtient :

$$p_1 = 0,1774\,;\ p_2 = 0,1880\,;\ p_3 = 0,1993\,;\ p_4 = 0,2113\,;\ p_5 = 0,2240$$

On pourra vérifier que la somme de ces probabilités est bien égale à 1 et qu'elles sont sensiblement en progression géométrique de raison 1,06.

4 – Calculons un taux approché x_a en remarquant que la durée de vie moyenne est proche de 3.

$$x_a = \frac{60 + \frac{1\,000 - 980}{3}}{980} = 6,80\,\%$$

Le produit brut de l'émission obligataire est :

$$NE = 900\,000 \times 980 = 882\,000\,000\,€$$

Nous pouvons maintenant écrire l'équation du taux effectif en égalisant ce produit brut à la valeur actuelle au taux x des annuités théoriques :

$$882\,000\,000 = 213\,656\,760\,\frac{1-(1+x)^{-5}}{x}$$

Pour $x_1 = 6,80\,\%$, le second membre vaut 880 746 169 ; pour $x_2 = 6,70\,\%$, le second membre vaut 883 116 934. Par interpolation linéaire, on obtient :

$$x = 6,70\,\% + (6,80\,\% - 6,70\,\%)\frac{883\,116\,934 - 882\,000\,000}{883\,116\,934 - 880\,746\,169} = 6,75\,\%$$

Le TRABE est 6,75 %. Il représente un taux moyen réalisé par l'ensemble des souscripteurs. Il s'agit pour une obligation d'un taux calculé *ex ante* sans tenir compte de sa date exacte de tirage au sort, par opposition aux taux *ex post* que nous calculons dans la question suivante.

5 – Pour le possesseur d'une obligation remboursée au tirage n, l'équation aux valeurs actuelles s'écrit :

$$980 = 60\,\frac{1-(1+x)^{-n}}{x} + 1\,000(1+x)^{-n}$$

Pour $n = 1$, il vient :

$$980 = \frac{1\,060}{1+x} \text{ d'où } x = 8,16\,\%$$

Pour $n > 1$, on a tout intérêt à déterminer au préalable un taux approché par la méthode habituelle.

$$x_a(n) = \frac{60 + \frac{1\,000 - 980}{n}}{980}$$

Le tableau ci-dessous récapitule les résultats, pour les différentes valeurs de n, du taux approché et du taux de rendement *ex post*.

Tirage	Taux approché	Taux de rendement à 0,01 % près
1	–	8,16 %
2	7,14 %	7,11 %
3	6,80 %	6,76 %
4	6,63 %	6,58 %
5	6,53 %	6,48 %

On remarquera que la moyenne arithmétique de ces taux de rendement pondérée par les produits kp_k est très voisine du TRABE calculé *ex ante* à la question 4 :

$$\frac{8,16\,\%\,p_1 + 7,11\,\% \times 2p_2 + 6,76\,\% \times 3p_3 + 6,58\,\% \times 4p_4 + 6,48\,\% \times 5p_5}{p_1 + 2p_2 + 3p_3 + 4p_4 + 5p_5} = 6,73\,\%$$

5.6 1 – Le coupon annuel est :

$$Ci = 5\,000 \times 5\,\% = 250\,€$$

Il n'y a pas de prime d'émission, mais une prime de remboursement égale à :

$$R - C = 500\,€$$

La vie moyenne du titre est évidemment de dix ans. Un taux approché est donc :

$$x_a = \frac{250 + \dfrac{500}{10}}{5000} = 6\,\%$$

Ce résultat doit être considéré comme une approximation grossière compte tenu de la durée de vie assez longue du titre.

2 – L'équation du taux de rendement actuariel brut s'écrit :

$$5\,000 = 250\,\frac{1-(1+x)^{-10}}{x} + 5\,500\,(1+x)^{-10}$$

Le second membre est une fonction décroissante de x. Pour $x_1 = 6\,\%$, ce second membre vaut 4 911,19 €. Pour $x_2 = 5,5\,\%$, il vaut 5 104,27 €. Le TRABE est donc :

$$x = 5,5\,\% + 0,5\,\%\,\frac{5\,104,27 - 5\,000}{5\,104,27 - 4\,911,19} = 5,77\,\%$$

3 – Utilisons les résultats précédents. Pour une variation de taux $\Delta x = 0,5\,\%$, le prix de l'obligation passe de 5 104,27 € à 4 911,19 €, soit une variation absolue $\Delta P = -193,08$ € et une variation relative égale à :

$$\frac{\Delta P}{P} = \frac{-193,08}{5\,104,27} = -3,78\,\%$$

La sensibilité S est :

$$S = \frac{-\Delta P/P}{\Delta x} = \frac{3,78\,\%}{0,5\,\%} = 7,6$$

Le résultat dépend de l'écart Δx entre les deux taux. Habituellement, le calcul se fait avec un écart de 0,1 %. On obtiendrait ainsi pour cet exemple une sensibilité voisine de 7,7. Par ailleurs, cette méthode est moins précise que celle utilisant la duration. Le lecteur pourra vérifier qu'elle est de 8,15 années, ce qui conduit à une sensibilité de 7,71.

4 – Pour la société, les frais supportés à l'émission représentent 5 € par obligation. Tout se passe donc comme si elle encaissait seulement 4 995 € par obligation. Elle supporte par ailleurs 3 % de frais au moment du paiement des coupons. Chaque coupon représente ainsi une charge financière de 250 × 1,03, soit 257,50 €. L'équation demandée est donc :

$$4\,995 = 257,50\,\frac{1-(1+x)^{-10}}{x} + 5\,500\,(1+x)^{-10}$$

5 – La société encaisse à l'émission 4 995 € par obligation et décaisse chaque année 257,50 € par coupon. Le quotient vaut :

$$\frac{257,50}{4\,995} = 5,16\,\%$$

En comparant au taux nominal, on peut estimer que le taux effectif de revient sera, compte tenu des frais, supérieur d'environ 0,16 % au TRABE, soit un taux voisin de 5,93 %. On obtient en procédant par itération :

x	Second membre de l'équation
5,93 %	4 993,05
5,91 %	5 000,70
5,92 %	4 996,87

On retiendra donc un taux effectif de revient de 5,92 %.

5·7 1 – La date de règlement-livraison d'une obligation se situe 3 jours ouvrés après la date de la transaction, donc ici le vendredi 25.10.2002. Elle coïncide pour cet emprunt avec la date de détachement du coupon, donc le coupon couru était nul.

Avant de calculer le taux de rendement actuariel brut, on peut en calculer une valeur approchée x_a en remarquant que la différence $R - P$ entre le prix de remboursement et le cours de l'obligation est ici négatif :

$$x_a = \frac{5,5\,\% + \dfrac{100\,\% - 106,65\,\%}{5}}{106,65\,\%}$$

$$x_a = 3,91\,\%$$

L'équation du taux de rendement actuariel brut s'écrit, en pourcentage de la valeur nominale des titres :

$$106,65 = 5,5\,\frac{1-(1+x)^{-5}}{x} + 100\,(1+x)^{-5}$$

Pour x égal à 4 %, le second membre de l'équation vaut 106,68.
Pour x égal à 4,5 %, le second membre de l'équation vaut 104,39.
D'où, par interpolation linéaire :

$$x = 4\,\% + 0,5\,\% \, \frac{106,68 - 106,65}{106,68 - 104,39} = 4,007\,\%$$

Le taux de rendement actuariel brut de l'obligation est 4,01 %.

2 – Calculons la duration D (en utilisant 4,007 % pour un résultat plus précis) :

t	**Flux** F_t	**Flux actualisé** $F_t(1+x)^{-t}$	$tF_t(1+x)^{-t}$
1	5,5	5,288 1	5,288 1
2	5,5	5,084 4	10,168 8
3	5,5	4,888 5	14,665 5
4	5,5	4,700 2	18,800 8
5	105,5	86,684 1	433,420 5
		106,645 3	482,343 7

Les calculs ayant été effectués avec une grande précision, le total des flux actualisés est égal, à 0,01 près, au cours de l'obligation. On en déduit la duration D à 0, 001 près :

$$D = 482,34/106,65 = 4,523 \text{ années}$$

3 – Indiquons dans un tableau l'ensemble des flux versés ou encaissés :

Date de règlement	**Flux versé (en %) pour une obligation**	**Flux encaissé (en %) pour une obligation**
25.10.2002	106,65	
25.10.2003		5,50
25.10.2004		5,50
25.10.2005		5,50
25.10.2006		5,50
04.05.2007		104,024

Il faut calculer la valeur acquise des 4 flux de coupons à la date du 25.10.2006 puis à la date du 04.05.2007 en tenant compte de la durée j comprise entre ces deux dates :

$$j = 6 + 30 + 31 + 31 + 28 + 31 + 30 + 4 = 191$$

A la date du 04.05.2007, la valeur acquise de l'ensemble des flux encaissés (coupons réinvestis à 3 % + la vente des titres) est donc :

$$5,5\,\frac{1,03^4 - 1}{0,03} \times 1,03^{\frac{191}{365}} + 104,024 = 127,393$$

Remarquons que la durée de détention des titres est de 4 ans et 191 jours, soit 4,523 ans. Elle est donc égale à la duration.

Le taux de rendement à l'échéance est :

$$y = \left(\frac{127,393}{106,65}\right)^{\frac{1}{4,523}} - 1 = 4,01\,\%$$

Calculons le taux actuariel x des obligations au moment de la vente :
La durée en jours entre le 04.05.2007 et le 25.10.2007 est :

$$365 - j = 174$$

A la date du 25.10.2007, l'obligation verse un dernier coupon égal à 5,5 et est remboursée à 100.
D'où :

$$x = \left(\frac{5,50 + 100}{104,024}\right)^{\frac{365}{174}} - 1 = 3\,\%$$

Ainsi, l'achat du titre le 22.10.2002 pour une durée alors égale à sa duration, a permis d'immuniser le portefeuille contre la baisse des taux. Dans cet exemple, le taux d'intérêt s'établit durablement à un niveau de 3 % (taux de réinvestissement des flux et taux actuariel de l'obligation à la revente).
Le taux de rendement à l'échéance est alors égal au taux de rendement actuariel de l'obligation au moment de l'achat.

5.8 1 – Diagramme des flux :

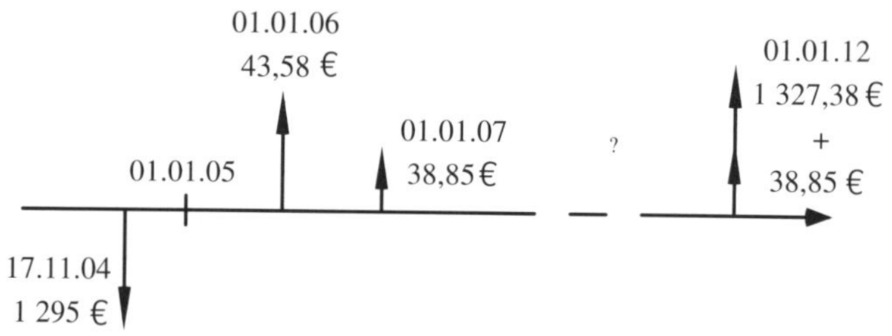

2 – La valeur actuelle des flux au taux x au 01.01.2005 est :

$$V_0 = \frac{43,58}{1+x} + 38,85\frac{1-(1+x)^{-6}}{x} \times \frac{1}{1+x} + \frac{1\,327,38}{(1+x)^7}$$

Du 17.11.2004 au 01.01.2005 s'écoulent 45 jours. Le taux actuariel x cherché respecte donc :

$$1\,295 = \left(\frac{43,58}{1+x} + 38,85\frac{1-(1+x)^{-6}}{x} \times \frac{1}{1+x} + \frac{1\,327,38}{(1+x)^7}\right)\frac{1}{(1+x)^{\frac{45}{365}}}$$

Déterminons d'abord un taux approché en raisonnant, pour plus de facilités, sur un nombre entier d'années, soit 7 (du 01.01.2005 au 01.01.2012). On réduit en conséquence à 38,85 € le montant du premier coupon. La prime de remboursement est :

$$R - C = 1\,327,38 - 1\,295 = 32,38 \text{ €}$$

d'où :

$$x_a = \frac{38,85 + \frac{32,38}{7}}{1\,295} = 3,36\,\%$$

Pour $x_1 = 3,30\,\%$, le membre de droite prend la valeur 1 296,24 € ; pour $x_2 = 3,34\,\%$, il prend la valeur 1 288,09 €. L'interpolation linéaire donne :

$$x = 3,30\,\% + 0,04\,\%\,\frac{1\,296,24 - 1\,295}{1\,296,24 - 1\,288,09} = 3,31\,\%$$

3 – R étant le prix de remboursement cherché, le diagramme des flux est modifié ainsi :

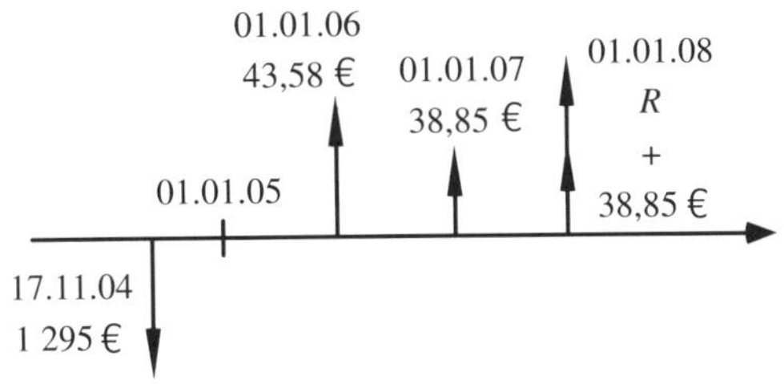

L'équation du taux effectif s'écrit :

$$1\,295 = \left(\frac{43,58}{1+x} + \frac{38,85}{(1+x)^2} + \frac{38,85}{(1+x)^3} + \frac{R}{(1+x)^3}\right)(1+x)^{\frac{45}{365}}$$

On vérifiera que, pour un taux x de 3,31 %, R est sensiblement égal à 1 308 €.

6.1 1 – Il vient pour le taux mensuel discret :

$$1,1^{\frac{1}{12}} - 1 = 0,797\,414\,\%$$

Pour le taux continu annuel :

$$\ln 1,1 = 9,531\,018\,\%$$

2 – Calcul des VAN sous ces quatre hypothèses :

- Hypothèse H1 :

$$VAN_1 = -2\,300 + 600\frac{1-1,1^{-5}}{0,1} = -25,53$$

- Hypothèse H2 :

$$VAN_2 = -2\,300 + 50\frac{1-1,007\,974\,14^{-60}}{0,007\,974\,14} = 76,93$$

- Hypothèse H3 : la formule de la VAN pour un investissement versant un flux continu est :

$$VAN_3 = -2\,300 + \int_0^5 600e^{-j(5-t)}dt$$

Il s'agit de la transposition, pour un flux versé en continu, de la formule (6.1). On peut écrire :

$$VAN_3 = -2\,300 + 600e^{-5j}\int_0^5 e^{jt}dt$$

En intégrant, il vient :

$$VAN_3 = -2\,300 + \frac{600}{j} - 600\frac{e^{-5j}}{j}$$

Avec $j = 0,095\,310\,18$, on obtient :

$$VAN_3 = 86,39$$

- Hypothèse H4 :

$$VAN_4 = -2300 + 600\frac{1-1,1^{-5}}{0,1} \times 1,1^{0,5} = 85,49$$

On remarque que le choix du mode de répartition des flux influence la VAN. En retenant des périodes annuelles avec des flux regroupés en fin d'année (H1), la VAN est négative et le projet n'est pas rentable. Il le devient si la périodicité est mensuelle (H2). Le calcul en continu (H3), qui suppose que les flux d'exploitation soient encaissés à chaque instant *dt*, propose une modélisation convenable de la réalité. Une autre solution acceptable consiste à regrouper le flux annuel en milieu de période (H4). Dans cet exercice, le choix d'une périodicité annuelle, allié au positionnement des flux en milieu d'année conduit à une VAN de 85,49, chiffre proche de celui trouvé par le calcul en continu.

6.2 1 – Les équations permettant le calcul des TRI (x_A et x_B) sont :

$$100 = 13\frac{1-(1+x_A)^{-10}}{x_A} + \frac{120}{(1+x_A)^{10}}$$

$$90 = 10\frac{1-(1+x_B)^{-10}}{x_B} + \frac{135}{(1+x_B)^{10}}$$

Il vient $x_A = 14,03\,\%$ et $x_B = 13,73\,\%$. Le projet A est donc plus intéressant que le projet B.

2 – Tous les loyers vont être capitalisés jusqu'en date 10 au taux de 4 %. Leurs valeurs acquises seront :

$$\text{pour A : } 13\,\frac{1,04^{10}-1}{0,04} = 156,08\,; \quad \text{pour B : } 10\,\frac{1,04^{10}-1}{0,04} = 120,06$$

Nous obtenons pour les taux de rendement à l'échéance y_A et y_B :

$$100 = \frac{156,08+120}{(1+y_A)^{10}} \Longrightarrow y_A = 10,69\,\% \text{ et } 90 = \frac{120,06+135}{(1+y_B)^{10}} \Longrightarrow y_B = 10,98\,\%$$

Ces calculs conduisent à retenir le projet B plutôt que le projet A. La prise en compte des possibilités de placement des revenus futurs conduit à réviser notre choix. Le TRE est un indicateur plus pertinent et plus précis que le TRI.

6.3 1 – La formule (4.7) permet d'écrire :

$$(1+{}_1f_5)^4 = \frac{1,074^5}{1,058} \Longrightarrow {}_1f_5 = 7,80\,\%$$

$$(1+{}_2f_5)^3 = \frac{1,074^5}{1,063^2} \Longrightarrow {}_2f_5 = 8,14\,\%$$

$$(1+{}_3f_5)^2 = \frac{1,074^5}{1,068^3} \Longrightarrow {}_3f_5 = 8,31\,\%$$

$$1+{}_4f_5 = \frac{1,074^5}{1,071^4} \Longrightarrow {}_4f_5 = 8,61\,\%$$

2 – La valeur acquise des flux en date 5 est :

$$F_T = 2\,700 \times 1,078^4 + 3\,200 \times 1,081\,4^3 + 4\,700 \times 1,083\,1^2 + 6\,500 \times 1,086\,1 + 7\,000$$

soit :

$$F_T = 27\,266,21$$

3 – Le taux de rendement à l'échéance y est tel que :

$$15\,000 = \frac{27\,266,21}{(1+y)^5} \quad \text{soit : } y = 12,70\,\%$$

6.4 1.a – Calcul de la valeur des actifs :

$$V = \frac{400}{1,12^{0,5}} + \frac{430}{1,12^{1,5}} + \frac{450}{1,12^{2,5}} + \frac{500}{1,12^{3,5}} + \frac{520}{1,12^{4,5}} = 1\,728,27$$

1.b – La valeur de marché de la dette à long terme au 01.01.N + 1 est :

$$DLT = \frac{132}{1,05} + \frac{124}{1,05^2} + \frac{116}{1,05^3} + \frac{108}{1,05^4} = 427,24$$

1.c – La valeur des capitaux propres se déduit de l'égalité entre actif et passif :

$$CP = V - DCT - DLT = 1\,728 - 500 - 427 = 801$$

2.a – Nous avons pour la suite des dividendes et leurs taux de croissance :

Années	N + 1	N + 2	N + 3	N + 4	N + 5
Résultat net	100	110	125	138	152
Dividende	60	66	75	82,8	91,2
Taux croissance		10 %	13,64 %	10,4 %	10,14 %

soit un taux moyen de croissance de 11,05 %. On retient donc $g = 11,05\,\%$. Le coût des fonds propres est obtenu à l'aide de la formule (5.14) :

$$k_c = \frac{D_1}{P_0} + g = \frac{60}{801} + 11,05\,\% = 18,54\,\%$$

2.b – Pour la dette à court terme, le coût net s'écrit simplement :

$$k_{CT} = i(1 - \tau) = 9\,\%\left(1 - \frac{1}{3}\right) = 6\,\%$$

Pour la dette à long terme, le coût égalise la valeur actuelle des décaissements nets d'impôts (obtenus à partir du tableau d'amortissement de l'emprunt) à la valeur de marché de la dette :

$$\frac{121,33}{1 + k_{LT}} + \frac{116}{(1 + k_{LT})^2} + \frac{110,67}{(1 + k_{LT})^3} + \frac{105,33}{(1 + k_{LT})^4} = 427,24$$

Il vient : $k_{LT} = 2,47\,\%$.

2.c – On en déduit le coût moyen pondéré du capital :

$$\text{CMPC} = 18,54\,\%\frac{801}{1\,728} + 2,47\,\%\frac{427}{1\,728} + 6\,\%\frac{500}{1\,728} = 10,94\,\%$$

3 – Le taux à retenir pour l'actualisation des flux est le CMPC. Celui obtenu est au-dessous de 12 %. Le taux retenu dans la première partie est donc un peu élevé. La valeur des actifs est supérieure à 1 728, donc la valeur des capitaux propres est supérieure à 801 millions d'euros (la valeur de la dette n'étant pas modifiée). Un procédé itératif peut commencer en retenant à la question 1 le taux obtenu à la question 2. Le lecteur peut vérifier, en prenant un taux de 10,94 % dans la première partie, que l'on trouve une valeur des capitaux propres de 841. Le coût des fonds propres est 18,18 % et le CMPC est 10,94 %. L'itération est terminée. La valeur de marché des fonds propres de l'entreprise Aymerillot SA est donc de 841 millions d'euros.

Bibliographie

ALLÉGRET Jean-Pierre et COURBIS Bernard, *Monnaie et financement*, Vuibert, 2001.

BERNET-ROLLANDE Luc, *Principes de technique bancaire*, 22e édition, Dunod, Paris, 2004.

COLLECTIF, *Financement des entreprises*, éditions Francis Lefebvre, Paris, 1995.

COLLECTIF, *Gestion de trésorerie*, éditions Francis Lefebvre, Paris, 2002.

COLLECTIF, *Dictionnaire permanent épargne et produits financiers*, éditions législatives, Paris.

DEFFAINS-CRAPSKY Catherine, *Mathématiques financières*, Bréal, Paris, 2003.

DEVEZE Jean, COURET Alain et HIRIGOYEN Gérard, *Lamy – Droit du financement 2004*, éditions Lamy S.A., Paris, 2003.

ESCH Louis, *Mathématiques pour économistes et gestionnaires*, De Bœck Université, Bruxelles, 1999.

FINK Jean-Claude, *Cours de mathématiques financières*, I.A.E. Université Jean-Moulin-Lyon III, 1997.

JUSTENS Daniel et ROSOUX Jacqueline, *Introduction à la mathématique financière*, 3e édition, De Boeck Université, Bruxelles, 1995.

MASIERI WALDER, *Mathématiques financières*, 6e édition, Sirey, Paris, 1994.

PIERMAY Michel, HEREIL Olivier et LAZIMI Alain, *Mathématiques financières*, 2e édition, Économica, Paris, 1998.

PUPION Georges et POULALION Gabriel, *Les mathématiques de l'économiste*, 2e édition, Vuibert, Paris, 2001.

QUITTARD-PINON François, *Mathématiques financières*, éditions EMS, 2002.

QUITTARD-PINON François et ROLANDO Thierry, *La gestion du risque de taux d'intérêt*, Économica, Paris, 2000.

SAADA Maurice, *Mathématiques financières*, 2e édition, PUF, collection « Que sais-je ? », Paris, 1991.

SIMON Yves, éd., *Encyclopédie des marchés financiers*, 2 volumes, Économica, Paris, 1997.

Index

(Les chiffres renvoient aux numéros de paragraphes)

Table des matières

Première partie – L'essentiel du cours

Achevé d'imprimer en Septembre 2004
sur les presses de l'imprimerie Grapho 12
12200 Villefranche-de-Rouergue
n° imprimeur : 08 0256
ISBN : 2 7117 7464 3